Thilo Girndt, Wolfgang Schoop und Michael Mingenbach

Raummodul Lateinamerika

westermann

Titelfoto: Neues Fußballfeld in der Favela Santa Marta in Rio de Janeiro (vgl. 6.4)

Druck A[1] / Jahr 2012

Alle Drucke der Serie A sind im Unterricht parallel verwendbar.

Redaktion: Thilo Girndt
Umschlaggestaltung: Thomas Schröder
Druck und Bindung: westermann druck GmbH, Braunschweig

ISBN 978-3-14-**150649**-3

Inhalt

Einführung

„Lateinamerika und Europa sind natürliche Verbündete, denn wir haben gemeinsame Werte, die wir in der Welt von morgen verankern wollen", sagte Angela Merkel Ende 2011, als elf lateinamerikanischen Zeitungen sie zur Persönlichkeit des Jahres kürten. Tatsächlich lassen sich etliche Dinge finden, die uns Europäer und Deutsche mit dem Kontinent im Süden jenseits des Atlantiks verbinden, ganz im Gegensatz zu anderen entfernten Regionen der Erde wie Asien und Afrika: Die Religion ist die gleiche wie bei uns, die Sprache klingt vertraut in unseren Ohren und Herzlichkeit, Gastfreundschaft und Lebensfreude ähneln der unserer südeuropäischen Nachbarn. Die Menschen leben wie wir in Städten, die zum Teil sehr europäisch anmuten, und die lateinamerikanische Kultur ist uns geläufig: Lateinamerikanische Schriftsteller schaffen es genauso auf unsere Bestsellerlisten wie populäre Formen lateinamerikanischer Musik in die Hitparaden. Auch heute noch sympathisieren Menschen hierzulande mit dem revolutionären Geist, den Lateinamerika immer wieder verströmte, und ziert der junge Che (und nicht etwa Mao) die T-Shirts junger Leute.

Lateinamerika – zumindest die herrschende Oberschicht – orientiert sich seinerseits seit langer Zeit an europäischen Ideen und Idealen. Auch wirtschaftlich sind die Kontinente traditionell eng verknüpft, wenn auch meist als Einbahnstraße. Noch heute verlassen hauptsächlich Bananen, Zucker, Rindfleisch, Eisenerz und Kupfer den rohstoffreichen Kontinent gen Europa und hochwertige Industrieprodukte nehmen den entgegengesetzten Weg. In der Politik hatte es die Demokratie in vielen lateinamerikanischen Staaten nicht leicht, sich gegen die alten (europäisch- stämmigen) Eliten und das meist auf ihrer Seite stehende Militär durchzusetzen. Heute finden europäische Regierungschefs jedoch in ganz Lateinamerika (außer in Kuba) demokratisch legitimierte Gesprächspartner vor.

Doch es greift selbstverständlich viel zu kurz, Lateinamerika als eine Art „europäischen" Kontinent zu begreifen. Zwar hat die spanische und portugiesische Kolonialzeit deutliche Spuren hinterlassen, doch auch die USA üben seit 200 Jahren einen prägenden Einfluss aus. Oft unterschlagen hat Lateinamerika zudem trotz aller Fremdeinflüsse und Einwanderungswellen seine indigene Bevölkerung, die sich zunehmend auf sich selbst besinnt und nach jahrhundertelanger Diskriminierung an Einfluss gewinnt.

Darüber hinaus haben sich in Lateinamerika zahlreiche ganz spezifische Strukturen herausgebildet. Viele damit verbundene Themenfelder werden in diesem Band schwerpunktmäßig vorgestellt. Dazu gehören:

- eine durch traditionelle Besitzstrukturen und moderne Nutzungsformen geprägte Agrarwirtschaft, die eine ganze Reihe sozialer und ökologischer Probleme verursacht, der mancherorts gerechtere und nachhaltigere Formen der Landwirtschaft gegenübergestellt werden (Kap. 4.1 - 4.5),
- eine weiterhin in erster Linie auf agrarische, mineralische und energetische Rohstoffe aufbauende wirtschaftliche Wachstumsstrategie (Kap 3 und 4),
- eine damit verbundene Raumerschließungspolitik, die die ökonomische Inwertsetzung häufig noch immer über eine nachhaltige Entwicklung stellt (Kap. 2),
- eine Gesellschaft, die durch Migration, Armut und extreme soziale Ungleichheit geprägt ist (Kap. 5.1 und 5.2),
- eine sich langsam emanzipierende indigene Bevölkerung (Kap. 5.3),
- eine hohe Verstädterung und Städte, die sich durch eine Fragmentierung in sich abkapselnde Reichenviertel sowie Slums und Marginalsiedlungen auszeichnet (Kap. 6).

Natur- und Kulturraum

1

Lateinamerika ist ein Großraum der Gegensätze: Zwischen Tijuana und Feuerland trifft man auf sattgrüne Urwälder und lebensfeindliche Wüsten, auf archaische Indianerstämme und urbane Wirtschaftsdynamik, auf großen Reichtum und chancenlose Armut, auf karge Hochgebirge und fruchtbare Tiefebenen, auf gewalttätige Kriminalität und farbenfrohe Lebensfreude, auf linke Utopien und konservative Eliten, auf traditionelle Landwirtschaft und agroindustrielle Umweltzerstörung, auf alte Einwanderer und junge Auswanderer, auf melancholischen Tango und begeisternden Fußball.

Denken wir an Lateinamerika, ruft der Begriff ganz unterschiedliche Assoziationen hervor. Während die einen die spektakuläre Natur vom Rio Grande bis Kap Hoorn, den Amazonas oder die Anden, vor sich sehen, haben andere einen vielfältigen Kulturraum vor Augen, der von Indianern mit Blasrohren, in farbenfrohe Ponchos gehüllte Campesinos und leicht bekleideten Sambatänzerinnen bevölkert ist. Wieder andere verbinden mit Lateinamerika Gesellschaften voll Armut, Gewalt, Kriminalität und Ausbeutung oder aber einen ganz besonderen eigenständigen Weg der wirtschaftlichen Entwicklung und politischen Emanzipation.

Ich habe Drogenhändlerinnen gespielt und eine arme Mutter aus einem Barrio; dann die anständige, aber arme Verlobte eines armen Chicano-Boxers, eine Prostituierte in Tijuana, eine arme mexikanische Bäuerin, eine obdachlose Bettlerin in den Straßen von Tijuana und die leidende Mutter eines kriminellen Mitglieds einer Gang im Chicano-Viertel... Alle arm, alle ungebildet, und die Mehrzahl von ihnen hieß María.

Dyana Ortelli, *Hollywoodschauspielerin und Chicana (umgangsspr. mexikanischstämmige US-Amerikanerin)*

M1: Assoziationswolke zu Lateinamerika

Atacama

Die Atacama-Wüste ist voller Wunder. Im Valle de la Luna zum Beispiel, dem Tal des Mondes. Es ist eine aus Stein und Staub geformte Landschaft auf knapp 3000 Metern Höhe, die ihrem erdfernen Namen alle Ehre macht. In den Abendstunden aber ergießt sich eine Farbenflut in allen möglichen Rot- und Goldschattierungen aufs bleiche Gestein, und unterm Sternenhimmel kommt man aus dem Staunen nicht mehr heraus. Die Atacama in Chile ist die trockenste Wüste der Erde. Kein Wasserdampf, kein Großstadtlicht, kein Anzeichen von Zivilisation trüben den Weitblick. Einsam wie auf dem Mond kann es im Valle de la Luna sein, so still, dass es in den Ohren dröhnt.

Jochen Temsch, *deutscher Journalist*

Abholzung der Regenwälder

Die Entwaldung der Tropen ist eine der Hauptursachen für die globale Erwärmung. Sie ist verantwortlich für 17 Prozent der weltweiten Kohlendioxid-Emissionen - mehr, als alle Verkehrsmittel auf der ganzen Welt zusammen ausstoßen. Die Regenwälder sorgen für Regen, der Feldfrüchte in der ganzen Welt wachsen lässt und der die Luft, die wir atmen, säubert. Außerdem absorbieren sie große Mengen CO_2. Sie sind der Zufluchtsraum für eine große Anzahl von Lebewesen, ohne die wir Menschen nicht überleben können. Wir haben gar keine Wahl, als sie zu erhalten - ob es eine Rezession gibt oder nicht.

Prince Charles, *britischer Thronfolger*

Fußball

Brasilianer haben ein ambivalentes Lächeln, das man nicht genau interpretieren kann. Ronaldinho lächelt, selbst nach einem Ballverlust. Doch genau deshalb hat sich der brasilianische Fußball etabliert, weil der Erfolg um jeden Preis nicht so wichtig war. Die Fußballkultur auf den brasilianischen Straßen hat das Spiel an sich als Ziel und nicht den Sieg. Jedes Kind will sich mit dem Ball beschäftigen und nicht unbedingt ein Tor schießen. Man nimmt das Ergebnis nicht so ernst. Das macht die ursprüngliche brasilianische Art, Fußball zu spielen, so einzigartig.

José Miguel Wisnik, *brasilianischer Literaturwissenschaftler aus São Paulo*

Tango

Gegen Ende des letzten und anfangs dieses Jahrhunderts sah sich Buenos Aires von Einwanderungsströmen geradezu überschwemmt, die Stadt schien aus allen Nähten zu platzen.(...) Die Enttäuschung war vorprogrammiert. Argentinien und Buenos Aires waren mit diesen Massen überfordert und lehnten die Immigranten bald ab. Zu wenig Arbeit, zu wenig Ansehen, zu wenig Frauen, den mittellosen Einwanderern blieb der Ausweg in die Kriminalität, das Vergessen in Spielhöllen, Bordellen und ... in der Musik. Die Vororte, die Barrios, von Buenos Aires entwickelten sich dementsprechend und wurden zur Wiege des Tango, der einst zum Symbol von ganz Argentinien werden sollte.

Susi Schildknecht, *Journalistin aus der Schweiz*

Revolution

Der Mythos vom gerechten Kampf der Armen, der indigenen Völker und der Sklaven gegen ihre Unterdrücker und das US-"Imperium" erlebte in Westeuropa manche Konjunktur. Der Ruf vom einigen Volk, das niemals besiegt werden würde, ertönte bei „Soli-Demos", und Nicaragua-Kaffee war aus westdeutschen Wohngemeinschaften nicht wegzudenken. (...) Heute üben Venezuela, Bolivien und wie stets der „tropische Sozialismus" auf Kuba besondere Faszination für nicht wenige Linke in den Zentren des Nordens aus. Die Ikone Che Guevara strahlt stärker denn je, auch wenn der heutige Che-Boom politisch folgenlos bleibt.

Hans-Georg Golz, *deutscher Politikwissenschaftler*

Siesta

lateinisch sexta hora = sechste Stunde (nach Sonnenaufgang), traditionelle Mittagspause von 12 bis 16 Uhr
Ergebnisse einer Umfrage: Zwei von drei Erwachsenen in Lateinamerika halten eine Siesta unabhängig von der Hitze. Drei von vier Erwachsenen halten mindestens viermal pro Woche eine eineinhalbstündige Siesta.

Durchschnittliche Wochenarbeitszeit laut OECD
Mexiko: 43,3 Stunden
Chile: 39,1 Stunden
Deutschland: 35,5 Stunden
Niederlande: 30,5 Stunden

1 Notieren Sie Assoziationen zu einem lateinamerikanischen Land Ihrer Wahl in einer Assoziationswolke.
2 Recherchieren Sie zu Ihren Assoziationen Bilder, Zitate etc. und gestalten Sie damit ein Info-Blatt.

1.2 Südamerika + Mittelamerika = Lateinamerika?

Lateinamerika ist weniger ein geographischer als vielmehr ein politisch-kultureller Begriff, um den Großraum von Angloamerika abzugrenzen.

Das begriffliche Pendant zu Lateinamerika für den englischsprachigen Raum Amerikas (USA, Kanada) ist Angloamerika.

Zentral- / Mittelamerika
Während Zentralamerika ein eher geographischer Begriff ist und die Staaten auf der Landbrücke von Guatemala bis Panama umfasst, vereinnahmt Mittelamerika auch Mexiko, dass geographisch zu Nordamerika zählt.

Sprachen
Neben Spanisch und Portugiesisch werden in Lateinamerika eine Vielzahl von indigenen Sprachen (zum Teil auch als Amtssprache) gesprochen, dazu auch vereinzelt die Sprachen anderer Einwanderergruppen sowie Kreolsprachen (Mischsprachen)

In unserem Kulturraum verbindet man mit dem Begriff „Amerika" in erster Linie die USA. Für den mittleren und südlichen Teil des Doppelkontinents hat sich auch hierzulande die Bezeichnung Lateinamerika eingebürgert, ein relativ junger Begriff aus der zweiten Hälfte des 19. Jahrhunderts (M 4). Er löste den Ausdruck Iberoamerika ab, der auf die lange koloniale Zugehörigkeit zu Spanien anspielte. Den mit Lateinamerika bezeichneten Großraum kann man noch weiter gliedern:

- **Mittelamerika** (**Zentralamerika** und Mexiko),
- die Karibik einschließlich der drei Guayanas,
- die Andenländer Bolivien, Peru, Ecuador, Kolumbien sowie Venezuela,
- Brasilien,
- die Cono-Sur-Staaten (= südlicher Kegel) Argentinien, Uruguay, Chile, Paraguay.

Lateinamerika ist weder ein einheitlicher Natur- (unterschiedliche naturräumliche Ausstattung, vgl. 1.4) noch Kulturraum. Zwar verbindet die Menschen über weite Teile eine gemeinsame **Sprache** (M 2) und können sie auf eine über lange Phasen in ähnlichen Bahnen verlaufende Geschichte zurückblicken (vgl. 1.3), doch es gibt zumindest ebenso viel Trennendes wie Verbindendes zwischen den verschiedenen Gesellschaften Lateinamerikas (M 1). Ob es eine gemeinsame lateinamerikanische Identität gibt, ist Gegenstand einer immer wieder aufflammenden (intellektuellen) Debatte. Zudem gibt es in letzter Zeit zahlreiche Versuche, eine regionale Integration voranzutreiben (M 3, vgl. 3.4)

» *Die indigenen Völker, die bereits vor der Kolonisation auf dem Kontinent lebten, waren ebenso verschieden wie es Spanier und Portugiesen als Kolonialherren waren. Die Vorfahren von Brasiliens schwarzen Bevölkerungsteil brachten andere Essgewohnheiten und andere Rhythmen mit (...) als die italienischen Einwanderer Argentiniens und Uruguays. An der Karibikküste Kolumbiens wachsen andere Früchte (...) als in den bolivianischen Hochlanden.*

Eva Karnovsky, *deutsche Politikwissenschaftlerin*

	Gemeinsamkeiten	**Unterschiede**
Geschichte	• Dreihundertjährige Kolonialzeit (vgl. 2.1) • Zugehörigkeit zum romanischen Sprachraum • Frühe Unabhängigkeit • Politische Entwicklungsphasen (Caudillismus, Populismus, Militärdiktaturen, Redemokratisierung etc., vgl. 1.3) • Europaorientierung, Abhängigkeiten von den USA (vgl. 3.3) • Kaum Kriege zwischen den lateinamerikanischen Staaten	• Vorkolumbianische Gesellschaften: Indianische Hochkulturen und unterworfene Völker • Länderspezifische Formen des Spanischen • Ausmaß kolonialer Durchdringung • Demokratische Tradition/Dauer autoritärer Regime (vgl. 1.3) • Frequenz politischer Umstürze, Putsche und Revolutionen • Ausmaß interner Konflikte und Bürgerkriege
Wirtschaft (vgl. Kap. 3)	• Ressourcenbasierte Wachstumsstrategie (vgl. 3.3, 4.6) • Abhängigkeit von Weltmärkten • Einfluss US-amerikanischer und multinationaler Unternehmen • Dominanz des Großgrundbesitzes (vgl. 4.3) • Bedeutung des informellen Sektors (vgl. 6.5)	• Wirtschaftspolitische Ausrichtung (liberal/protektionistisch) • Wirtschaftsstrukturen / Grad der Diversifizierung und Industrialisierung / Bedeutung der Landwirtschaft (vgl. 3.1) • Entwicklungsstatus, weltwirtschaftliche Bedeutung (vgl. 3.2) • Ressourcenausstattung (vgl. 4.6)
Gesellschaft (vgl. Kap. 5)	• Dominanz der katholischen Kirche • Weiße Führungseliten / Klar gestufte ethnische Rangordnung / Diskriminierung indigener Bevölkerungsgruppen (vgl. 5.4) • Ausgeprägte soziale Ungleichheit, Armut(vgl. 5.3) • Nur schwach ausgeprägte Mittelschichten • Hohes (inzwischen abgeschwächtes) Bevölkerungswachstum • Hohe Verstädterung / Fragmentierung der Städte (vgl. Kap. 6)	• Regionale und lokale Traditionen • Anteil europäischer Einwanderer (vgl. 5.2) • Anteil und gesellschaftliche Bedeutung der indigenen Bevölkerung (vgl. 5.4) • Mehr oder weniger ausgeprägte Durchmischung der Bevölkerungsgruppen • Bedeutung der Auswanderung (vgl. 5.2)
Politik (vgl. 1.3)	• Präsidialsysteme • Politische Traditionen (Schwache Parteien, Nationalistische Bestrebungen, Erfolg populistischer Politiker, Korruption) • Integrationsbemühungen (M 4)	• Demokratische Stabilität • Politische Ausrichtung (konservativ, liberal, sozialdemokratisch, sozialistisch) • Einfluss krimineller / paramilitärischer Gruppierungen

M 1: Gemeinsamkeiten und Unterschiede der lateinamerikanischen Staaten

M2: Amtsprachen und gesprochene Sprachen

M3: Integrationsbündnisse und Freihandelsabkommen

»

1. *Lateinamerika ist in erster Linie ein politisch, teilweise auch kulturell definierter und verwendeter Begriff, der dazu dient, die spanisch- und portugiesischsprachigen Länder Amerikas gegenüber Angloamerika abzugrenzen. Aufgrund der Überschneidung mit anderen Begriffen und verschiedener Varianten der Untergliederung sind mehrere Verwendungen und Bestimmungen möglich.*
2. *Unstrittig sind die Zugehörigkeit Südamerikas (ohne die „Drei Guayanas"), Mexikos, Zentralamerikas (ohne Belize) und der spanischsprachigen Gebiete der Karibik (Kuba, Dominikanische Republik, Puerto Rico).*
3. *Im weiteren Sinne kann man auch die gesamte Karibik hinzuzählen, die jedoch in gesamt-regionalen Zusammenhängen (Statistiken, UNO-Regionalorganisationen etc.) meist gesondert genannt wird (Lateinamerika und Karibik). Wichtigstes Kriterium für eine gemeinsame Betrachtung Lateinamerikas und der Karibik sind die Kolonialgeschichte und die Zugehörigkeit zu einem klar definierten Teil der Peripherie des kapitalistischen Weltsystems mit entsprechender ökonomisch-politischer Prägung.*
4. *Legt man die engeren kulturell-sprachlichen Kriterien zugrunde, dann beschränkt sich Lateinamerika auf die spanischsprachigen Länder Amerikas und Brasilien. In Anbetracht der engen historisch-territorialen Verwobenheit Haitis mit diesen Ländern (...) erscheint es sinnvoll, dieses Land als Teil Lateinamerikas zu betrachten.*

«

M4: Quellentext zur Definition Lateinamerikas
Gärtner, P.: Lateinamerika – eine Begriffsbestimmung. Quetzal 10/2007

„Nehmen Sie Quebec in Kanada, dort sprechen die Menschen Französisch, also auch eine romanische Sprache, warum gehört also Quebec nicht zu Lateinamerika? Der Grund ist: alles was dunkelhäutig, spanisch, indigen ist, ist Lateinamerika.
João Ubaldo Ribeiro, *brasilianischer Schriftsteller*

„Auf die Frage: "Bist Du Latino?", gebe ich die Antwort: "Nein, ich bin Mexikaner und wenn Du willst, bin ich auch Lateinamerikaner; aber Latino niemals".
René Ceballos, *mexikanischer Romanist an der Universität Leipzig*

1 **Erklären Sie, inwiefern der Begriff Lateinamerika eine politisch-kulturelle Bezeichnung ist.**
2 **„Die Sprache ist die Basis der lateinamerikanischen Identität." Nehmen Sie zu dieser These Stellung.**

D1-210
www.diercke.de

1.3 Von der Diktatur zur Demokratie

Nach den Unabhängigkeitskriegen machte Lateinamerika eine lange, von Rückschlägen unterbrochene Entwicklung von autoritären und diktatorischen Regimen bis hin zu den heutigen relativ stabilen Demokratien durch.

Nach dem Ende der Freiheitskriege (1810–1825), die den Kolonien die Unabhängigkeit brachten, bildeten sich in Südamerika neben einigen größeren Ländern zahlreiche Kleinstaaten. Diese Staaten wiesen im ersten halben Jahrhundert ihres Bestehens (1820–1870) eine Gemeinsamkeit auf: Sie wurden von so genannten „**Caudillos**" regiert, lokalen Führungspersönlichkeiten, die sich nach einem häufig brutal ausgetragenen Machtkampf gegen ihre Konkurrenten durchgesetzt hatten. Die politischen Auseinandersetzungen waren in Folge geprägt vom Gegensatz zwischen ländlichen Grundbesitzern einerseits und städtischen Intellektuellen andererseits. Während sich die einen um konservative (katholische) Parteien scharten, die eine binnenmarktorientierte Wirtschaftspolitik vertraten, unterstützten die anderen liberale antikirchliche Parteien (weltmarktorientierte Exportpolitik; Orientierung an Europa). Über hundert Jahre lang sollten diese beiden großen Strömungen das politische Leben Lateinamerikas prägen.

Caudillo
ursprünglich Ehrentitel für einen „Heerführer". Caudillo-Herrschaft ist seit dem 19. Jh. die Bezeichnung für die Willkürherrschaft eines Offiziers oder eines Großgrundbesitzers.

Die jungen Nationalstaaten, als Republiken gegründet, gaben sich Verfassungen, doch demokratische Strukturen blieben lange Zeit die Ausnahme und große Bevölkerungsgruppen waren von Wahlen ausgeschlossen. Zwar entstanden Ende des 19. Jahrhunderts demokratische Parteien nach europäischem Muster, die zunächst vor allem bestimmte soziale Schichten repräsentierten, aber erst mit den **nationalpopulistischen** Präsidenten seit den 1930er-Jahren (z. B. Juan Domingo Perón in Argentinien, Getúlio Vargas in Brasilien) kam es zu einer breiten Mobilisierung gegenüber den alten Eliten. Mit einer „Politik von oben" konnten diese populären Präsidenten eine Modernisierung (sozialer Wandel) und mehr politische Beteiligung von Mittel- und Arbeiterschichten durchsetzen.

Populismus
Politik, die sich mit einfachen Forderungen an benachteiligte soziale Gruppen richtet und meist mit einer charismatischen Führungspersönlichkeit verbunden ist.

Diese zumindest im Ansatz demokratischen Phasen waren meist nur von kurzer Dauer. Die alten wirtschaftlichen und politischen Eliten (Großgrundbesitzer, städtische Unternehmer) und später auch die Mittelschicht (höhere Beamte, leitende Angestellte, Ärzte, Rechtsanwälte) hatten zwar nicht die Bevölkerungsmehrheit hinter sich, jedoch das Militär. In vielen Staaten folgten militärische und zivile Regierungen in schnellem Wechsel aufeinander (M 1). Bisweilen waren es nicht Einzelpersonen, sondern Gruppen von Offizieren oder Zivilisten (Junta genannt), die die Macht an sich rissen.

Insbesondere nach dem Zweiten Weltkrieg nahm die Zahl der Militärdiktaturen stark zu. Die militärischen Machthaber sahen den Staat durch sozialistische Grup-

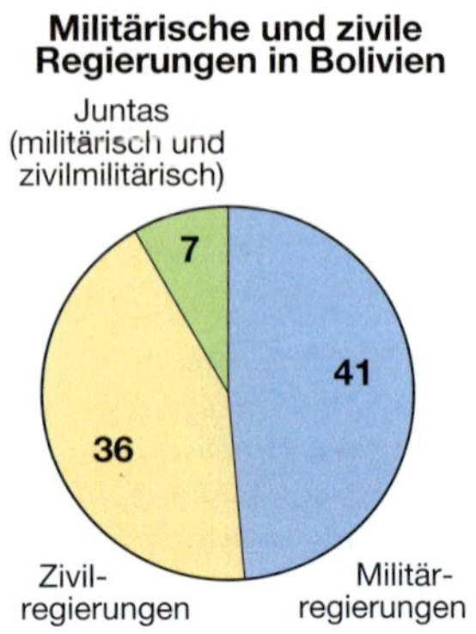

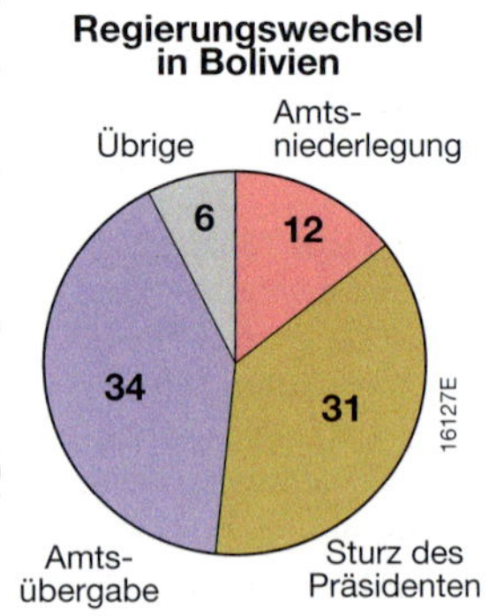

M 1: Verfassungsgemäße und gewalttätige Regierungswechsel in Bolivien (1825–2008)

M 2: Augusto Pinochet, Hugo Chavez und Fidel Castro

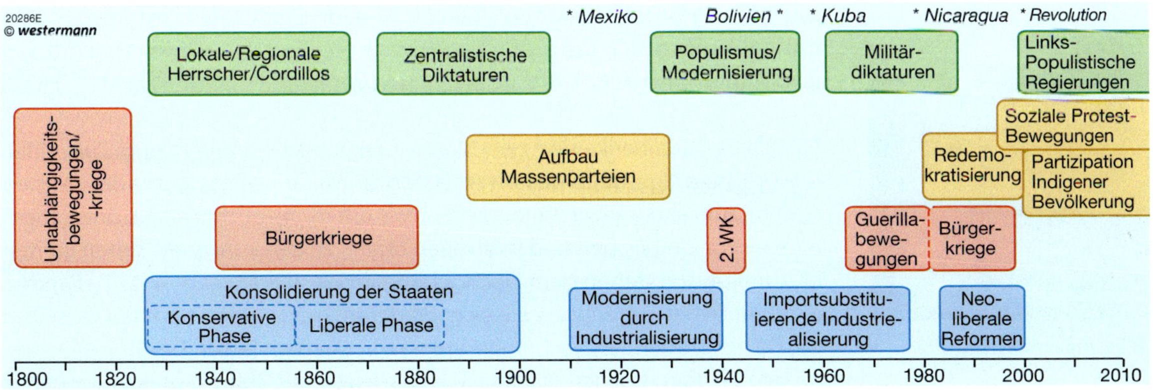

M3: Entwicklung der lateinamerikanischen Staaten seit der Unabhängigkeit (vereinfacht)

pierungen gefährdet und traten als Retter von Wirtschaft, Gesellschaft und Kultur auf (M4). Sie scheuten nicht vor brutaler Gewalt und Menschenrechtsverletzungen wie Folter und „Verschwinden lassen" zurück (z. B. Chile, Argentinien). Die USA, die Lateinamerika bereits seit dem 19. Jahrhundert als ihren Einflussbereich ansahen, unterstützten in Zeiten des „Kalten Krieges" mit der Sowjetunion in zahlreichen Ländern die Militärregierungen, um das Aufflackern sozialistischer Bewegungen in ihrem „Hinterhof" wirkungsvoller bekämpfen zu können (vgl. 3.3).

Die Revolution in Kuba 1959 blieb jedoch ein singuläres Ereignis (vgl. 3.3.4), auch wenn in etlichen Ländern Ende der 1960er-Jahre bewaffnete sozialistische (Stadt-)Guerillagruppen (Bolivien, Uruguay, Argentinien, Peru) aufkamen. Die mittelamerikanischen Länder wurden hingegen von jahrelangen Bürgerkriegen mit 250 000 Toten und bis zu zwei Mio. Flüchtlingen heimgesucht. Auslöser für den ersten Konflikt war der Sturz des Diktators Somoza in Nicaragua 1979, der die sandinistische Bewegung an die Macht brachte. Auch hier sahen die USA die Auseinandersetzungen als Teil des Ost-West-Konflikts und unterstützten die Konterrevolutionäre (Contras). Wenig später brachen auch in El Salvador und Guatemala Kämpfe aus, die in Guatemala erst mit einem Friedensabkommen 1996 endeten.

Ende der 1970er-Jahre begann eine Phase der Re-Demokratisierung. Die Militärs verloren an Ansehen und die politische Linke zog sich von allzu radikalen Forderungen zurück. Hinzu kam ein Wechsel der US-amerikanischen Außenpolitik und später der Zusammenbruch der Sowjetunion. Von Nachbar zu Nachbar vollzog sich in einer Art Dominoeffekt der Übergang zur Demokratie. Seit 2000 (Regierungswechsel in Mexiko und Peru) gelten alle lateinamerikanischen Länder außer Kuba zumindest formal als Demokratien. Allerdings sind die Präsidialdemokratien Lateinamerikas durchaus unterschiedlich und weisen eine Reihe Elemente auf, die mit unserem Demokratieverständnis nicht unbedingt vereinbar sind (M5). Die Militärs haben fast überall an Einfluss verloren, wenn sie sich auch nur in den seltensten Fällen für ihre Menschenrechtsverletzungen vor Gerichten verantworten mussten. Auch als Reaktion auf die neoliberalen Reformen der 1980er-Jahre (vgl. 3.3) entstanden in vielen Ländern soziale aber auch indigene Bewegungen (vgl. 4.3.2, 5.4). Die zahlreichen linken (zum Teil ebenfalls als populistisch bezeichneten) Regierungen seit 1999 stellen die Bekämpfung von Armut und Ungleichheit ins Zentrum ihrer Politik.

Weltbild	Elemente
Religiöser Traditionalismus	Spanische Prägung; ähnliche Werte, wie das Franko-Regime in Spanien
Antikommunismus	Vorherrschende Haltung der Besitzenden vor dem Hintergrund notwendiger sozialer Reformen
Nationalismus	Ideologie zur Begründung militärischer Stärke
Kult des Militärischen	Das Militärische als Erziehungsideal; Militärs von Sendungsbewusstsein erfüllt
Rassismus	Indigene in den Bürgerkriegen besonders grausam bekämpft, als Soldaten missbraucht

M4: Weltbild lateinamerikanischer Militärdiktaturen

- Starke Machtkonzentration beim Präsidenten, fehlende Kontrolle durch Parlament und Justiz
- Korruption, Einflussnahme auf Gerichte
- Instabiles Parteiensystem
- Schwache Parteien ohne programmatische Ausrichtung (oft personenbezogen)
- Begrenzter Zugang zu Justiz
- Begrenzte Durchsetzungsfähigkeit des staatlichen Gewaltmonopols
- Einschränkungen der Pressefreiheit

M5: Demokratiedefizite in Lateinamerika

Grundsätzlich stehen die lateinamerikanischen Demokratien vor der schwierigen Aufgabe, die allzu krasse Diskrepanz zwischen formal garantierter politischer Gleichheit und faktischer sozialer und politischer Ungleichheit zu mildern.

Jonas Wolf, *deutscher Politikwissenschaftler*

1 **„Lateinamerika hat eine vergleichsweise lange demokratische Tradition." Beurteilen Sie diese These.**

2 **Erläutern Sie die im 20. Jh. verbreitete Anfälligkeit lateinamerikanischer Staaten für Militärdiktaturen.**

D1-210 www.diercke.de

1.4 Naturräumliche Grundlagen

M1: Amazonas, Brasilien

M2: Gran Chaco, Paraguay

M3: Fitz Roy in den argentinisch-chilenischen Anden

Besiedlung und landwirtschaftliche Nutzung werden in Südamerika in hohem Maße durch die große Bandbreite an naturräumlicher Ausstattung und Klima- und Vegetationszonen bestimmt.

Typisch für Südamerika sind zwei Muster der räumlichen Gliederung: Zum einen die großräumige Reliefgestalt (mit den nord-südlich verlaufenden Andenketten), zum anderen die Abfolge mehrerer unterschiedlicher Klimazonen. Diese reichen von den Tropen und Subtropen bis hin zu den kühl gemäßigten Breiten. Morphologisch stehen dem Hochgebirge im Westen ausgedehnte Tieflandgebiete im Osten gegenüber, die sich wiederum in die geräumigen Becken und die sie einrahmenden flachen Bergregionen gliedern lassen (M4).

Infolge der typischen Reliefgestalt werden die großräumigen Klimazonen in ihrem Verlauf weitaus stärker abgewandelt als etwa in Afrika. Es sind die Anden, die eine deutliche Klimabarriere in ost-westlicher Richtung bilden und mitverantwortlich sind für eine diagonale Ausprägung der Klimagrenzen. Da in Lateinamerika kein Gebirge eine ost-westliche Ausrichtung hat, können im Winter subarktische Kaltlufteinbrüche (Pamperos) von der Südspitze des Kontinents bis zum Andenknie von Santa Cruz vordringen. Die lang gezogenen Ketten der Anden sind in sich vielfach untergliedert. Zu diesem abwechslungsreichen Muster gehört eine Reihe von Merkmalen: In erster Linie sind es die Höhenstufung und die unterschiedliche Entfernung zum Äquator, die bei der Vegetation und landwirtschaftlichen Nutzung in den Anden für ein vielgestaltiges, insgesamt eher kleinteiliges Bild sorgen (M8, vgl. 4.5.1).

Dagegen ist der Formenwandel in den zentralen und östlichen Teilen des Kontinents sehr viel großräumiger angelegt. Die Klimazonen verlaufen hier grundsätzlich parallel zu den Breitenkreisen. Mit einer Ausnahme: Im zentralen Bereich des Kontinents kommt es zu einer ausgeprägten Ausbuchtung der sommerlichen ITC (Innertropische Konvergenz) nach Süden. Für die höhere Feuchtigkeit im Osten sind vor allem die Nähe zum Ozean und der Verlauf der Berglande verantwortlich. So zeichnet sich der maritime Süden durch vergleichsweise günstige Mitteltemperaturen und häufige Regenfälle aus – eine wichtige Grundlage für die großflächige Landwirtschaft Südbrasiliens. Im Nordosten ist dagegen nur ein schmaler Küstenstreifen den Passatwinden ausgesetzt. Im höher gelegenen Innern bewirken ablandige Winde eine mehrmonatige Trockenperiode. Das führt hier zur Ausbildung einer in dieser Zone normalerweise nicht zu erwartenden Trockenregion mit teilweise unsicheren Anbaubedingungen (M7).

		Folgen
Humoldtstrom	Kalter Meeresstrom vor Peru und Nordchile	Küstenwüsten
ITC	Tiefdruckrinne in zentraler Amazonasregion	Hohe, ganzjährige Niederschläge
Passat	Tropisches Windsystem (Südhalbkugel SO-Passat, Nordhalbkugel NO-Passat)	Lageabhängige Niederschläge (z. B. hohe Niederschläge an Ostküsten)
Zyklonen	Dynamisches Hochdrucksystem vor Westpatagonien	Hohe, ganzjährige Niederschläge in Westpatagonien

M4: Ganzjährige klimatische Einflüsse in Südamerika

	Merkmale	Untergliederung
Anden (in Mittelamerika Kordilleren)	Geologisch junge (Tertiär) Hochgebirgskette im Westen (Höhe: bis 7 000 m), intensiver Vulkanismus, heftige Erdbeben	• Nordanden • Zentralanden • Südanden Gliederung in drei bzw. zwei Gebirgsketten
Flusstiefländer	Geologisch junge (Paläozoikum) Sedimentationsbecken im Zentrum und Süden (Höhe: bis 500 m)	Gliederung durch verzweigte Flusssysteme: • Orinocobecken • Amazonasbecken • Paraná-La Plata-System Geologische Gliederung: • Epikontinentale Becken (Amazonasbecken, Paraná-Tiefland, Paranaiba) • Kreidebecken der Atlantikküsten • Tiefebenen (Orinoco, Gran Chaco / Pampa)
Bergland	Geologisch alte (Präkambrium) Mittelgebirge auf der atlantischen Seite (Höhe: bis 3000 m), tektonisch ruhig	• Bergland von Guayana • Brasilianisches Bergland • Patagonisches Tafelland

M5: Geomorphologische Gliederung Südamerikas

M6: Großräumige Gliederung Südamerikas

Region	Klimatyp	Natürliche Vegetation
	Tropen	
Llanos del Orinoco	sh	Grassavanne
Guayana Bergland	h – sa	tropisch immergrüner Bergwald
Amazonasniederung	h	tropisch immergrüner Regenwald
Llanos del Mamoré	sh	Überschwemmungs-Wald
Zentralbrasilien	sh	offene Baumsavanne
Nordostbrasilien	sa – a	offener Trockenwald
Ostküste	h	tropisch immergrüner Regenwald
Minas Gerais	sh	Baum- und Grassavanne
São Paulo	sh	subtropischer Nadelwald
Südbrasilien	m	tropischer wechselgrüner Bergwald
	Subtropen	
Paraná – Paraguay Senke	sh, m	subtropisch teilsimmergrüner Wald
Gran Chaco	tr a – st sa	Trockenwald
Nordwest-Argentinien	a, m	Trockenwald, Trockenbüsche
Pampa	h, m	Grassavanne und Krautfluren
	Trockenklima	
Ostpatagonien	a, m	Strauchsteppe und Halbwüste

M7: Klima und Vegetation östlich der Anden

h = humid, sh = semihumid,
a = arid, sa = semiarid,
m = maritim, tr = tropisch,
st = subtropisch

Westlich der Anden erstreckt sich entlang der peruanischen und der chilenischen Küste ein hocharider Raum, der über viele Breitengrade hinweg bis fast zum Äquator reicht. Er unterliegt wie die Ostküste des Kontinents maritimen Einflüssen. Allerdings wirkt sich hier neben der auf die Anden bezogenen Leelage zusätzlich das Kaltwassersystem des Humboldtstromes aus. Die dabei auftretenden Seewinde verstärken das Trockenklima am Küstenstreifen beträchtlich. Doch ermöglichen hier Fremdlingsflüsse aus den Anden eine hoch intensive Bewässerungswirtschaft. Zum Süden hin schließen sich mit zunehmender Humidität Klimaregionen der mittleren Breiten an, die eine erhebliche Bandbreite an natürlicher Vegetation und landwirtschaftlicher Nutzung aufweisen.

Humidität

Niederschläge in einer Region sind höher als die Verdunstungskapazität.
Zahl der humiden Monate:
(humid) 10 – 12 Mon.;
(semihumid) 6 – 9 Mon.;
(semiarid) 3 – 5 Mon.;
(arid) 0 – 2 Mon.

	Folge
Höhe	Zunehmende Höhe --> fallende Temperaturwerte
Entfernung zum Äquator	Veränderung des Jahresgangs von Temperatur und Niederschlag
Lage zu Passatwinden	Ostanden in Luflage zum SO-Passat (Steigungsregen); Westanden in Leelage (trocken)
Kleinräumige Reliefgestalt	Unterschiedliche Wasserverfügbarkeit in Längstälern, Hochebenen oder Becken
Massenerhebung	Unterschiedliche Temperaturspeicherung von schmalen (kühler) und breitflächigen Gebirgen (wärmer)

M8: Klimatische Folgen von Lage und Relief in den Anden

1 **Erstellen Sie eine Skizze der Oberflächengestalt Südamerikas (M 5, Atlas).**
2 **Charakterisieren Sie die klimatische Gliederung Südamerikas (M 7, Atlas).**
3 **Erläutern Sie Folgen der naturräumlichen Gegebenheiten für die Landwirtschaft in den Anden (M 5, 8, S. 65).**

D1-216 www.diercke.de

D1-226 www.diercke.de

1.4.1 El Niño – Klimaanomalie mit Folgen

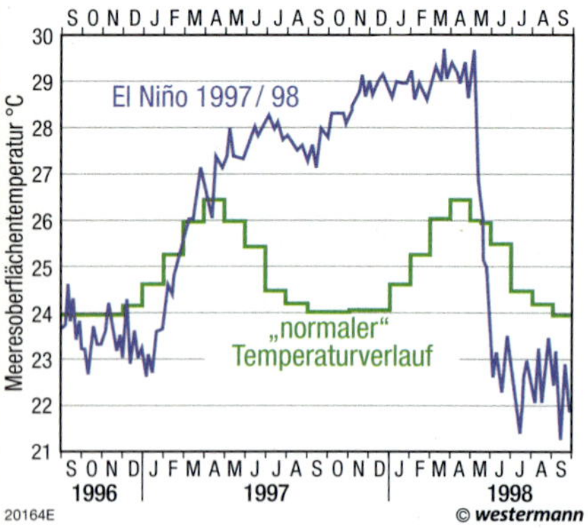

M1: Meeresoberflächentemperatur im Pazifik in Äquatornähe während des El Niño 1997/98 und der „normale“ saisonale Temperaturverlauf

Alle drei bis acht Jahre verursacht die Wetteranomalie El Niño in weiten Teilen Südamerikas extrem starke Niederschläge und Überschwemmungen. Gleichzeitig leiden andere Regionen unter verheerenden Dürren.

Alljährlich gegen Ende Dezember erwärmt sich das Wasser vor den Küsten Ecuadors und Perus, was eine plötzliche Abwanderung der Fischschwärme zur Folge hat. Die peruanischen Fischer nannten diese wiederkehrende weihnachtliche Erwärmung der Küstengewässer, mit der Niederschläge an der Küste und in den Trockenregionen der Anden einhergehen, schon vor Generationen sarkastisch El Niño, das Christkind. In gewissen Abständen tritt diese Erscheinung mit besonderer Heftigkeit auf und hat weitreichende Folgen im gesamten Pazifikraum. Die Klimaanomalie kann dann zwölf bis achtzehn Monate andauern. In Extremfällen erreicht El Niño sogar eine Dauer von bis zu fünf Jahren (1990 – 1995). Das El Niño-Ereignis des Jahres 1997/98 war zwar von kürzerer Dauer, wurde aber wegen seiner globalen Auswirkungen weltweit wahrgenommen („Wetterereignis des Jahrhunderts“). Sintflutartige Regenfälle mit katastrophalen

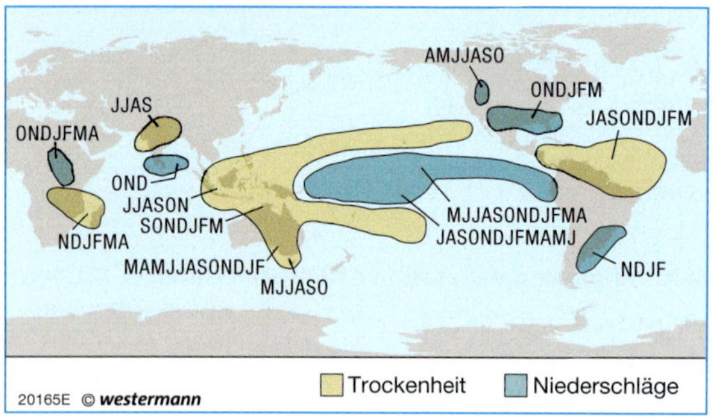

M2: Von El Niño betroffene Gebiete (Bstb. = Monate)

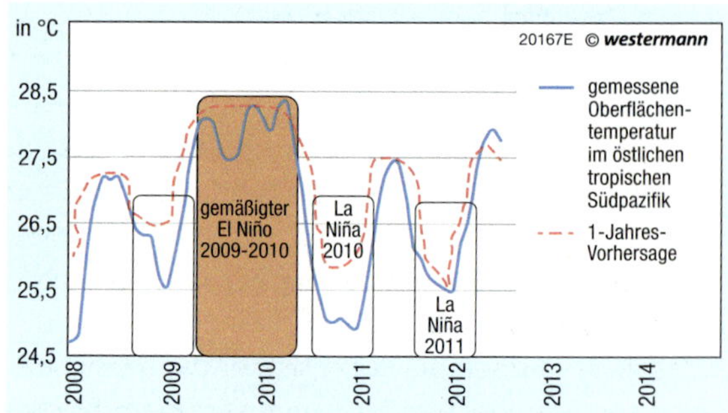

M3: Vorhersage: El Niño-Periode 2008 – 2012

La Niña
(span. „Das Mädchen“) entgegengesetztes Phänomen zu El Niño meist im Anschluss an ein El Niño-Ereignis verbunden mit Abkühlung des Oberflächenwassers im äquatorialen Bereich des Ostpazifiks. Folgen: Verstärkung der normalen Klimaverhältnisse der betroffenen Regionen, z. B. Dürre in Peru.

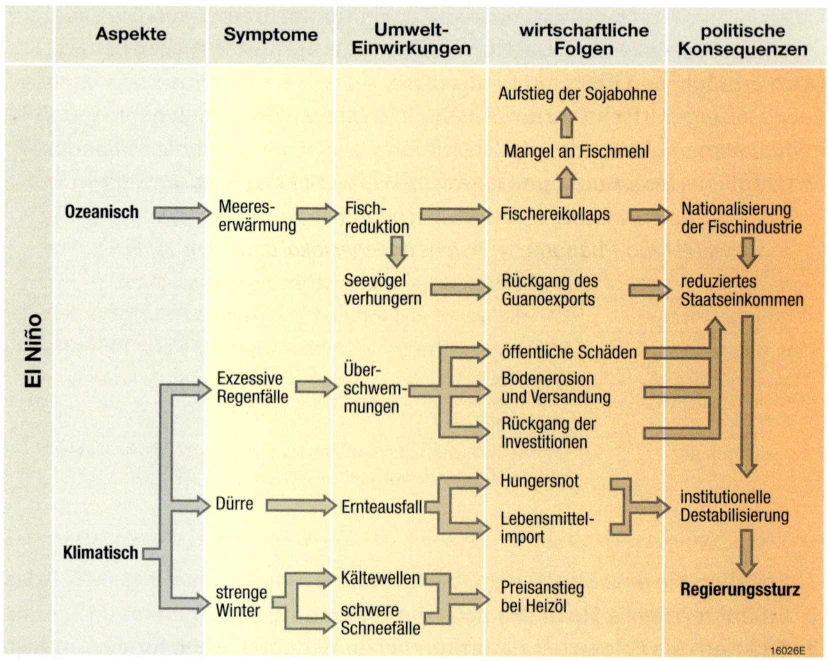

M4: Sozio-ökonomische Folgen von El Niño

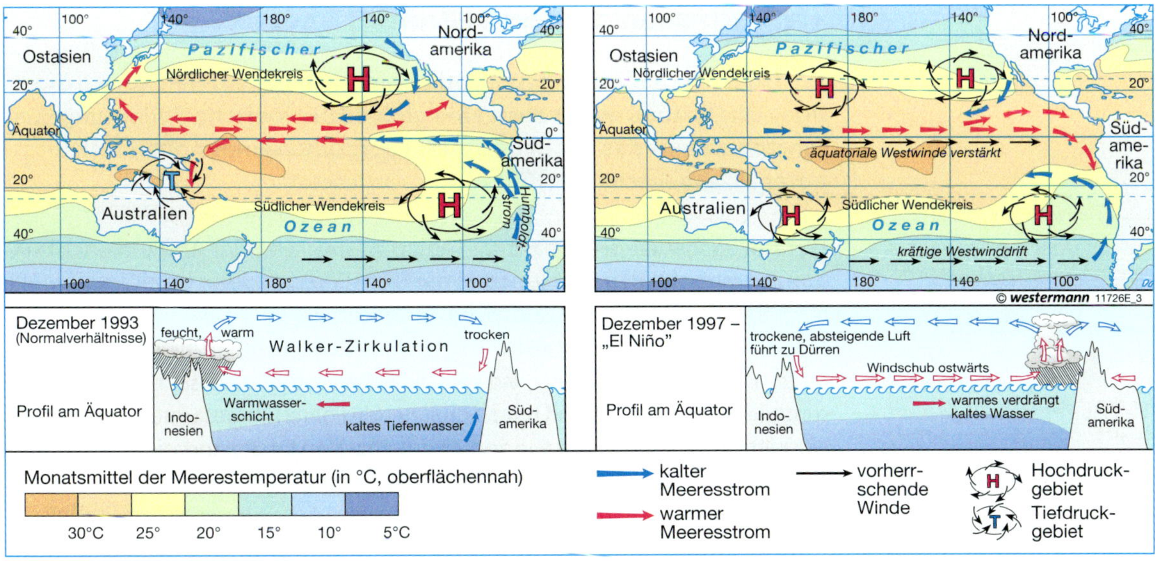

M5: Mechanismen und Auswirkungen von El Niño

Überschwemmungen in allen westlich der Anden gelegenen Ländern Südamerikas und Südbrasilien, Hurrikans in Mexiko und lange Dürreperioden mit Ernteausfällen und Hungersnöten in Nordbrasilien, Südostafrika, Südostasien, Indonesien und Australien waren die beiden gegensätzlichen Auswirkungen des Klimaphänomens (M 2). Der 1997/98 -El Niño richtete Schäden in Höhe von 33 Mrd. US$ an und kostete rund 23 000 Menschen weltweit das Leben.

Seitdem kam es zu einigen vergleichsweise eher kleinen El Niño-Ereignissen (2006/2007, 2009/2010). Zahlreiche Einrichtungen bemühen sich um immer genauere Prognosen der Phänomene (M 3). Manche Klimaforscher gehen zudem davon aus, dass der anthropogene Klimawandel die Abstände zwischen den El Niño-Perioden verkürzt und den Effekt verstärkt.

Jedes El Niño-Phänomen zeigt seine eigene Charakteristik. Beispielsweise waren im Jahr 1982/83 die Korallenbestände durch die erhöhten Wassertemperaturen gefährdet. 1997/98 dagegen stieg der globale Meeresspiegel um zwei Zentimeter an.

»

[Die Walker-Zirkulation, eine Luftzirkulation] *ist für die Bewegung des Oberflächenwassers und die damit einhergehenden Schwankungen der Wassertemperatur verantwortlich. Die Passatwinde, die als Motor dieser Bewegungen gelten, können im Pazifik entweder im jahreszeitlichen Rhythmus nachlassen oder durch den Aufbau eines Hochdruckgebietes im Westpazifik insgesamt an Kraft verlieren. Je nachdem, welcher der beiden Mechanismen wirksam wird, unterscheidet man zwei El Niño-Phänomene: Erstens das eher lokal und jahreszeitlich auftretende El Niño-Ereignis, das bereits die einheimischen Fischer kannten. Es wird beobachtet, wenn sich die Passate im Südsommer (zu Weihnachten) über dem Südostpazifik abschwächen – eine Folge der Südverlagerung der innertropischen Konvergenz. Demgegenüber steht das länger andauernde Niño-Phänomen, das als eigentliches El Niño im modernen Sinne gilt. Es kann als „Warmereignis" im Pazifik verstanden werden und stellt, was Intensität, Dauer und Fernwirkung angeht, die Symptome des lokalen Ereignisses weit in den Schatten.*

«

M6: Quellentext zu den Ursachen des El Niño-Phänomens
Schoop, W.: Lateinamerika Diercke Spezial (2008)

M7: Überschwemmungen im südlichen Peru, 2010

1 **Erläutern Sie Ursachen des El Niño-Phänomens.**
2 **Erklären Sie die sozio-ökonomischen Folgen eines El Niño-Ereignisses (M 4).**

D1-188 www.diercke.de

1.4.2 Amazonien – ein bedrohtes Ökosystem

Der tropische Regenwald Amazoniens ist nicht nur ein weltweit einzigartiges Ökosystem, es hat auch eine globale ökologische Bedeutung. Seit Jahrzehnten ist das anfällige System aufgrund seines hohen Nutzungspotenzials menschlichen Eingriffen ausgesetzt.

Das Amazonasbecken umfasst eine Fläche von 6 915 000 km², was knapp 40 Prozent der Gesamtfläche Südamerikas entspricht. Etwa 5,5 Mio. km² sind mit tropischem Regenwald bedeckt. Nimmt man die nicht-amazonischen Gebiete hinzu, sind es sogar 8,2 Mio. km² Waldfläche.

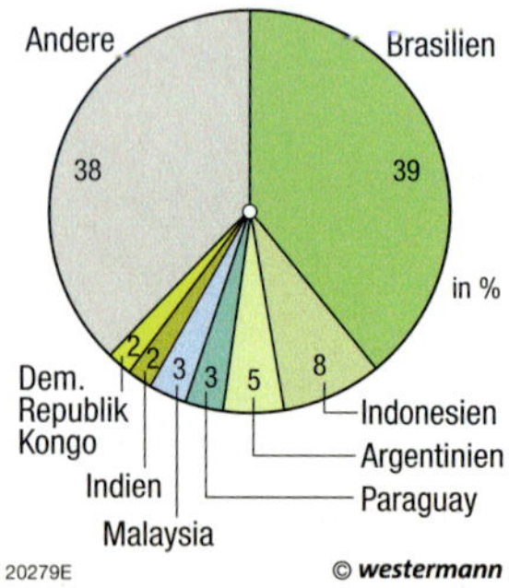

M1: Verursacher der Regenwaldzerstörung (2000 – 2005)

Das Einzugsgebiet des Amazonas (Amazonasbecken oder Amazonien) ist das größte tropische Regenwaldgebiet der Welt. Besonders der brasilianische Teil, der circa zwei Drittel der Waldfläche ausmacht, geriet in den Fokus der Weltöffentlichkeit, als das Land in den 1970er-Jahren begann, Amazonien wirtschaftlich zu erschließen (vgl. 3.2). Der Land-, Forst-, Viehwirtschaft und dem Bergbau fielen riesige Flächen Wald zum Opfer. Schätzungen gehen davon aus, dass etwa 18 Prozent bereits entwaldet wurden. In dem fragilen Ökosystem zieht der Verlust der Vegetationsdecke schwere Folgen nach sich: Durch den Abtransport von Hölzern und das Verbrennen der Überreste wird dem Gebiet ein großer Teil der ursprünglichen Nährstoffmenge entzogen. Dem nackten Boden bleibt kaum noch ein Schutz vor den starken Niederschlägen, so dass Regenfälle den sowieso kargen Boden rasch auswaschen und wegspülen können. Das ausgeklügelte Ökosystem Regenwald ist dann unwiederbringlich zerstört (M 3).

Weltweit fürchten Wissenschaftler nicht nur das damit verbundene Aussterben zahlreicher Tier- und Pflanzenarten des extrem artenreichen Regenwalds (M 4). Mit der Zerstörung des amazonischen Regenwalds sind auch regionale und globale Klimaveränderungen verbunden. So speichert und verbraucht die üppige Regenwaldvegetation riesige Mengen des Treibhausgases CO_2 und trägt damit zur Stabilisierung des globalen Klimas bei (M 6). Experten schätzen, dass bis 2050 durch Abholzung 35 Mrd. t CO_2 aus den Regenwäldern freigesetzt werden. Die in der Amazonasregion entwickelte Wärmeenergie trägt zudem zum Aufheizen des

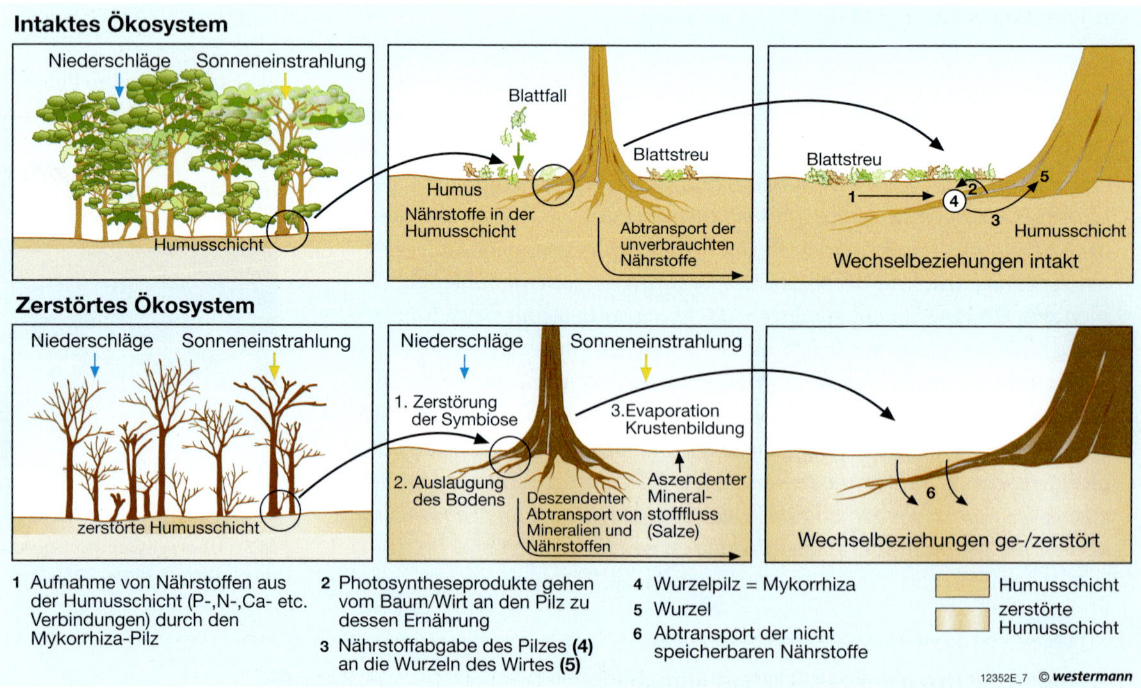

M2: Zerstörung des intakten Ökosystems des tropischen Regenwalds

Golfstroms bei. Schließlich setzt die Evaporation der Wälder enorme Wassermengen in die Atmosphäre frei, was den Süßwasserkreislauf der Erde mitbestimmt.

» *Die hohe Pflanzenproduktivität ist ein (...) auffälliges Merkmal des tropischen Regenwaldes und letztlich der Existenz der Mykorrhiza (Wurzelpilze) zuzuschreiben, die mit ihren Wirtspflanzen in Symbiose leben. Zum einen mineralisieren sie selbst die organische Streu, zum anderen filtern sie aus der durchsickernden Bodenlösung die Nährstoffe heraus („Nährstofffallen") und geben diese an die Pflanzenwurzeln weiter. Sie verhindern somit zum einen Nährstoffverluste durch Auswaschung als Folge der hohen Niederschläge und ermöglichen zum anderen einen kurzen und sehr effektiven geschlossenen Nährstoffkreislauf, sodass tropische Regenwälder Jahrtausende lang auf demselben Boden existieren können. Fast der gesamte Nährstoffvorrat des Waldes ist in der oberirdischen Phytomasse gebunden.* «

M3: Quellentext zur Bedeutung der Mykorrhiza
Engelmann, D., Scholz, F.: Geoökozonen Diercke Spezial (2009)

» *Als erstes und wichtigstes Merkmal* [des tropischen Regenwalds] *muss der Artenreichtum genannt werden. So sind z. B. im Amazonasbecken auf wenigen Hektar mehr Pflanzen- und Insektenarten gefunden worden, als bisher in der gesamten europäischen Fauna und Flora bekannt sind. 70 Prozent aller Regenwaldarten unter den Pflanzen gehören zu den Bäumen. Die Schätzungen für Baumarten belaufen sich auf 10 000 bis 30 000 Arten. (...) Bis zu 100 verschiedene Baumarten sind auf einem Hektar gezählt worden. Von einer für die Tropen besonders charakteristischen Pflanzenfamilie, den Palmen, sind heute über 3500 Arten bekannt. Viele Wissenschaftler gehen davon aus, dass etwa die Hälfte aller Pflanzen- und Tierarten in der immerfeuchten tropischen Regenwaldzone lebt. Viele davon sind noch gar nicht erfasst und beschrieben.* «

M4: Quellentext zur Biodiversität des tropischen Regenwalds
Müller-Hohenstein, K., Miotke, F.-D.: Die geoökologischen Zonen der Erde (1997)

M5: Amazonischer Regenwald

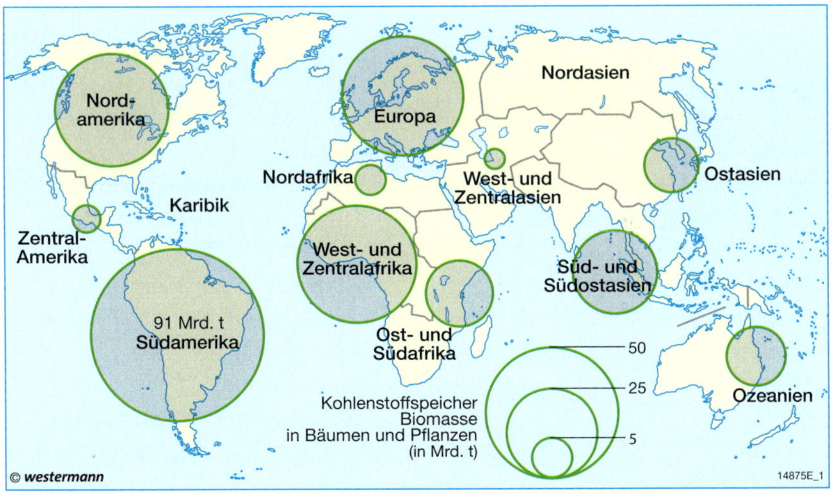

M6: Bedeutung der Wälder als Kohlenstoffspeicher

1 **Charakterisieren Sie die Besonderheiten des Ökosystems tropischer Regenwald.**
2 **Erläutern Sie die regionale und globale Bedeutung des amazonischen Regenwalds.**

D1-218 www.diercke.de

Natur- und Kulturraum

Lateinamerika
Lateinamerika umfasst die Länder Süd- und Mittelamerikas (mit Mexiko) und der Karibik. Der Begriff dient in erster Linie dazu, anhand des Kulturmerkmals Sprache den Großraum von Angloamerika abzugrenzen. Allerdings handelt es sich aus vielerlei Gründen keinesfalls um einen einheitlichen Natur- und Kulturraum.

Von der Diktatur zur Demokratie
Die lateinamerikanischen Länder haben eine historische Entwicklung genommen, die über lange Zeiträume in ähnlichen Phasen verlaufen ist. Es dauerte annähernd 200 Jahre seit ihrer Unabhängigkeit Anfang des 19. Jahrhunderts, bis sich die heutigen relativ stabilen Demokratien herausgebildet haben. In dieser Zeit wurden die Staaten immer wieder von autoritären Einzelpersonen („Caudillos") und Gruppierungen (z.B. Militärjuntas) regiert und versanken häufig in gewaltsamen, vor allem innerstaatlichen Konflikten. Dazu gehörten häufige Regierungswechsel, Putsche und sogar Revolutionen. Seit 2000 sind alle lateinamerikanischen Staaten außer Kuba Präsidialdemokratien.

Räumliche Gliederung und Klima
Geomorphologisch lässt sich Südamerika in drei Großräume gliedern: die Hochgebirgskette der Anden im Westen, die Tiefländer und die sie umgebenden Mittelgebirge im Osten. Das Klima Südamerikas, das aufgrund der großen Nord-Süd-Ausdehnung tropische und subtropische Zonen bis hin zu kühlgemäßigten Zonen umfasst, ist hingegen äußerst komplex. Es wird vom Relief und von einer Reihe klimatischer Einflussgrößen wie dem Humboldtstrom, der innertropischen Konvergenz, den Passatwinden und Zyklonen beeinflusst. In den Anden selbst gibt es eine vertikale Unterteilung des Klimas. Die Klimaphänomen El Niño, dass auf einer Umkehrung der atmosphärischen / ozeanischen Zirkulation im Pazifik beruht, ist für Überschwemmungen im Nordwesten Südamerikas und für Dürren in Nordbrasilien verantwortlich.

Amazonischer Regenwald
Der tropische Regenwald, eine Vegetationsform der immerfeuchten tropischen Klimazone (Äquatorialklima), ist ein gleichermaßen komplexes wie empfindliches Ökosystem. Der weltweit größte Regenwald liegt in Amazonien und hat sowohl für das regionale als auch das globale Klima eine hohe Bedeutung (durch Bindung von CO_2 und Freisetzung von Wärme und atmosphärischen Wassers) und trägt im hohen Maße zur Biodiversität bei. Durch Abholzung der Wälder insbesondere für die agrarische und forstwirtschaftliche Nutzung ist dies Ökosystem in großer Gefahr.

Aufgaben
1. **Lateinamerika ist ein relativ einheitlicher Kulturraum. Nehmen Sie Stellung zu dieser These.**
2. **Recherchieren Sie historische Daten zu Mexiko, Argentinien, Chile, Nicaragua, Guatemala und Brasilien und ordnen Sie diese den historischen Entwicklungsphasen (M 3, S. 11) zu.**
3. **Erläutern Sie ein historisches Phänomen anhand eines Beispiellands: Revolution (Mexiko), Nationalpopulismus (Argentinien), Militärdiktatur (Chile), Guerillabewegungen (Nicaragua), Bürgerkriege (Guatemala) und Redemokratisierung (Brasilien).**
4. **Erläutern Sie die Folgen eines El Niño-Ereignisses in Nordostbrasiliens (Atlas Seite 216.4).**
5. **Beurteilen Sie (mögliche) ökonomische Verluste, die die Anrainerstaaten des amazonischen Regenwalds durch seine fortgesetzte Zerstörung erleiden.**

Internetlinks
Deutschsprachige Informationen zu Lateinamerika (Auswahl)
- **GIGA Focus** www.giga-hamburg.de/giga-focus/lateinamerika
- **Lateinamerikanachrichten** www.lateinamerikanachrichten.de
- **Quetzal** www.quetzal-leipzig.de
- **ILA** www.ila-web.de

Naturräume Lateinamerikas
www.lateinamerika-studien.at/content/natur/natur/natur-titel.html

Informationen zu El Nino
www.enso.info

Maßnahmen der Raumerschließung in Brasilien

2

Die Erschließung eines Raumes wird in den meisten Fällen von wirtschaftlichen Motiven angetrieben. Im heutigen Brasilien war dies mit der Ankunft der europäischen Eroberer die Ausbeutung der agrarischen und mineralischen Rohstoffe zunächst der Küsten und später der damals noch unendlichen Wälder Amazoniens. Bis heute schreitet die Nutzbarmachung der ökologisch wertvollen Räume fort. Neue Straßen geben die Erschließungsrichtung vor. Es folgen Holzfäller, Rinderzüchter, Goldwäscher, Kleinbauern und Sojafarmer. Während der Staat, Unternehmen und Kolonisten von der Erschließung profitieren, wird die Natur unwiederbringlich zerstört und die indigene Bevölkerung aus ihrem angestammten Lebensraum vertrieben.

2.1 Frühe Phasen der Raumerschließung

M1: Entdeckung Brasiliens durch Pedro Álvares Cabral

Der Name Brasilien leitet sich von der portugiesischen Bezeichnung pau-brasil („glutrotes Holz") für den Brasilholzbaum ab, der an der brasilianischen Atlantikküste weit verbreitet war.

Disparitäten in Brasilien
dicht besiedelte, entwickelte Küstenregion vs. bevölkerungsarmes, unentwickeltes Hinterland; industrielle Wirtschaftszentren im Süden / Südosten vs. Krisen- und Abwanderungsregion im Nordosten und weitgehend unerschlossenen Amazonien; Stadt vs. Land

Die Erschließung des heutigen Brasiliens erfolgte seit der Ankunft der Portugiesen Anfang des 16. Jahrhunderts in mehreren Wellen.

Am 22. April 1500 nahm der portugiesische Seefahrer Pedro Álvares Cabral Brasilien für die portugiesische Krone in Besitz, nachdem sich Spanien und Portugal bereits sechs Jahre zuvor über die Aufteilung Südamerikas geeinigt hatten (Vertrag von Tordesillas). Seitdem unternahm das Land als portugiesisches Kolonialgebiet (1500 – 1815), als seit 1825 unabhängiges König- und Kaiserreich (1815 – 1889) und ab 1889 als Republik mit (militär)diktatorischen Zwischenspielen (1930 – 1945,1964 – 1985) immer wieder große Anstrengungen, das (heute 8,5 Mio. km^2) große, in weiten Teilen nur gering bevölkerte Land zu erschließen. Triebkraft dafür waren von Beginn an die Ausbeutung forstwirtschaftlicher, mineralischer und später auch energetischer Rohstoffe sowie der Anbau kommerzieller Agrarprodukte im großen Stil. Darüber hinaus galt es in späteren Jahren die entstandenen räumlichen **Disparitäten** auszugleichen, bis heute unterentwickelte Regionen an den Wohlstand und Fortschritt der prosperierenden heranzuführen und den Bevölkerungsdruck in den Küstenregionen abzubauen. Im Laufe der Zeit wurden eine Reihe verschiedener Entwicklungsstrategien und Raumerschließungsmaßnahmen eingesetzt, die auch auf unterschiedliche wirtschaftliche Motiv- und Interessenlagen sowie politische Zielsetzungen zurückzuführen sind. Und schon immer hatten die Erschließungsmaßnahmen nicht nur wirtschaftliche, sondern auch soziale und ökologische Konsequenzen. So wurden bereits im 16. Jahrhundert große Teile der indigenen Bevölkerung versklavt, ermordet oder durch eingeschleppte Krankheiten ausgerottet und die extrem artenreichen atlantischen Regenwälder großflächig für den Zuckerrohranbau und Viehweiden gerodet.

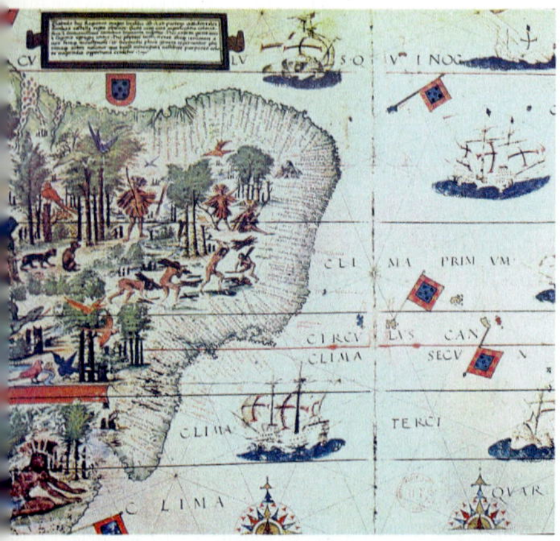

M2: Portugiesische Karte der brasilianischen Küste (1519)

i

In vielen Zusammenhängen hat der Begriff Raumerschließung den heute allzu negativ klingenden Begriff Kolonisation ersetzt. Beides meint die planvolle Nutzbarmachung/Inwertsetzung eines un- oder unterentwickelten Raumes für Siedlungs- oder Wirtschaftszwecke und seine Anbindung an andere Räume. Raumerschließung wird meist von einem Staat betrieben oder zumindest gefördert. Sie kann zum Beispiel der Nutzung von agrarischen, energetischen oder mineralischen Rohstoffen oder touristischen Potenzialen in dem zu erschließenden Raum dienen, räumliche Disparitäten abbauen oder auch militärische/ geopolitisch-strategische Motive haben. In bestimmten Fällen kann eine Raumerschließung auch mit einer Umnutzung eines Raums verbunden sein. Zudem ist sie auf verschiedenen Maßstabsebenen möglich. Eine Großregion wie Amazonien kann genauso erschlossen werden wie ungenutzte Areale einer Stadt. Bei der Raumerschließung können verschiedene Maßnahmen zum Einsatz kommen:

- *Infrastrukturausbau (Verkehrsinfrastruktur, Versorgung, Energie, etc.);*
- *Ansiedlung von Pionierbevölkerung: Siedlungsgründungen durch direkte Ansiedlungen, Landvergabe oder -freigabe, finanzielle Förderungen, Maßnahmen zur Attraktivitätssteigerung (Kultur-, Bildungsangebote etc.);*
- *Unternehmensansiedlung: Bereitstellung von Kapital, Arbeitskräften und Flächen, Steuervergünstigungen, Aussetzen von gesetzlichen Regelungen (Umwelt, Arbeitsrecht, Zoll).*

1 Erläutern Sie den Begriff Raumerschließung anhand Ihnen aus dem Unterricht bekannter Raumbeispiele.

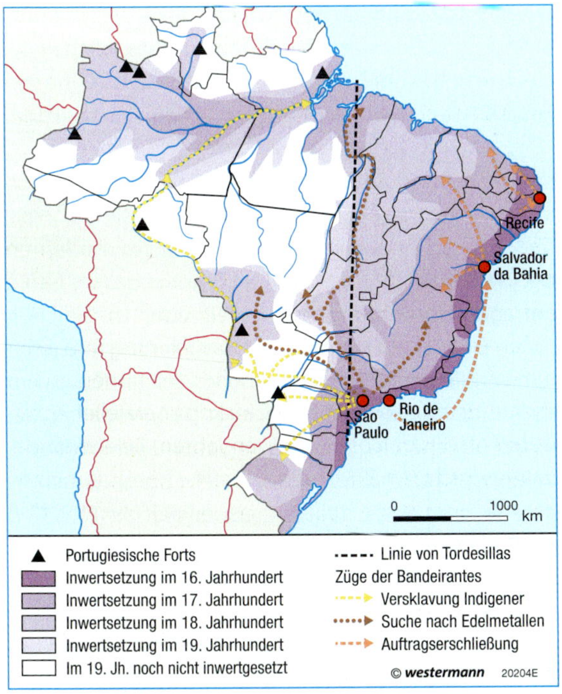

M3: **Phasen der Raumerschließung in Brasilien**

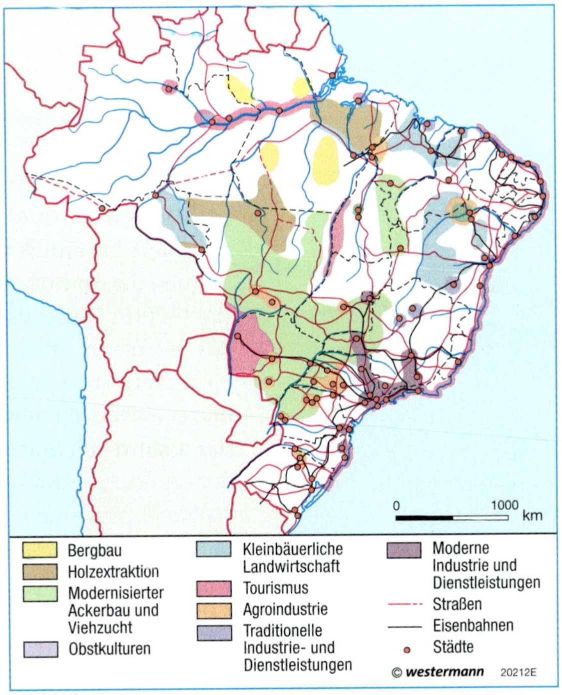

M4: **Aktuelle wirtschaftsräumliche Nutzung**

»

Über lange Zeiträume konzentrierte sich die Erschließung vor allem auf die Küstenregionen. Nach der anfänglichen Ausbeutung des Brasilholzes machte im Laufe des 16. Jhs. der Anbau von Zuckerrohr den Nordosten zum Kernraum der portugiesischen Kolonie. Eine Plantagengesellschaft bildete sich heraus, die auf dem Import von ***Sklaven aus Westafrika*** *basierte. (...) Das 18. Jh. brachte auf der Basis des Goldrausches in Minas Gerais eine Verlagerung der Regionalentwicklung in den Südosten, die mit der Verlegung der Hauptstadt der Kolonie von Salvador da Bahia nach Rio de Janeiro im Jahr 1763 besiegelt wurde. Im selben Zeitraum führten die Eroberungszüge der zumeist von São Paulo ausgehenden Bandeirantes, kleinen Abenteurergruppen auf der Suche nach Gold und Indianersklaven, zum kontinuierlichen Vorschub des portugiesischen Einflussbereichs nach Westen und zu einer immer stärkeren Erschließung des Hinterlandes. Das 19. Jh. ist die Zeit des Aufstiegs der Kaffeewirtschaft. (...) Der Kaffeezyklus brachte nicht nur ein Agrarunternehmertum hervor, dessen Kapitalkraft auch die wesentliche Basis für den Aufstieg São Paulos zur Wirtschaftslokomotive des Landes war, sondern trug in Verbindung mit dem Ausbau der Infrastrukturen (v. a. Eisenbahnen) auch zur Erschließung und wirtschaftlichen „Inwertsetzung" weiter Teile des Südostens und Südens bei. Die Vorrangstellung dieser Landesteile wurde ab Mitte des 19. Jhs. zusätzlich durch die Zuwanderung europäischer Migranten gestärkt. Einen kurzen boomartigen Wirtschaftszyklus erlebte an der Wende des 19. zum 20. Jh. auf der Basis des Kautschuks auch die Amazonasregion, von dem insbesondere die Siedlungen und Städte entlang der Flüsse profitierten.*

«

M5: **Quellentext zur Raumerschließung Brasiliens bis zum 20. Jahrhundert**
Coy, M., Théry, H.: Brasilien. Geographische Rundschau 9/2010

Atlantischer Sklavenhandel
Versklavung der Bewohner des westlichen, zentralen und südlichen Afrikas und Transport nach Nord- und Südamerika sowie in die Karibik. Es wird geschätzt, dass von den insgesamt zehn bis 15 Mio. in den atlantischen Raum verschleppten afrikanischen Sklaven zwischen der Mitte des 16. und der Mitte des 19. Jahrhunderts mit circa 41 Prozent der größte Teil nach Brasilien kam. Nach der Ächtung (1853) und endgültigen Abschaffung der Sklaverei (1888) füllten vor allem europäische (italienische) Einwanderer den Arbeitsmarkt auf.

2 **Gliedern Sie die Erschließung Brasiliens bis ins 20. Jahrhundert in einzelne Phasen.**

D1-210 www.diercke.de

2.2 Die moderne Erschließung Amazoniens

Seit den 1960er-Jahren findet im brasilianischen Amazonasgebiet ein Entwicklungsboom ungeahnten Ausmaßes statt, der durch eine staatliche Förderpolitik vorangetrieben wurde. Dabei lassen sich verschiedene Phasen unterscheiden, in denen jeweils wechselnde Strategien erkennbar werden.

M1: Pionierfrontregionen in Amazonien *(Cerrado = Savannen Zentralbrasiliens; Rodungsflächen Stand 2001)*

M2: Agrarkolonisation in Bom Futuro 1975, Rondônia

Begonnen hat die moderne Erschließung Amazoniens mit dem Bau der großen Fernstraßen, die quer durch das Amazonasbecken führen (z. B. Transamazônica; vgl. 2.2.1). Sie schufen die verkehrstechnische Voraussetzung für die modernen Formen der Bewirtschaftung, die anschließend auf breiter Front in das bis dahin unberührte Gebiet hineingetragen wurden und zu tief greifenden Umbrüchen führten, die zum Beispiel großen Einfluss auf die indigene Bevölkerung und ihren Lebensraum hatten. Nach dem Vorbild der nordamerikanischen Erschließung wird dieser Prozess auch als vorrückende Pionierfront bezeichnet (M4). Vor allem bei der agrarischen und forstwirtschaftlichen Nutzung ist dieses Bild sehr treffend. Bei den so genannten extraktiven Nutzungsformen wie dem Bergbau fällt es schwerer, sich eine geschlossene Front vorzustellen; meist erfolgt die Nutzung inselförmig in Gestalt einzelner, voneinander getrennter Areale. Doch bedarf es auch hier eines Straßensystems, um den Abtransport der geförderten Rohstoffe sicherzustellen. Ein weiterer Typ, die städtische Pionierfront, breitet sich in ganz ähnlicher Weise aus; allerdings sind die Areale hier deutlich großflächiger angelegt als beim Bergbau. Die größeren Siedlungszentren verdanken ihre Bedeutung meist der günstigen Lage an Kreuzungspunkten von Schiffs- und Fernstraßenverkehr.

Die unterschiedlichen Phasen der Erschließung sind jeweils geprägt von spezifischen Instrumenten der staatlichen Förderung, in denen sich die wechselnden Entwicklungsziele widerspiegeln (M3). So vergab der Staat bei den ersten Agrarkolonisationsprogrammen Land an Siedler, das sie roden und mit einjährigen Kulturpflanzen bewirtschaften sollten. Während es in Rondônia zu einer starken Zuwanderung und agrarwirtschaftlichen Entwicklung kam, wanderten andernorts (z. B. Ruropolis) die Kolonialisten bald wieder ab, sodass es wenig später zu einer Konzentration des Landbesitzes kam. Ende der 1970er-Jahre förderte der Staat vor allem die extensive Rinderwirtschaft, auf die auch viele den Brandrodungsfeldbau aufgebende Kleinbauern umstellten, was zu massiven Konflikten mit der großbetrieblichen Rinderweidewirtschaft führte. Auch zwischen anderen Akteuren kommt es immer wieder zu Auseinandersetzungen (M4, 5). Hauptleidtragende der Erschließungsmaßnahmen waren jedoch die indigene Bevölkerung und die Regenwälder, auch wenn der Staat mittlerweile große Schutzgebiete eingerichtet hat.

Phase		Folgen
vor 1960	Episodische Besiedlung, Entstehung erster Städte, Ressourcenextraktion	• Punktuelle Zuwanderung
ab 1965	Frühphase: Förderung des Straßenbaus, steuerliche Vergünstigungen	• Massive Zuwanderung • Pionierfrontbildung • Regenwaldzerstörung
ab 1970	Okkupationsphase: erste staatliche Agrarkolonisationsprogramme, Fortsetzung des Straßenbaus	
ab 1975	Inkorporationsphase: erste agrarische Großprojekte (Steuervergünstigungen für Rinderweidewirtschaft)	• Hohe Zuwanderung • Interessenkonflikte • Verdrängung der indigenen Bev. • Verstädterung
ab 1980	Modernisierungsphase: Infrastrukturausbau, neue Siedlungsprojekte	
ab 1985	Extraktionsphase: Bergbau- und Energie-Großprojekte	
ab 1990	Berücksichtigung von Umwelterhaltung, Nachhaltigkeit und Schutz indigener Bevölkerung in staatlichen Entwicklungsprogrammen, aber auch Rückzug des Staates aus der Raumentwicklung, beschleunigte Ausweitung der industriellen Landwirtschaft, Einstieg (ausländischer) Großinvestoren	• Geringe Zuwanderung /teilweise Abwanderung • Intraregionale Wanderung • Soziale Fragmentierung

M3: Entwicklungsphasen in Amazonien

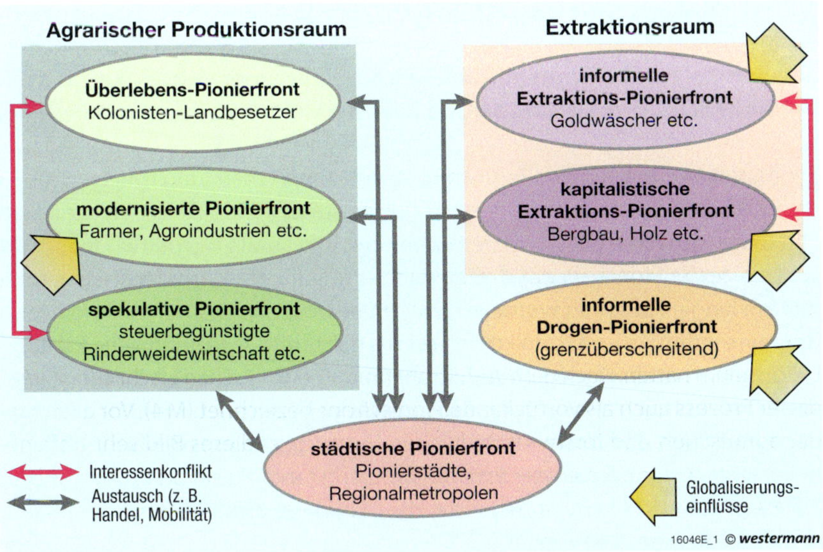

M4: Pionierfronttypen in Amazonien

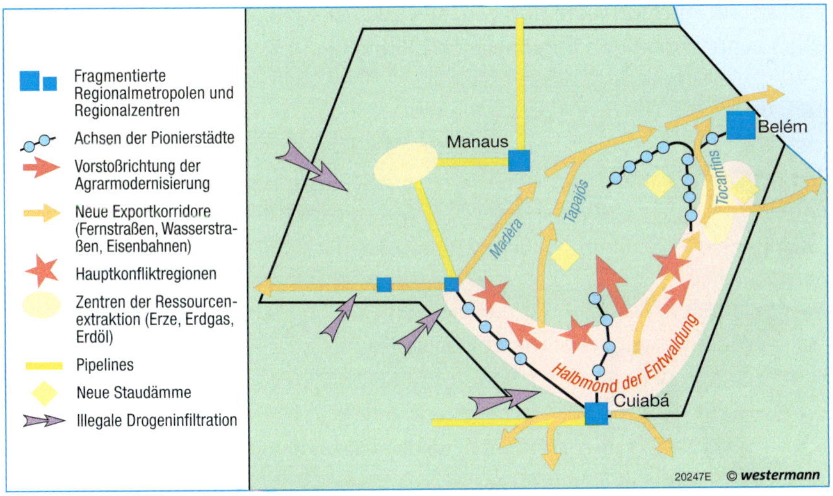

M5: Regionale Strukturen, Dynamiken und Konflikte (zwischen Kleinbauern und großbetrieblicher Rinderweidewirtschaft, Goldwäschern und Sägereibesitzern) im brasilianischen Amazonien

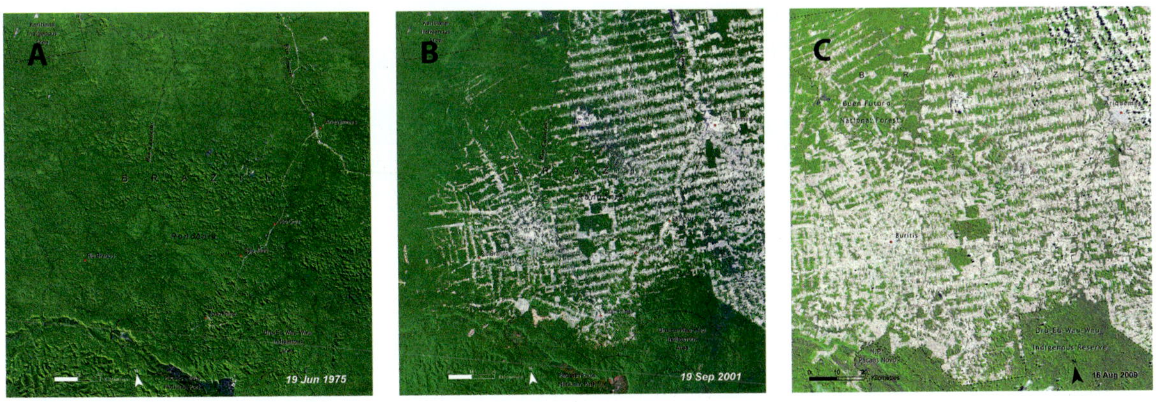

M6: Agrarkolonisation in Rondônia: A: 1975, B: 2001, C: 2009

1 Charakterisieren Sie den Begriff Pionierfront.

2 Erläutern Sie die Agrarkolonisation in Rondônia (Atlas).

D1-218
www.diercke.de

2.2 Die moderne Erschließung Amazoniens

2.2.1 Bedeutung von Straßen für die Raumerschließung

Straßen liefern die infrastrukturelle Voraussetzung, geben die Vorstoßrichtung der Zuwanderung an und bilden das Rückgrat der Erschließung.

Über 80 % aller gerodeten Flächen in Amazonien liegen maximal 30 km von einer offiziellen Straße entfernt (siehe M 2).

Ein Beispiel für die Fernstraßen-Großprojekte zur Erschließung Amazoniens ist die BR-163, die Cuiabá, Hauptstadt des Bundesstaats Mato Grosso, mit dem alten Flusshafen am Amazonas Santarém verbindet. Die Straße wurde zwischen 1971 und 1976 von Pionieren der Armee gebaut und ihr matogrossensischer, circa 700 km langer Abschnitt wurde in den 1980er-Jahren asphaltiert. Seitdem fand dort eine intensive und konfliktreiche wirtschafts- und sozialräumliche Entwicklung statt. Perlschnurartig an der Straße aufgereiht finden sich Pionierstädte, sowie inselhaft Areale des Sojaanbaus, der Holzextraktion, der kleinbäuerlichen Landwirtschaft, der Rinderweidewirtschaft und des Kleinbergbaus (Gold), die in verschiedenen Phasen der Erschließung entstanden (M 1, M 5). An der zum Teil desolaten, 1000 km langen Piste, die sich im Bundesstaat Pará anschließt, verlief die Regionalentwicklung hingegen bislang wenig dynamisch. Sie steht bereits seit Ende der 1990er-Jahre auf der Tagesordnung der brasilianischen Infrastrukturgroßprojekte und wird seit 2005 ausgebaut. 2006 wurde dazu ein „Plan zur nachhaltigen Regionalentwicklung BR-163" verabschiedet.

Regionale Eliten
In den erschlossenen Gebieten haben sich neue regionale Eliten gebildet (Sojafarmer, Sägereibesitzer und Rinderzüchter), die politisch und wirtschaftlich den Ton angeben (Der Gouverneur von Mato Grosso ist der bedeutendste Sojafarmer).

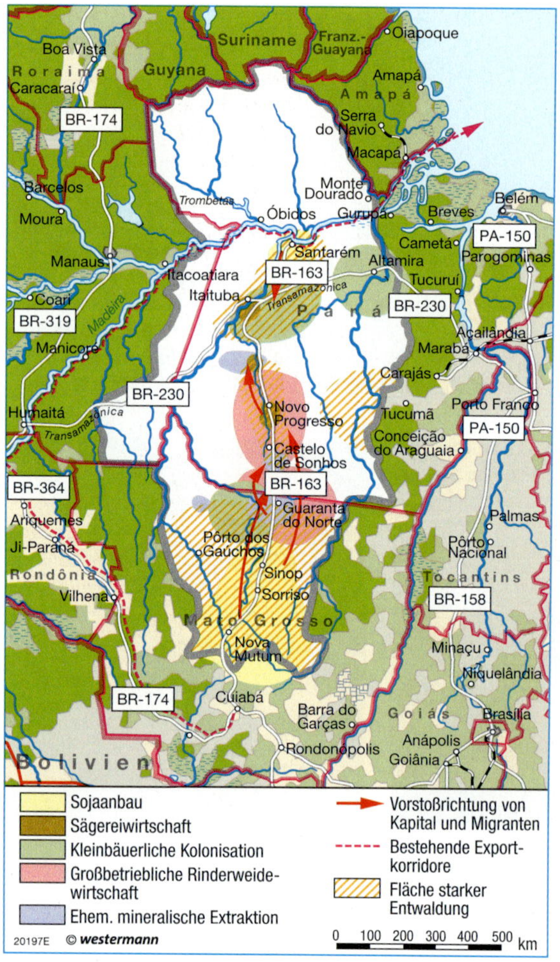

M 1: Einflussbereich der BR-163 (weiße Fläche)

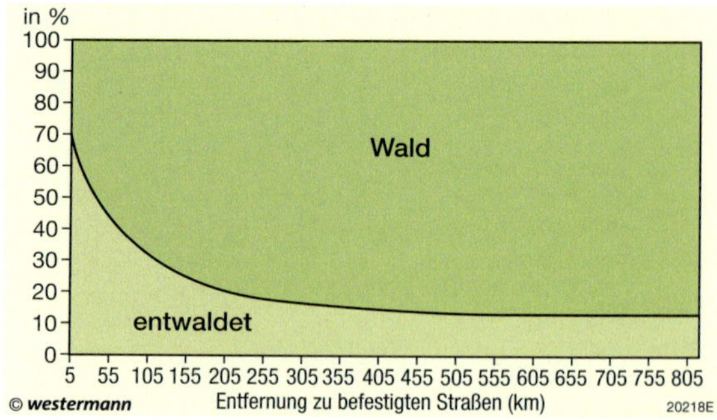

M 2: Abhängigkeit Entwaldung vom Abstand zu Straßen

M 3: Ausbau BR-163 in Pará

M 4: Abholzung an Sekundärstraße (Transgarimpeira)

»
Die Fernstraße bildet das Rückgrat eines der wichtigsten und dynamischsten Korridore im brasilianischen Amazonien: einerseits ein „Modernisierungskorridor", in dem sich, getragen durch eine regionsfremde Farmergesellschaft, globalisierte Räume herausgebildet haben, die ohne Zweifel einen wesentlichen Beitrag zu den Agrarexporten Brasiliens leisten, und andererseits ein „Korridor der Zerstörung", in dem weitgehend intakte Naturlandschaften großflächig in Monokulturwüsten umgewandelt beziehungsweise Regenwälder durch Holzeinschlag rücksichtslos ausgebeutet oder durch Kunstweiden unwiederbringlich zerstört wurden. Nachdem im matogrossensischen Abschnitt des Einzugsgebietes der BR-163 der Umbau der Region weitgehend vollzogen ist, richten sich die Interessen der Akteure auf den bisher wenig erschlossenen nördlichen Abschnitt im Bundesstaat Pará. Vom Ausbau und der Asphaltierung der Straße bis nach Santarém erhoffen sich die Sojafarmer einen neuen konkurrenzfähigen Exportweg, der Holzsektor verspricht sich Zugang zu neuen Einschlagsgebieten, Landspekulanten wittern große Gewinnchancen. Naturschützer, soziale Bewegungen und Menschenrechtsorganisationen sehen in den von Süden vordringenden Interessen die Gefahr zunehmender Regenwaldzerstörung, von Landkonflikten und Verdrängungsprozessen. Entsprechend stehen sich hinsichtlich der künftigen Entwicklung an der BR-163 der „Entwicklungsdiskurs" der regionalen pressure groups und der „Nachhaltigkeitsdiskurs" nationaler und internationaler zivilgesellschaftlicher Organisationen diametral gegenüber.
«

M5: Quellentext zur BR-163
Coy, M., Klingler, T.: Pionierfronten im brasilianischen Amazonien zwischen alten Problemen und neuen Dynamiken (2011)

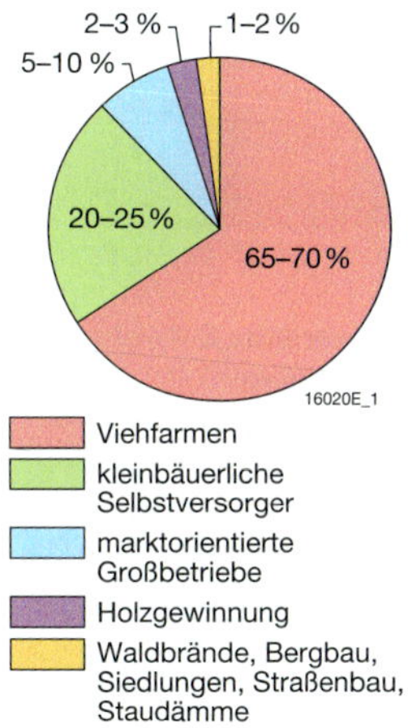

M6: Verursacher der Abholzung im Amazonasbecken

Interessenkonflikt BR-163
Bei diesem Infrastrukturprojekt stehen sich ähnlich wie bei anderen Großprojekten in Amazonien verschiedene Interessengruppen gegenüber. Zwar befürworten beide Gruppen weitgehend das Asphaltierungsprojekt, doch stellt die eine Gruppe die Förderung von modernen markt- und exportorientieren Betrieben der Landwirtschaft und der Industrie in den Mittelpunkt, während die andere Gruppe sich für die Umsetzung grundbedürfnis- und armutsorientierter Strategien sowie Nachhaltigkeit und Waldschutz einsetzt. Zu beiden Gruppen gehören überregionale Akteure (z. B. Ministerien, internationale Unternehmen, Umweltschutzorganisationen) und regionale Akteure (Place-based-actors: Gemeinden, regionale Unternehmen und ihre Interessenverbände, lokale Zivilgesellschaft).

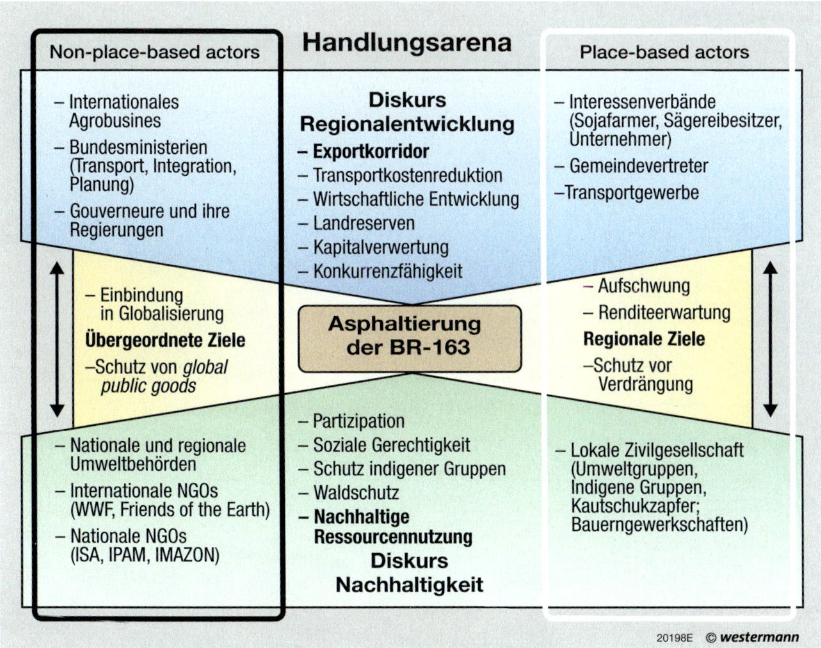

M7: Akteurs- und Konfliktkonstellationen im Einflussbereich der BR-163

1 Erklären Sie die Bedeutung von Fernstraßen für die Raumentwicklung in Amazonien.
2 Analysieren Sie die Erschließung entlang der BR-163 (M 1).
3 Erläutern Sie die Akteurs- und Konfliktkonstellationen im Einflussbereich der BR-163 (M 7).

D1-218
www.diercke.de

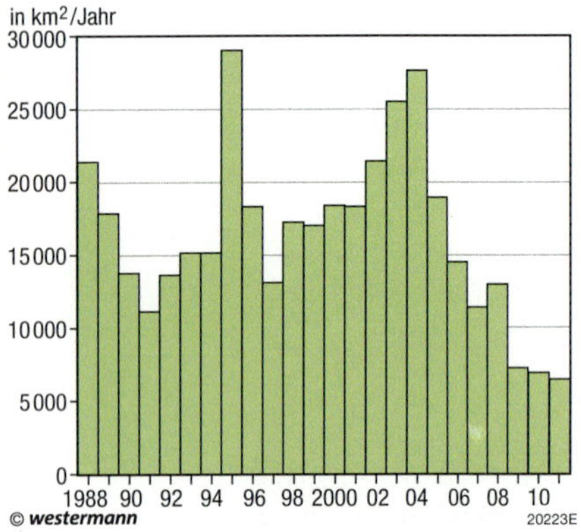

M 1: Jährliche Entwaldung in Amazonien

M 2: Quellentext zu verschiedenen Stufen der Entwaldung
Röper, M.: 3D-Schach in Amazonien. Geographische Rundschau 9/2010

2.2.2 Folgen der Erschließung: Entwaldung

Seit Beginn der Erschließung in den 1970er-Jahren hat sich der Regenwald rapide verkleinert, mit weitreichenden ökologischen Folgen.

Die brasilianische Raumfahrtbehörde, die anhand von Satellitenbildern die Abholzung in Amazonien beobachtet, ging 2011 davon aus, dass bereits circa 18 Prozent der etwa fünf Mio. km² brasilianischen Regenwalds zerstört wurden. Zwar war die Abholzung in den letzten Jahren rückläufig (M 1), doch sehen darin einige Experten nur bedingt eine Trendwende. Der Rückgang ist der schwachen Weltkonjunktur geschuldet. Zudem werden die Rodungen kleinräumiger, was aber auch mit der besseren Überwachung zusammenhängen kann. Die Wissenschaftler können inzwischen nicht nur illegale Rodungen feststellen, sondern auch vier verschiedene Stufen der Walddegradation unterscheiden.

»

Der Kahlschlag ist nur das Endstadium eines Rodungsprozesses, der sich über mehrere Jahre hinziehen kann. Zunächst werden nur Edelhölzer, dann weitere Nutzhölzer entnommen. Bereits bei einer Waldbedeckung von noch etwa 50 Prozent, wird Gras eingesät und mit der Beweidung begonnen. Erst nachdem über Jahre hinweg die Weiden und der verbleibende Wald abgebrannt wurden, ist der ursprüngliche Wald vollständig beseitigt. Schätzungen gehen davon aus, dass bereits 40 Prozent der waldbedeckten Fläche in Amazonien durch diese unterschiedlichen Entwaldungsstadien beeinträchtigt sind.

«

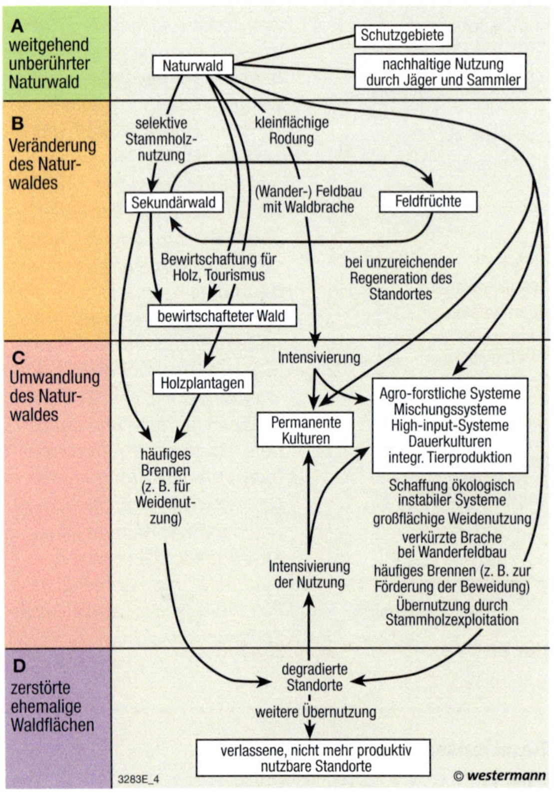

M 3: Etappen der Regenwaldzerstörung

M 4: Selektive Entnahme von Edelhölzern

M 5: Rinderherde in Amazonien

Zwar ist die Bedeutung der Entwaldung für den Klimawandel und die Biodiversität bekannt (vgl. 1.3.2), die konkreten ökologischen Folgen lassen sich aber nur schwer abschätzen. Rund 70 Prozent der Treibhausgase des fünftgrößten Emittenten der Welt werden durch die Zerstörung des Tropenwaldes verursacht.

»

Im brasilianischen Amazonas-Gebiet hat die Abholzung des Regenwaldes in den vergangenen Monaten stark zugenommen. (...) Besonders betroffen ist der Bundesstaat Mato Grosso. Dort stieg die Waldzerstörung nach Analysen des staatlichen Institutes für Weltraumforschung (Inpe) von August 2010 bis April 2011 um 43 Prozent. Zuvor hatte das Institut Imazon ebenfalls unter Berufung auf Satellitenbilder gemeldet, dass in dem für Soja-Anbau bekannten Bundesstaat allein im vorigen April 243 Quadratkilometer Wald abgeholzt worden seien und damit 537 Prozent mehr als im entsprechenden Monat des Vorjahres. Umweltministerin Izabella Teixeira reagierte äußerst besorgt auf die Zahlen. Sie kündigte ein rigoroses Vorgehen gegen die Verantwortlichen der illegalen Rodungen an. Wer auf den frisch gerodeten Flächen sein Vieh weiden lasse, dem würden die Rinder beschlagnahmt, warnte sie in Brasília. Gleiches gelte für Pflanzungen auf den Flächen. (...) Die neuen Zahlen dürften die derzeit hitzig geführte Debatte über die Novelle des Waldgesetzes verschärfen. Die Agrarlobby will wichtige Punkte des sogenannten Código Florestal [Waldschutzgesetz] *aufweichen und unter anderem Auflagen zur Wiederaufforstung illegal abgeholzter Flächen umgehen.*

«

M6: Quellentext zu Abholzungen in Amazonien
Abholzung nimmt stark zu.
dpa-Meldung 19.5.2011

Seit 2004 existiert ein satellitenbasiertes Echtzeitsystem, das Warnmeldungen zu neuen Waldrodungen ausgibt.

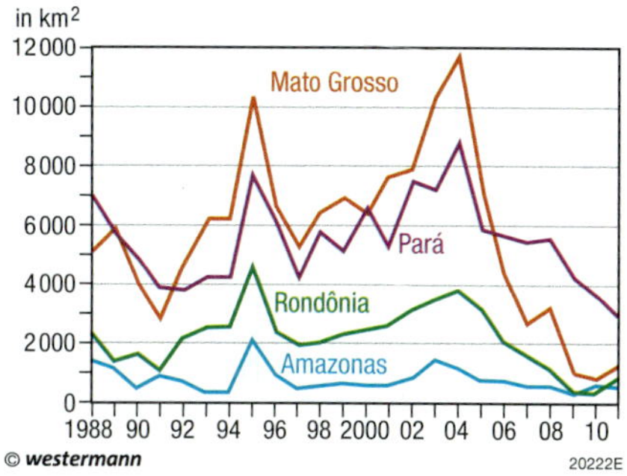

M7: Jährliche Entwaldung in ausgewählten Bundesstaaten

Business-As-Usual-Szenario
Annahme: hohe Entwaldungsraten, planmäßiger Ausbau aller Straßen, geringe Wirksamkeit der Umweltgesetze und keine weitere Ausweisung von Schutzgebieten
bis 2050 eine Reduzierung der Waldbedeckung um 53 %
Governance-Szenario
Annahme: Einhaltung der Umweltgesetze, nachhaltiges Ressourcenmanagement, satellitenbasierte Lizenzierungssysteme und Flächennutzungspläne, Ausbau der Schutzgebiete
Reduktion der beim Business-As-Usual-Szenario erwarteten Entwaldung um 86 %

M8: Entwaldungsszenarien

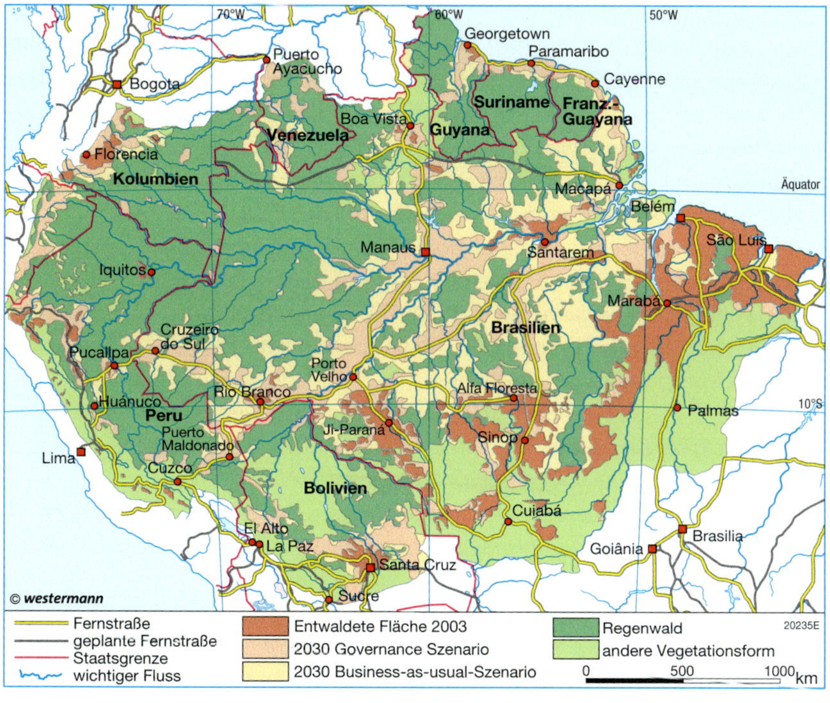

M9: Entwaldungsszenarien für Amazonien 2030 und 2050

1. **Charakterisieren Sie die verschiedenen Stufen der Entwaldung.**
2. **Vergleichen Sie die Entwaldung in den verschiedenen Bundesstaaten (M 7, Atlas).**
3. **Beurteilen Sie die weitere Entwicklung anhand der Entwaldungsszenarien (M 8, 9)**

D1-218
www.diercke.de

Seit Jahrzehnten baut Brasilien Talsperren und realisiert andere aufwändige Wasserinfrastrukturprojekte. Der Widerstand gegen diese Großprojekte ist in den letzten Jahren massiv gestiegen.

M1: Itaipú-Talsperre und Wasserkraftwerk an der brasilianisch-paraguanischen Grenze

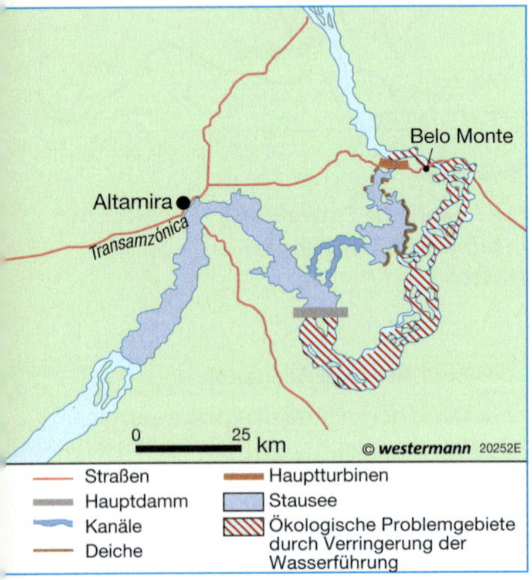

M2: Talsperrenprojekt Belo Monte im Bundesstaat Para nahe der Stadt Altamira

Die aufstrebende Wirtschaftsmacht Brasilien braucht immer mehr Strom, um die Industrie und wachsende Bevölkerung zu versorgen. Da man auf den Ausbau der Kernkraft verzichten will, setzt die Regierung nun stärker auf Wasserkraftwerke. Sie tragen bereits fast 75 Prozent zur Energiegewinnung bei. Allein im Amazonasbecken sollen 30 neue **Talsperren** entstehen. Eines dieser Großvorhaben ist das Belo-Monte-Projekt, das bereits 1988 als drittgrößtes Wasserkraftwerk der Welt gebaut werden sollte. Aufgrund massiver Proteste von indigener Bevölkerung sowie zahlreichen regionalen, nationalen und internationalen Umweltschutzgruppen wurde das Projekt verworfen, auch weil sich ausländische Investoren und Weltbank zurückzogen. Als im November 2009 durch Probleme am Itaipu-Wasserkraftwerk ein Blackout auch in São Paulo und Rio de Janeiro den Strom ausfallen ließ, holte man die Pläne für das Großkraftwerk wieder aus der Schublade (Leistung: 11 200 Megawatt). Nun will man mit eigenen finanziellen Mitteln das Megaprojekt (11 Mrd. US$) verwirklichen. Es soll elf Prozent des brasilianischen Stroms liefern. Der Protest ist jedoch geblieben. Auch internationale Stars wie Sting, James Cameron oder Sigourney Weaver engagieren sich bei Aktionen vor Ort. Das Projekt wurde bereits zweimal per Gerichtsbeschluss gestoppt. Die Betreiber rechnen dennoch mit einer Fertigstellung bis 2015.

Auf einer Länge von 40 km soll der Xingu, ein Zufluss des Amazonas, mittels dreier Talsperren gestaut werden (Staufläche: 500 km²). Um das für die Stromgewinnung nötige Gefälle zu erreichen, wird eine 100 km lange Schleife des Flusses mittels Kanäle „abgekürzt". Da 80 Prozent des Flusswassers vom Hauptstrom abgezweigt und dem Reservoir zugeführt werden, wird die Flussschleife, die äußerst artenreich ist und der Bevölkerung als Nahrungsquelle dient, mehr oder weniger zu einem Rinnsal verkümmern. Etwa 20 000 Menschen müssen umgesiedelt werden, etwa 40 000 vor allem der indigenen Bevölkerung werden aus ihrem Lebensraum verdrängt. Das Projekt lockt zudem Zehntausende Zuwanderer an, von denen zwar viele während des Baus Arbeit finden werden, deren Verbleib aber ein weiteres ökologisches und soziales Problem darstellt (nur 2000 Dauerarbeitsplätze im laufenden Betrieb). Auch aus wirtschaftlicher Sicht wird das Projekt in Frage gestellt, da der Wasserstand saisonal stark schwankt und die Energieerzeugung in der Trockenperiode stark eingeschränkt wäre (nach Kritikerschätzungen um 90 %).

» *Talsperren wie diese blockieren wichtige Routen für wandernde Fischarten, überfluten Zehntausende Hektar Regenwald, vertreiben zahlreiche dörfliche Gemeinschaften und setzen gewaltige Mengen Methan aus der verrottenden Vegetation frei. Staudämme in Amazonien sind alles andere als eine saubere Energiequelle.*

Philip Fearnside, *brasilianischer Wissenschaftler vom Instituto Nacional de Pesquisas da Amazônia in Manaus*

» *Das brasilianische Institut für Umwelt und Wasserwirtschaft (IBAMA) bewilligt die Lizenz zum Bau der Belo-Monte-Talsperre (...). Die Lizenzierung ist das Ergebnis einer weitreichenden technischen Analyse des sozialen und ökologischen Nutzens des Projekts, damit zum Beispiel die Wasserströmung des Flusses das Ökosystem und die Lebensgrundlage der lokalen Bevölkerung nicht beeinträchtigt. Zahlreiche zusätzliche Messungen unterstreichen den Willen der brasilianischen Regierung, mit dem Projekt den sozialen, wirtschaftlichen und ökologischen Nutzen in den Mittelpunkt zu stellen.*

IBAMA, *Meldung vom 1.6.2011*

Talsperre
(engl. dam, daher häufig fälschlich Staudamm) Stauanlage, die in einem Tal durch den Bau eines Staudamms oder einer Staumauer einen Fluss aufstaut

Andere Wassergroßprojekte dienen der Wasserversorgung und Bewässerung. Um die Menschen mit Wasser zu versorgen und (land)wirtschaftliche Entwicklung zu ermöglichen, wurden in den letzten 100 Jahren viele staatliche und private Wasserinfrastrukturprojekte im **trockenen Nordosten** durchgeführt. Doch obwohl in über 70 000 Staubecken fast 40 Mrd. m³ Wasser gespeichert werden (1717 m³ pro Kopf), verfügen viele ländliche Haushalte über keine Wasserversorgung. Im Zusammenhang mit den neuen Entwicklungsprogrammen wurde 2007 mit einem bereits seit der Kolonialzeit als Idee existierenden Projekt begonnen, bei dem mit enormem finanziellen und technischen Aufwand ein Teil des Flusswassers des São Franciscos über zwei Kanäle in die vier nördlich gelegenen Bundesstaaten abgeleitet werden soll. Auch hier werden trotz breitem Protest aus Kleinbauern- und Landlosenbewegungen, indigenen Gemeinschaften und diversen anderen Gruppen die Ableitungskanäle von privaten Bauunternehmen bereits gebaut.

Trockener Nordosten
Im semiariden Nordosten Brasilien liegen die Jahresniederschläge mit 500 bis 1000 mm vergleichsweise hoch, doch es gibt eine extrem ungleiche Niederschlagsverteilung mit Monaten ohne Niederschlägen und Monaten mit vielen Starkregenereignissen.
Die nationale Wasserbehörde geht davon aus, dass auch im Jahr 2025 41 Mio. Menschen im Nordosten keinen ausreichenden Zugang zu Trinkwasser haben werden.

Mit Blick auf den Bundesstaat Ceará, dessen wirtschaftliche und politische Akteure die treibenden Kräfte hinter dem Ableitungsprojekt darstellen, wird deutlich, dass das Ziel dieses Großprojektes nicht die Versorgung von 12 Mio. Menschen ohne Trinkwasserzugang sein kann. In diesem Fall müssten die Ableitungskanäle in die regenarmen Regionen im Südwesten des Bundesstaates führen. Das Wasser des São Francisco wird jedoch in den Castanhão, (...) den zweitgrößten Stausee des Nordostens, geleitet. Von dort aus gelangt es entweder in das Gebiet der Bewässerungslandwirtschaft am Unterlauf des Jaguaribe-Flusses oder über den Kanal der Integration in die Hauptstadt Fortaleza und den Industriekomplex des Hafens von Pecém. Interessanterweise liegt gerade im Nordosten von Ceará das durchschnittliche Wasserangebot deutlich über der durchschnittlichen Wassernachfrage. Um in diesen Regionen jedoch eine international konkurrenzfähige Stahlindustrie (Porto do Pecém) und Bewässerungslandwirtschaft ansiedeln zu können, benötigt es eine ganzjährige und auch in Dürreperioden abgesicherte Wasserversorgung. «

M3: Quellentext zu den Profiteuren des Ableitungsprojektes des São Francisco
Schmitt, T.: „O Sertão vai virar mar". Geographische Rundschau 9/2010

M4: Ableitung des São Francisco

M5: (Illegale) Wasserentnahme aus dem Ableitungskanal

1 **Gliedern Sie die Kritikpunkte am Belo-Monte-Wasserkraftprojekt.**
2 **Analysieren Sie die Interessen bei der Ableitung des São Francisco.**

2.4 Offshore-Erdölvorkommen im Südatlantik

Nach der Entdeckung und Erschließung riesiger Erdölvorkommen vor der Küste kann sich Brasilien selbst mit Rohöl versorgen.

Ölreserven Brasiliens
1985: 297 Mio. t
2011: 2061 Mio. t (Platz 13 bei konventionellen Vorkommen)

Ölressourcen Brasiliens
2011: 6000 Mio. t (Platz 7)

„In solcher Tiefe ist das Wasser extrem kalt, das Öl-Gas-Gemisch ist extrem heiß, und der Druck ist extrem hoch. Es gibt kaum Erfahrungswerte, was bei solchen Bohrungen passiert. Das Verhalten des Zements, die Stabilität der Fördertechnik, die Tücken der Geologie – alles wird hier zum Experiment."
Steffen Bukold, *deutscher Erdölexperte (2010)*

Schon seit Jahrzehnten fördert Brasilien aus einigen Quellen an Land (Onshore) und auf See (Offshore) Erdöl, wenn auch in weitaus geringeren Maß als Venezuela (vgl. 4.6.3). Mit der Entdeckung mehrerer riesiger Ölfelder etwa 250 km vor der Bucht von Santos ist Brasilien in die erste Liga der ölreichen Staaten aufgestiegen. Zunächst entdeckte der halbstaatliche Konzern Petrobas 2007 das Ölfeld Tupi, das auf fünf bis acht Milliarden Barrel hochwertiges Rohöl geschätzt wird. Zusammen mit den danach entdeckten Nachbarfeldern Jupiter, Carioca und Libra könnten mehr als 50 Milliarden Barrel unter dem Südatlantik lagern. Bereits ein Jahr später wurde in Tupi die erste Erdölplattform eingeweiht (M 2). Die Produktion soll von 2,3 Mio. Barrel pro Tag (2010) bis 2015 verdoppelt werden.

Doch das Erreichen der ehrgeizigen Ziele von Petrobas und Brasilien werden dadurch erschwert, dass die Vorkommen in bis zu 7000 m Tiefe liegen, in denen die Förderung mit hohen Risiken verbunden ist. In den neu entdeckten Feldern muss man zudem eine bis zu 2000 m dicke Salzschicht überwinden. Nach der Havarie der Ölplattform Deepwater Horizon und der davon verursachten verheerenden Umweltkatastrophe haben die USA Tiefseebohrungen ausgesetzt. Petrobas vertraut darauf, dass seine Ingenieure eine sichere Tiefwassertechnologie gefunden haben. Allerdings gab es auch vor der brasilianischen Küste mit der Explosion der Ölbohrplattform P-36 im Roncador-Ölfeld 2001 einen großen Unfall.

M 1: Quellentext zum brasilianischen Konzern Petrobas
Mühsamer Abstieg in die Tiefsee. Frankfurter Allgemeine Zeitung, 22.10.2011

» *Was gut ist für Petrobas, ist auch gut für Brasilien, sagte der ehemalige Präsident, Getúlio Vargas einmal. Als das Unternehmen 1953 auf dessen Initiative gegründet wurde, war der Titel der Kampagne, mit der die Bevölkerung von der Notwendigkeit des Vorhabens überzeugt werden sollte: „Uns gehört das Öl". Eine Anspielung auf amerikanische Versuche, am Ölreichtum des Landes teilzuhaben. Auch heute noch hat der Staat trotz Teilprivatisierung 1997 bei Petrobas das Sagen und nutzt den Konzern als Instrument für seine Industriepolitik. Zudem versucht er wie vor fünfzig Jahren ausländische Investoren klein zu halten. Und das scheint lukrativer als je zuvor. Denn Petróleo Brasileiro ist der am schnellsten wachsende Ölkonzern. (...)* [Bis 2020] *wollen die Brasilianer auch Marktführer Exxon überholen.* «

M 2: Präsident Lula da Silva eröffnet die P-52-Plattform

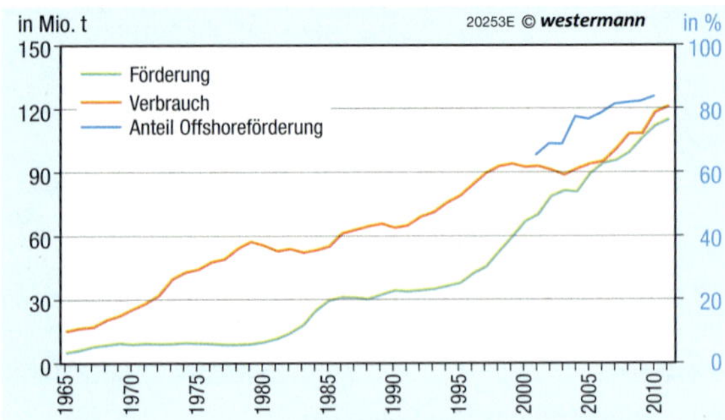

M 3: Erdölförderung und Verbrauch in Brasilien

1 Beurteilen Sie die Bedeutung der Erdölvorkommen für die wirtschaftliche Entwicklung Brasiliens.

Mit der Fußballweltmeisterschaft 2014 und den Olympischen Spielen 2016 bieten sich Brasilien / Rio de Janeiro gleich zwei Gelegenheiten, städtische Räume zu entwickeln (= zu erschließen).

Sportgroßereignisse bieten Raumplanern und Stadtentwicklern neben dem reinen Sportstättenbau die Chance, ungenutzte Räume zu erschließen sowie bestehende Wohnflächen und Infrastruktur zu modernisieren. In Rio de Janeiro und den Spielorten der Fußball-WM ist dies mit spezifischen Problemen verbunden (Gewalt / Sicherheit, Favelas / Armenviertel, öffentlicher Nahverkehr).

M4: Computermodell des Olympia-Park in Rio Janeiro

» *Als eine der größten Sportveranstaltungen der Welt hat die FIFA Fußballweltmeisterschaft eine beträchtliche soziale und ökologische Wirkung. Die Nachhaltigkeitsstrategie der FIFA und des LOC will zum einen die negativen Folgen eindämmen und zum anderen die positiven Effekte der FIFA Fußballweltmeisterschaft maximieren. Umweltfreundliche Stadien, Abfallmanagement, kommunale Unterstützung, Minderung und Kompensation von CO_2-Emissionen, erneuerbare Energien, Klimawandel und Know-how-Transfer sind einige der Schwerpunkte der Arbeit für die nächsten beiden Jahre.*

Mitteilung der **FIFA und des Lokalen Organisationskomitees** *(Juni 2012)*

» *In den WM-Städten sind 150 000 Familien von Zwangsumsiedlungen bedroht. Es werden mehr Obdachlose produziert. Wenn Menschen für Straßen, Flughäfen oder im Umfeld von Stadien umgesiedelt werden, ohne dass sie gleichwertigen Wohnraum bekommen, wachsen die Armenviertel.*

Raquel Rolnik, *UNO-Sonderberichtserstatterin*

» *Rio 2016, das wird eine neue Stadt sein. Eigentlich ist es jetzt schon so. Lange Zeit sind wir von der Politik allein gelassen worden, die Stadt war in den Händen von Banditen. Aber jetzt erneuern wir uns nicht nur finanziell, sondern auch emotional.*

Antonio Nacimento, *Sportchef bei der Tageszeitung O Globo*

» *Ich wünsche mir eine Stadt, die ihre Favelas als Teil von sich ansieht.*

Paulo Niemeyer Junior, *Chirurg in Rio de Janeiro*

M5: Geplante Sportstätten bei den Olympischen Spielen in Rio de Janeiro 2016

2 Charakterisieren Sie die Chancen, die eine (Sport-)Großveranstaltung für die Stadtentwicklung bietet.
3 Erklären Sie den Begriff Nachhaltigkeitsstrategie im Bezug auf eine Sportgroßveranstaltung.
4 Analysieren Sie die Lage der Sportstätten bei den Olympischen Spielen 2016 (M5, Atlas).

D1-218 www.diercke.de

Maßnahmen der Raumerschließung in Brasilien

Frühe Phasen der Raumerschließung

Seit der Inbesitznahme zu Beginn des 16. Jahrhunderts durch die Portugiesen wurde Brasilien in verschiedenen Phasen erschlossen. Unter Ausbeutung der indigenen Bevölkerung und afrikanischer Sklaven galt das Interesse zunächst den mineralischen und agrarischen Rohstoffen. Später kamen weitere wirtschaftliche, soziale und bevölkerungspolitische Motive für die fortgesetzte Raumerschließung hinzu.

Die Erschließung Amazoniens

In der zweiten Hälfte des 20. Jahrhunderts begann der brasilianische Staat mit einer gezielten Erschließungspolitik, um bislang unerschlossene Regionen Amazoniens in Wert zu setzen. In verschiedenen Phasen förderte er die Agrarkolonisation, die Rinderweidewirtschaft, Bergbau- und Energie-Großprojekte sowie immer wieder Infrastrukturmaßnahmen, insbesondere den Straßenbau. Die Straßen gaben die Vorstoßrichtung für die Siedler und damit die Entwicklungsachsen vor und bildeten auch nach der Erschließung das Rückgrat der Rohstoffausbeutung. Zwischen den einzelnen politischen und wirtschaftlichen Interessengruppen kommt es seitdem immer wieder zu zum Teil heftigen Konflikten um die Nutzung der erschlossenen Areale. Die Erschließungsmaßnahmen sind in den meisten Fällen sowohl mit der Zerstörung des auch global wichtigen Ökosystems der amazonischen Regenwälder verbunden als auch mit der Vertreibung der indigenen Bevölkerung aus ihrem angestammten Lebensraum. Zwar bemüht sich Brasilien – auch auf Druck internationaler Organisationen – um eine nachhaltige Nutzung und um großflächige Schutzzonen, doch die (illegale) Abholzung setzt sich fort.

Wassergroßprojekte und Erdölvorkommen

Auch große Wasserinfrastrukturprojekte, die der Energiegewinnung, Bewässerung oder der Wasserversorgung der Bevölkerung dienen, stehen aus sozialen und ökologischen Gründen in den letzten Jahren stark in der Kritik. Brasilien, dessen Stromgewinnung zu einem großen Teil auf Wasserkraft beruht, strebt auch im Bereich der Erdölversorgung Autarkie an. Große Offshorevorkommen vor der Küste werden momentan erschlossen.

Stadtentwicklung durch Großereignisse

Brasilien wird die beiden Sportgroßereignisse Fußballweltmeisterschaft und Olympische Spiele dafür nutzen, in Rio de Janeiro und anderen Städten umfangreiche Maßnahmen zur (nachhaltigen) Stadtentwicklung durchzuführen.

Aufgaben

1 **Fassen Sie die verschiedenen staatlichen Erschließungsmaßnahmen in Amazonien zusammen (2.2).**

2 **Erläutern Sie die Konflikte zwischen den Akteuren der verschiedenen Pionierfronten in Amazonien.**

2 **Brasilien ist auch von Deutschland stark für die Abholzung seiner Regenwälder kritisiert worden. Nehmen Sie Stellung zu dieser Kritik.**

4 **Beurteilen Sie vor dem Hintergrund möglicher sozialer und ökologischen Folgen den Nutzen der Wasser-Großprojekte für die wirtschaftliche Entwicklung Brasiliens.**

5 **Die nachhaltige Nutzung von Bauten und Infrastruktur ist eine wesentliche Anforderung bei der Durchführung einer Großveranstaltung. Vergleichen Sie die Voraussetzungen dafür in Rio de Janeiro mit denen Ihnen bekannter Großevents in Deutschland bzw. Europa.**

Internetlinks

INPE
Brasilianisches Institut für Satellitenüberwachung Amazoniens
www.inpe.br/ingles

Mongabay
Informationen zum Thema Regenwald und Abholzung
www.mongabay.com

Rio 2016
Organisationskomitee der Olympischen Spiele 2016
rio2016.com/en

3

Wirtschaft – Entwicklungsstrategien in einer globalisierten Welt

Es gibt kaum ein global agierendes internationales Unternehmen, dass keine Zweigstelle in São Paulo hat. Da allmorgendlich der Verkehr zusammenbricht, besteigen ihre Manager ein ungewöhnliches Verkehrsmittel. Die brasilianische Megacity gilt als die Stadt mit den meisten Hubschrauber-Taxis der Welt und dem dichtesten Netz von Helikopter-Landeplätzen. Dieser extravagante Umstand lässt sich allerdings kaum auf den ganzen Großraum übertragen. Lateinamerika ist nur punktuell in der Weltwirtschaft angekommen. Zwar entwickelt sich die Wirtschaft in vielen Ländern nach den vielen Krisen in den letzten Jahrzehnten durchaus positiv, doch von einem rasanten Boom wie in vielen asiatischen Schwellenländern ist flächendeckend wenig zu sehen. Eine Reihe von Ländern will sich sogar ganz bewusst von den wirtschaftlichen Mechanismen der Globalisierung abkoppeln. Zudem setzen die meisten lateinamerikanischen Staaten weniger auf hochwertige Industrieprodukte oder Dienstleistungen, sondern auf die Ausbeutung ihrer reichen agrarischen, mineralischen und energetischen Rohstoffe.

3.1 Wirtschaftsstruktur und Strukturwandel

Die lateinamerikanischen Staaten, die durchaus eine heterogene Wirtschaftsstruktur aufweisen, haben einen Strukturwandel durchgemacht.

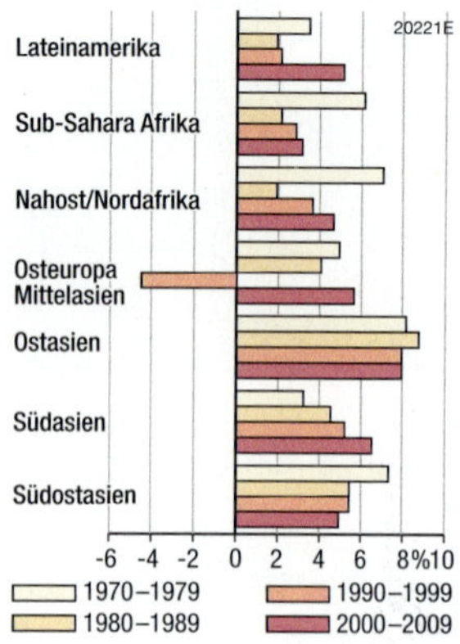

M1: Wirtschaftswachstum (BIP-Änderung in %)

BRIC-Staaten
Gruppe der dynamisch wachsenden großen „Schwellenländer" Brasilien, Russland, Indien und China, die seit 2009 jährliche Gipfeltreffen abhalten

Die lateinamerikanischen Staaten haben seit 2000 fast durchgängig eine positive wirtschaftliche Entwicklung genommen. Sie erholten sich von den diversen Krisen der 1980er- und 1990er-Jahren und überstanden die Finanz- und Wirtschaftskrise 2008/2009 besser als manch andere Weltregion. Diese positive Einschätzung relativiert sich allerdings, wenn man den lateinamerikanischen Wirtschaftsraum mit asiatischen Boomregionen vergleicht. So stagniert der Beitrag Lateinamerikas zur globalen Wertschöpfung (M 2). Der Anteil am Welthandel (M 9) ist genauso zurückgegangen wie der Anteil der ausländischen Direktinvestitionen (M 7). Lediglich Brasilien, zu den BRIC-Staaten gehörender Teilnehmer der G20-Gipfeltreffen und immerhin sechstgrößte Volkswirtschaft der Welt, hat ein weltwirtschaftliches Gewicht und kann bzw. könnte lateinamerikanische Interessen gegenüber den führenden Wirtschaftsnationen vertreten.

Von **der** Wirtschaftsregion Lateinamerika zu sprechen, fällt angesichts der (nicht nur) wirtschaftlichen Hegemonialmacht Brasilien und einigen anderen großen Volkswirtschaften wie Mexiko, Argentinien und Chile, den zahlreichen kleinen mittel- und südamerikanischen Ländern und den sehr kleinen Karibikstaaten schon wegen der unterschiedlichen wirtschaftlichen Leistungsfähigkeit schwer (M 5). Zudem unterscheiden sich die Länder in ihrem Rohstoffreichtum, in ihrer Wirtschaftsstruktur und in der Art und Weise, wie sie in die globale Wirtschaft eingebunden sind. Schließlich haben sie in den letzten Jahrzehnten ganz unterschiedliche wirtschafts- und sozialpolitisch motivierte Entwicklungspfade beschritten (vgl. 3.3).

	1971	1981	1991	2001	2011
Lateinamerika	6,6	7,6	6,5	6,5	7,2
Ostasien	18,8	20,9	25,2	25,0	28,1
Südasien	1,3	1,3	1,5	2,0	3,0
Sub-Sahara-Afr.	1,3	1,3	1,1	1,1	1,3

M2: Anteil an der globalen Wirtschaftskraft (in % des BIP)

	1970	1980	1990	2000	2010
Landwirtschaft	12,0	9,9	7,0	5,5	5,5
Bergbau	7,7	4,9	5,6	4,9	6,0
Industrie	29,7	32,2	26,2	26,4	24,9
Dienstleistung.	50,6	53,0	61,2	63,2	63,6

M3: Lateinamerika: Anteil der Sektoren am BIP (in %)

	BNE nach KKP (in Mrd. US$, 2011)	BNE nach KKP/Ew. (in US$, 2011)	Anteil der Landwirtschaft am BIP (in %, 2010)	Anteil der Bergbaus am BIP (in %, 2010)	Anteil der Industrie am BIP (in %, 2010)	Anteil der Verarbeitenden Industrie am BIP (in %, 2010)	Anteil der Dienstleistungen am BIP (in %, 2010)	BIP-Wachstum (2001-2010)
Argentinien	703	17 250	10,0	3,6	27,3	20,5	59,1	4,6
Bolivien	50	4 920	12,4	16,7	19,2	13,4	51,8	3,8
Brasilien	2 261	11 500	5,3	3,0	25,1	16,2	66,6	3,6
Chile	279	16 160	3,2	19,9	23,0	11,5	53,9	3,7
Costa Rica	56	11 950	6,6	0,2	24,7	16,5	68,5	4,3
Jamaika	21	7 770	5,9	1,2	19,3	8,6	73,6	0,8
Kolumbien	452	9 640	7,0	8,9	27,3	14,9	56,8	4,1
Kuba	49	4 325	4,0*	1,7*	20,5*	13,4*	73,9*	5,2
Mexiko	1 736	15 120	3,4	8,5	25,7	17,9	62,4	1,8
Nicaragua	17	2 840	20,3	1,7	26,6	18,8	51,4	2,9
Paraguay	35	5 310	24,9	0,1	22,7	13,7	52,3	4,1
Peru	299	10 160	6,8	11,6	24,4	14,4	57,3	5,7

M4: Ökonomischen Kenndaten ausgewählter lateinamerikanischer Länder

(BNE: Bruttonationaleinkommen; BIP: Bruttoinlandsprodukt; KKP: Kaufkraftparitäten, *2009)

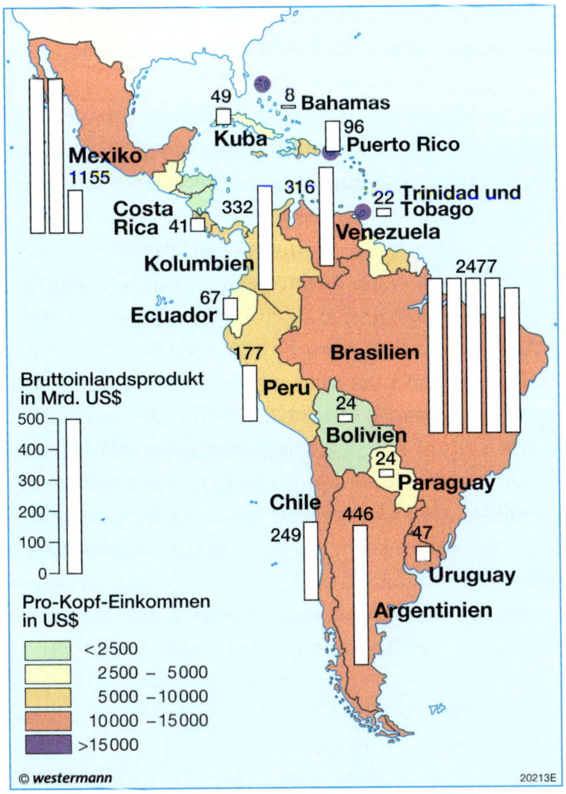

M5: BIP und Pro-Kopf-Einkommen 2011

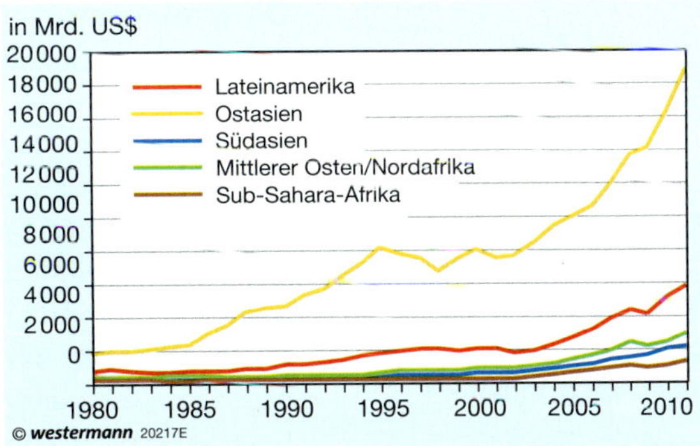

M6: Entwicklung des Bruttoinlandsprodukts

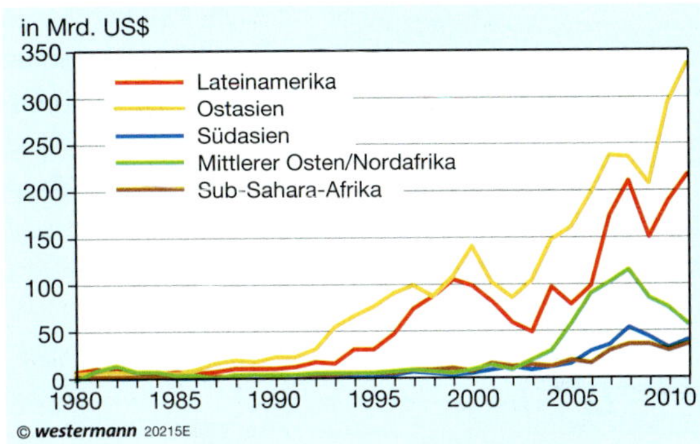

M7: Erhaltende Ausländische Direktinvestitionen (ADI)

»

Die Strukturen der lateinamerikanischen Volkswirtschaft haben sich während der zurückliegenden Dekaden nachhaltig verändert. Der Subkontinent ist schon lange nicht mehr nur Produzent von Rohstoffen und Agrarprodukten. Der Anteil der Landwirtschaft am zusammengefassten Bruttoinlandsprodukt (BIP) aller lateinamerikanischer Länder ist über die Jahrzehnte hinweg kontinuierlich gesunken [1970: 12 %] *(...). Durch forcierte Industrialisierung hat sich der Beitrag der industriellen Wertschöpfung zum lateinamerikanischen BIP deutlich erhöht, auf fast 40 % zu Beginn der 1980er-Jahre. Die Verschuldungskrise erzwang jedoch eine erneute Anpassung der Strukturen, beendete die protektionistisch abgesicherte Ausrichtung der nationalen Industrien auf den Binnenmarkt und führte zu einer Deindustrialisierung. (...) Vor allem die verarbeitende Industrie hat sich nach der Liberalisierung der Außenwirtschaft nur bedingt international wettbewerbsfähig erwiesen. (...) Mit einem Anteil von über 60 % am lateinamerikanischen BIP bilden die Dienstleistungen den mit Abstand wichtigsten Sektor (...).* [Der Dienstleistungssektor] *nimmt sowohl all diejenigen Menschen auf, die aus der traditionellen Landwirtschaft und dem Kleingewerbe heraus „modernisiert" werden, als auch die bei wachsender Bevölkerung Jahr für Jahr zusätzlich auf den Arbeitsmarkt drängenden Erwerbspersonen.*

«

M8: Quellentext zum lateinamerikanischen Strukturwandel
Sangmeister, H.: Wirtschaft und Weltmarktintegration: Zurück zu altem Glanz? (2011)

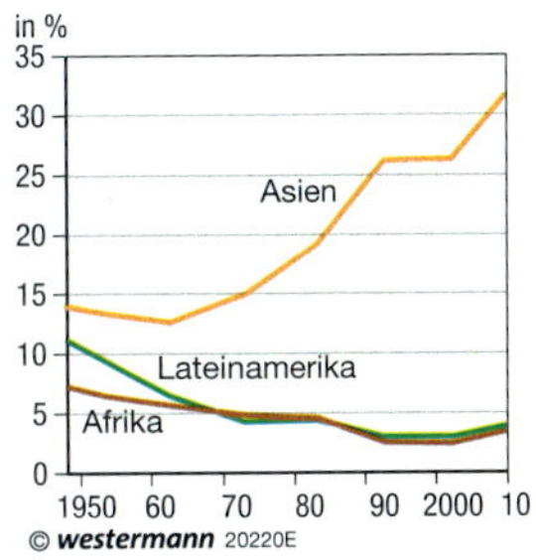

M9: Anteil am Welthandel (Export, in %)

1 Vergleichen Sie die wirtschaftliche Entwicklung Lateinamerikas mit der Afrikas und Asiens (M 1, 2, 6, 7, 9).
2 Analysieren Sie die Wirtschaftsstruktur von Paraguay, Chile, Argentinien und Kuba (M 4).
3 Beschreiben Sie den Strukturwandel in Lateinamerika (M 3, 8).

D1-218
www.diercke.de

Einbindung in die globalisierte Weltwirtschaft

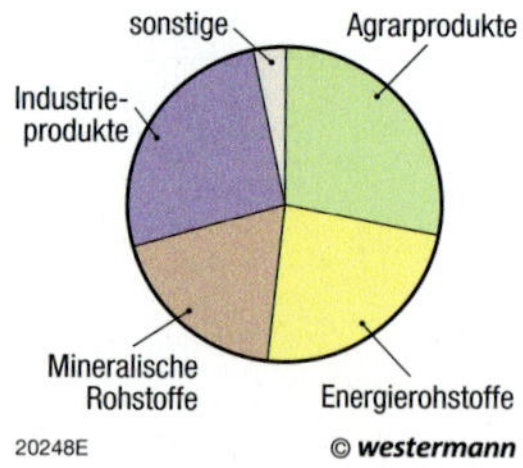

M1: Lateinamerika: Struktur der Exportprodukte

Exportgut	Anteil (in %)
Rohöl	10,0
PKW	4,1
Eisenerz	4,0
Veredeltes Kupfer	3,4
TV-Geräte	2,7
Kupfererz	2,6
Sojabohnen	2,4
Telekommunikationsgeräte	2,4
Erdölprodukte	2,0
Autoteile	1,8

M2: Top 10 der lateinamerikanischen Exportprodukte (nach Exportwert)

Die lateinamerikanische Außenwirtschaft hat in letzter Zeit bezüglich ihrer Handelspartner und -produkte einen Wandel durchgemacht.

Nach der Liberalisierung der lateinamerikanischen Wirtschaft seit Beginn der 1980er-Jahre (vgl. 3.3) sind zahlreiche Länder nicht nur stärker in den Weltmarkt eingebunden, sondern haben auch die Struktur ihrer außenwirtschaftlichen Beziehungen verändert, die lange von der Abhängigkeit und Fremdbestimmung von Europa und den USA geprägt war. Neben der Erschließung neuer Märkte, vor allem in Asien, hat besonders der intraregionale Handel innerhalb Lateinamerikas zugenommen, wenn auch immer noch für viele Länder die USA und die EU die wichtigsten Außenhandelspartner sind. Auch das Interesse der asiatischen Boomländer – allen voran China – an den lateinamerikanischen Märkten und Rohstoffen ist in den letzten Jahren rasant gestiegen.

Die Palette der ausgeführten Güter hat sich ebenfalls gewandelt. Zu den „klassischen Kolonialwaren" – unverarbeitete agrarische und metallische Rohstoffe – sind auch be- und verarbeitete Industrieerzeugnisse hinzugekommen. Im Vergleich zu den asiatischen Ländern nur sehr gering vertreten sind allerdings elektronische und andere High-Tech-Produkte. Zudem gibt es seit einigen Jahren einen Trend zur Reprimarisierung (vgl. Kap. 4.6), da aufgrund der in den asiatischen Ländern boomenden Industriewirtschaft die Rohstoffpreise kräftig anzogen.

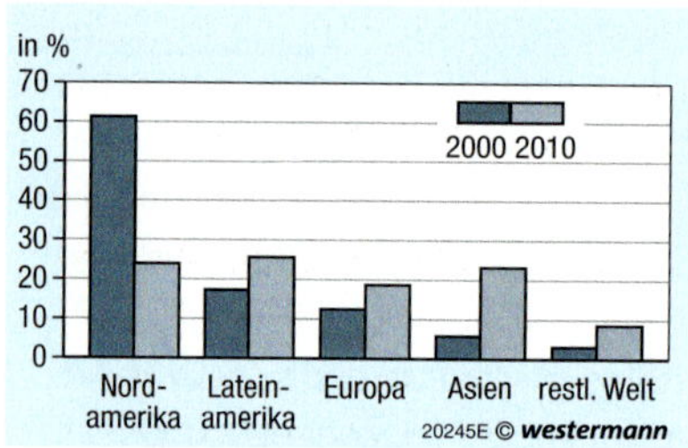

M3: Zielregionen lateinamerik. Exporte

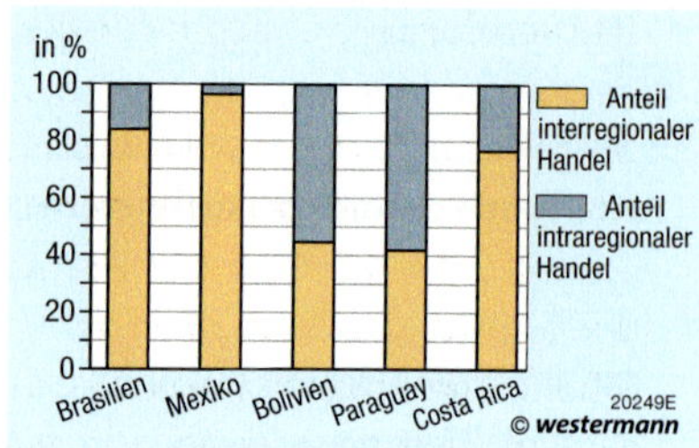

M4: Inter- und intraregionaler Handel

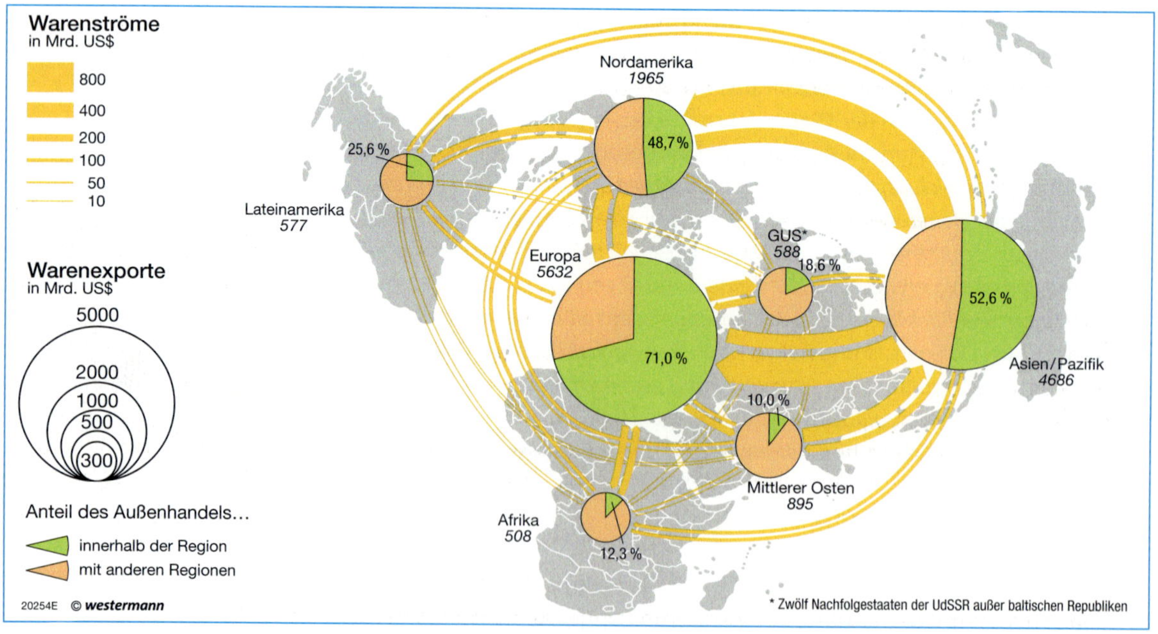

M5: Weltweite Warenströme

3.2.1 Volkswagen in Brasilien

Seit 60 Jahren produziert Volkswagen in Brasilien PKWs und will sein Engagement in dem lateinamerikanischen Land noch ausbauen.

Volkswagen do Brazil wurde bereits in den 1950er-Jahren gegründet. Heute ist Brasilien das Land mit der drittgrößten Volkswagen-Präsenz. Was mit dem legendären Käfer (Fusca) und dem VW-Bus begann, wurde im Laufe der Jahre mit zahlreichen eigenen Modellen (z. B. der in Brasilien meistverkaufte PKW Gol), die besonders für den südamerikanischen und afrikanischen Markt konzipiert waren, fortgesetzt. Aber auch für den Weltmarkt wird in Brasilien produziert, zum Beispiel der Kleinwagen Fox, der auch in Deutschland gekauft werden kann.

Etwa 24 000 Mitarbeiter sind in den vier Fertigungsstätten (drei Fahrzeugwerke und ein Komponentenwerk, M 7) beschäftigt und produzieren täglich bis zu 3500 Fahrzeuge und 3300 Motoren. 2011 hatte VW einen Marktanteil beim PKW-Verkauf von 22,3 Prozent (Südamerika: 18,9 %). Brasilien ist der weltweit fünftgrößte Automarkt. 2011 wurden rund 3,6 Mio. Autos, Kleintransporter, Lkw und Busse verkauft. Ende der 1990er-Jahre entdeckten auch andere europäische Autobauer den Markt, errichteten 53 neue Fabriken (Investitionssumme: 25 Mrd. US$) und machten den etablierten Konzernen VW, Fiat, GM und Ford Konkurrenz.

Verkaufte VW-PKWs 2011
China: 2258614
Deutschland: 1153070
Brasilien: 704706
Südamerika: 933259
Weltweit: 8160154

VW produziert auch in Argentinien und Mexiko.

M6: Produktion des VW-Modells Voyage in Taubate

» *Brasilien ist einer der wichtigsten Zukunftsmärkte des Volkswagen-Konzerns. Wir sind seit über fünfzig Jahren als Motor der brasilianischen Automobilindustrie fest mit dem Land verwurzelt. Heute ist Volkswagen mit über 19 Mio. produzierter Fahrzeuge der größte und erfolgreichste Automobilhersteller Brasiliens. Diesen Erfolgskurs will der Konzern auch in Zukunft fortsetzen. Mit Gesamtinvestitionen von 3,4 Mrd. Euro bis 2016 bauen wir unser Engagement in Brasilien weiter aus. Wir investieren damit nachhaltig in die Entwicklung neuer Produkte und den Ausbau nachhaltiger Fertigungskapazitäten. Unser Ziel ist es, mittelfristig jährlich eine Million Fahrzeuge in Brasilien zu verkaufen. Der brasilianische Pkw-Markt ist und bleibt damit für den Volkswagen-Konzern ein strategisch wichtiger Markt. Mit unseren speziell für die brasilianischen Kunden entwickelten und vor Ort produzierten Modellen werden wir die vorhandenen Wachstumschancen auch zukünftig nutzen und unsere Marktposition ausbauen.*

Statement des Volkswagen-Konzerns zu ihrem Brasilien-Engagement (2012)

	Anchieta	Taubate	San Jose dos Pinhais	Sao Carlos
Lage	Vorort von São Paulo	Vorort von São Paulo	Nahe Curitiba (Parana)	Stadt im BS São Paulo
gegründet	1959	1976	1991	1996
Mitarbeiter	15000	5000	3500	818
Fläche (in m²)	1 000 000	270 000	300 000	40 000
Kapazität (PKWs/Tag)	1700	1050	870	-
	Produktion von PKW (u. a. New Gol, Parati, Polo)	Produktion von PKW (New Gol, New Voyage)	Produktion von PKW für den Export (Fox, Golf)	Motorenfertigung (42 Modelle)

M7: Fertigungsstätten von VW in Brasilien *(BS = Bundesstaat)*

M8: Werk Anchieta

1. **Erläutern Sie die Bedeutung des intraregionalen (lateinamerikanischen) Handels.**
2. **Erläutern Sie Motive für das Engagement von europäischen Autobauern wie VW in Brasilien.**

3.3 Wirtschaftliche Entwicklung Lateinamerikas

M1: Potosi in Bolivien wurde aufgrund seiner Silbervorkommen zum Sinnbild der kolonialen Ausbeutung.

Nachdem die lateinamerikanischen Wirtschaftsstrukturen jahrhundertelang von Abhängigkeiten und fehlender Eigenentwicklung geprägt waren, wurden in der zweiten Hälfte des 20. Jahrhundert zwei völlig gegensätzlich Modelle wirtschaftlicher Entwicklung „ausprobiert".

Das wirtschaftliche Interesse der Kolonialmächte Spanien und Portugal galt ausschließlich der Ausbeutung der metallischen (Gold, Silber) und später auch agrarischen Rohstoffe (Zucker, Baumwolle, Tabak, Kaffee, Sisal, Fleisch). Dazu wurde ein System etabliert, dass auf großen Flächen (Haziendas, Estanzias, Plantagen, vgl. 4.3) unter Einsatz abhängiger Arbeitskräfte (Indios) und afrikanischer Sklaven produzierte. Auch die politische Unabhängigkeit der Länder seit Beginn des 19. Jahrhunderts änderte nichts an der wirtschaftlichen Abhängigkeit und den Strukturen, die von einer europäisch-stämmigen Oberschicht getragen wurde. Hinzu kam, dass die USA seit der **Monroe-Doktrin** Lateinamerika als ihr Einflussgebiet ansahen und US-amerikanische Unternehmen vielerorts wirtschaftlichen und politischen Einfluss gewannen.

Monroe-Doktrin
Erklärung des fünften US-Präsidenten James Monroe (1817 – 1825), die 1823 die langfristige Außenpolitik definierte. Darin wird den europäischen Mächten der Erwerb von Kolonien und die Einmischung in die inneren Angelegenheiten beider Amerika untersagt.

Da die ausländischen Investoren ihre Gewinne aus der Rohstoffausbeutung kaum in den Ländern investierten, blieb deren volkswirtschaftlicher und sozialer Nutzen gering. Zu einer eigenständigen, später auch industriellen Entwicklung kam es in Lateinamerika immer nur dann, wenn sich die Beziehungen zu den dominierenden Industrieländern lockerten, weil sich diese in Kriegen oder Krisen befanden. Die ersten Industrialisierungsansätze Anfang des 20. Jahrhunderts (während der Weltkriege und Weltwirtschaftskrisen) waren in Gefahr, als die lateinamerikanischen Länder nach dem Zweiten Weltkrieg in den Weltmarkt zurückkehrten und sich wieder der Konkurrenz der überlegenen westlichen Industrieländern ausgesetzt sahen.

M2: Quellentext zur importsubstituierenden Industrialisierung
Hein, W., Huhn, S.: Lateinamerika: Entwicklungen im 19. und 20. Jahrhundert (2008)

»

In diesem Rahmen geriet die „importsubstituierende Industrialisierung" zu einem entwicklungsstrategischen Exportschlager. Sie basierte auf einem in den 1940er-Jahren vom argentinischen Ökonomen Raúl Prebisch theoretisch ausgearbeiteten Modell. [Es] besagte, dass die Preise für den Export von Primärgütern (Agrarprodukte und mineralische Rohstoffe) sich langfristig schlechter entwickelten als die Preise für den Export von verarbeiteten Produkten. Exporteure von Primärgütern, das heißt also auch die lateinamerikanischen Länder, mussten demnach ein Interesse daran haben, ihre Industrie so weiterzuentwickeln, dass sie auf dem Weltmarkt konkurrenzfähig würde. Eine systematische Protektion (Schutz) neuer Industrien, etwa der Elektro-, Chemie- und Automobilindustrie, unterstützt durch eine Modernisierung der Infrastruktur bei gleichzeitiger Förderung des Imports der nötigen Kapitalgüter (Maschinen und im Land nicht verfügbare Rohstoffe) sollte die Basis für eine dynamische lokale industrielle Entwicklung schaffen. Die Erlöse aus den traditionellen Rohstoffexporten sollten diese Importe finanzieren. Diese Strategie verknüpfte im Allgemeinen sehr hohe Zollsätze bzw. Einfuhrverbote für diejenigen Branchen, die man lokal entwickeln wollte, mit einer Überbewertung nationaler Währungen, um die nötigen Importe von Kapitalgütern zu verbilligen.

«

Ein Manko dieser Strategie war die Mixtur aus Staatsinterventionismus und unvollkommener Marktsteuerung, die den Staat als wirtschaftlichen Akteur überforderte und die privaten Unternehmen zugleich unterforderte. Das Ergebnis waren vielfach wettbewerbsverhindernde Monopol- und Oligopolstrukturen.
Hartmut Sangmeister, *deutscher Entwicklungsökonom*

Bis in die 1970er-Jahre verfolgten die lateinamerikanischen Staaten diese Importsubstitutions-Strategie. Zwar schritt die Industrialisierung voran, aber die in einem geschützten Rahmen agierenden Unternehmen waren international nicht wettbewerbsfähig. Auch eine Verbesserung der sozialen Situation breiter Bevölkerungskreise blieb aus. Vielmehr trug die Industrialisierung der Landwirtschaft und Ausbau der Viehwirtschaft maßgeblich zur Verarmung der Kleinbauern und zu ihrer Abwanderung in die Städte bei. Das Ende der Importsubstitution kam aber durch die Verschuldungskrise ab 1982 (Zahlungsunfähigkeit Mexiko). Die kaum Divisen erwirtschaftenden Staaten waren gezwungen, immer größere Schulden aufzunehmen, was zu steigender Inflation und zu Haushaltsdefiziten führte, bis fallende Rohstoffpreise und höhere Zinsen zur Zahlungsunfähigkeit etlicher Staaten führten.

Um diese fortschreitende Entwicklung abzuwenden und die Länder **makroökonomisch zu stabilisieren**, reagierten Internationaler Währungsfonds (IWF, Aufgabe: Stabilisierung des internationalen Währungssystems durch Beistandskredite) und Weltbank (WB, Förderung der Entwicklungsländer durch projekt- und programmbezogene Kredite) mit so genannten Strukturanpassungsprogrammen (SAP). Für die Vergabe von Krediten oder Schuldenerlass mussten die Länder bestimmte Maßnahmen ergreifen, die sich an in dieser Zeit sehr beliebten **neoliberalen** Positionen orientierten und die sich in vier Punkten zusammenfassen lassen: Liberalisierung, Privatisierung, Deregulierung, Drosselung der Staatsausgaben und damit Abkehr vom bislang praktizierten Entwicklungsmodell (M 5). Dieses wirtschaftspolitische Maßnahmenpaket wurde später mit dem Begriff Washington Consensus bezeichnet. Dem Programm lag die Annahme zu Grunde, dass freie Märkte besser als ein lenkender Staat die wirtschaftliche Entwicklung eines Landes steuern können. Verschuldungskrise, Sparprogramme und schlecht umgesetzte Reformen verschärften jedoch zunächst die wirtschaftliche Lage (1980er-Jahre: „Verlorenes Jahrzehnt"). Während Länder wie Argentinien immer tiefer in die Krise gerieten, konnten sich andere erholen, die Inflation stoppen und sogar Haushaltsüberschüsse erwirtschaften.

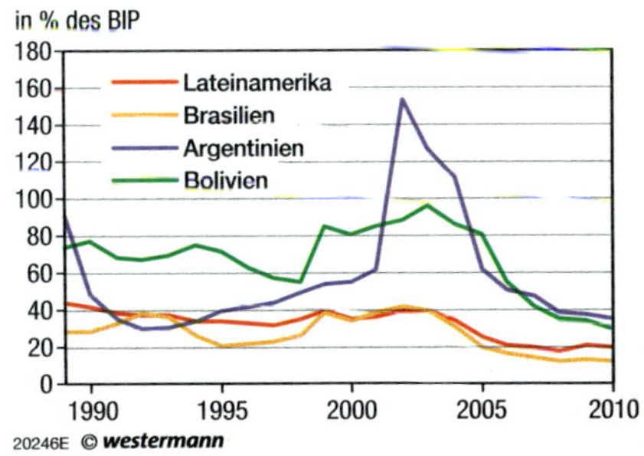

M3: Verschuldung lateinamerikanischer Staaten

Makroökonomische Stabilität
- *geringe Inflation,*
- *stabile Wechselkurse,*
- *niedriges Budgetdefizit,*
- *ausgeglichene Leistungsbilanz.*

Neoliberalismus
Wirtschaftspolitik, die ausschließlich auf die Kräfte des Markts vertraut und das aktive Eingreifen des Staates in Wirtschaftsprozesse ablehnt

»

Zur Behebung der Zahlungsunfähigkeit, in die fast alle Staaten Lateinamerikas durch „bad governance" [schlechte Regierungsführung] *und wirtschaftliches Unvermögen wiederkehrend gerieten, blieb vielen keine andere Wahl, als das neoliberalistische Strukturanpassungsprogramm (SAP) von IWF und WB zu akzeptieren. Damit waren aber auch folgenreiche Maßnahmen für die breite Bevölkerung verbunden. So setzte die Reduzierung des Verwaltungsapparates unzählige Arbeitskräfte frei. Die Erhöhung der Agrarpreise, in der Absicht eingeführt, die landwirtschaftliche Produktion anzuregen, führte zum Anstieg der Lebenskosten und zog „Brot"-Demonstrationen nach sich. Die Öffnung der Grenzen setzte Gewerbe und Industrie weitgehend schutzlos der überlegenen ausländischen Konkurrenz aus. Damit waren Betriebsschließungen und weitere Arbeitslose verbunden, die jetzt – mangels Alternativen - in den Billiglohnbetrieben („sweat-shops") global agierender Unternehmen regelrecht ausgebeutet werden konnten. Und nicht zuletzt verursachte die Abwertung der lokalen Währung die Verteuerung auch all der Importwaren, die zum Aufbau der Industrie, zur Aufrechterhaltung der medizinischen Versorgung oder der Verkehrsinfrastruktur dringend benötigt wurden. – Die makroökonomischen Ziele und teilweisen Erfolge fanden auf der Mikroebene allgemein keineswegs eine Entsprechung.*

«

M4: Quellentext zu den Folgen der Strukturanpassungsprogramme in Lateinamerika
Scholz, F., Originalbeitrag (2012)

Liberalisierung	Öffnung des Kapitalverkehrs und der Märkte, Abbau von Handelsbeschränkungen und Handelskontrollen
Deregulierung	Rücknahme staatlicher Vorhaben und interventionistischer Regelungen, Abbau von Preissubventionen (z.B. auf Nahrungsmittel), Rücknahme von Eingriffen in das Finanz- und Wirtschaftsgeschehen und in Sozial-/Umweltstandards, Abschaffung von Mindestlöhnen
Privatisierung	Privatisierung öffentlicher Unternehmen/Einrichtungen
Kürzung der Staatsausgaben	Entlassung von Staatsbediensteten, Bürokratieabbau, Streichung/Abbau Subventionen und Investitionen

M5: Maßnahmen des Washington Consensus

1 **Charakterisieren Sie die ökonomischen Grundannahmen von Importsubstitution und Liberalisierung.**

3.3 Wirtschaftliche Entwicklung Lateinamerikas

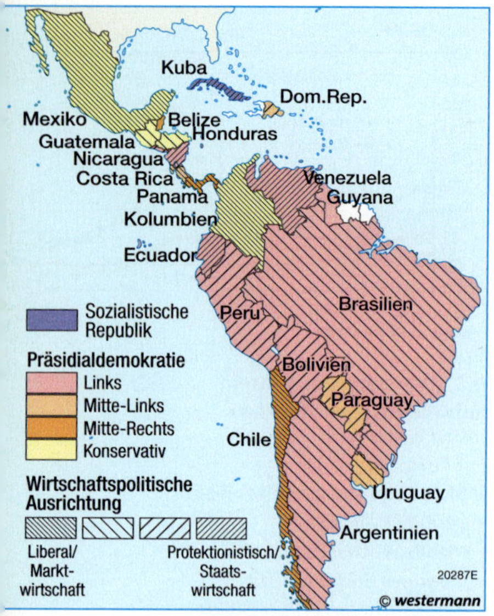

M1: **Lateinamerikanische Regierungen und wirtschaftpolitische Ausrichtung (2012)**

Abgesehen von Ländern, die schon seit Längerem den sozialistischen Weg (Kuba, vgl. 3.3.4) eingeschlagen haben, kann man heute vereinfacht drei Entwicklungspfade in Lateinamerika beobachten: Länder wie Chile, Kolumbien und Costa Rica, die sich weiterhin der Marktwirtschaft, Liberalisierung und Weltmarktintegration verschrieben haben, Länder wie Venezuela (vgl. 4.6.3), Bolivien und Ecuador, die unter staatlicher Lenkung die eigene Wirtschaft unabhängiger vom Weltmarkt machen wollen („Sozialismus des 21. Jahrhundert") und Länder wie Brasilien, die einen Mittelweg gehen (vgl. 3.3.1). Neben der wirtschaftspolitischen Ausrichtung, wie stark sie sich in den Weltmarkt integrieren wollen, unterscheiden sich die lateinamerikanischen Länder zudem in der Strategie, welcher Wirtschaftssektor sie zum Erfolg führen soll. Während die einen, vor allem südamerikanischen Staaten aufgrund ihrer üppigen Rohstoffausstattung (mineralische und energetische Rohstoffe, Wasser) und ihres hohen agrarischen Nutzungspotenzials eine ressourcenbasierte Wachstumsstrategie (vgl. 4.6) eingeschlagen haben, müssen die ressourcenärmeren, mittelamerikanischen Staaten einen anderen Weg gehen. Da sie als Anbieter billiger Arbeitskräfte für industrielle Massenwaren mit den asiatischen Billiglohnländern nicht mithalten können (vgl. Mexiko 3.3.2), könnten sie auf höherwertige Waren und Dienstleistungen setzen und zukünftig in Bildung und Wissenschaft sowie die Entwicklung eigener Technologien investieren (vgl. Costa Rica 3.3.3).

M2: **Quellentext zur ALBA**
Schoop, W.: Lateinamerika Diercke Spezial (2008)

» *Im Jahre 2004 wurde auf Initiative des venezolanischen Präsidenten Chávez eine bemerkenswerte Initiative ins Leben gerufen: die „Bolivarianische Allianz für die Völker Amerikas", kurz ALBA genannt (wörtlich: die Morgenröte). (...) Wichtige Anliegen sind der Kampf gegen die Armut, Förderung von Arbeitsrechten oder der Schutz der heimischen Landwirtschaften vor Billigimporten aus dem Ausland. Bewusst wendet man sich gegen eine Politik der Privatisierung öffentlicher Leistungen, wie sie unter anderem von der Europäischen Union favorisiert wird. Staatliche Eingriffe in die Wirtschaft werden ausdrücklich begrüßt, um das nach wie vor bestehende Wohlstandsgefälle zwischen den einzelnen Mitgliedsländern auszugleichen. An die Stelle herkömmlicher Handelsbeziehungen tritt häufig der Austausch von Sach- oder Dienstleistungen. So liefert beispielsweise Venezuela Erdöl zu besonders günstigen Konditionen an die übrigen ALBA-Mitglieder. Kuba sendet im Gegenzug Helfer für die Alphabetisierung und für die medizinische Grundversorgung nach Venezuela und in die anderen Staaten des Bündnisses.* «

Aktuell gehören der ALBA Venezuela, Kuba, Bolivien, Nicaragua, Ecuador, Dominica, Antigua und Barbuda und St. Vincent und die Grenadinen an. Der Ausdruck „bolivarianisch" bezieht sich auf den südamerikansichen Unabhängigkeitskämpfer Simón Bolivar.

M3: **Der brasilianische Präsident Luis Inácio Lula da Silva (2003 – 2011), der venezolanische Präsident Hugo Chávez (seit 1998) und der argentinische Präsident Néstor Carlos Kirchner (2003 – 2007, † 2010) 2005 auf einem Gipfeltreffen.**

» *Vor einigen Jahren warnten führende Experten vor einem Linksruck in Lateinamerika und einer zunehmenden Desillusionierung in der Region in Bezug auf die Politik der freien Marktwirtschaft. Im Rückblick scheint es, dass politisch gesehen 2006/07 der Höhepunkt des Linkspopulismus erreicht wurde. Es hat nun auch den Anschein, dass das populistische Modell sich auch ökonomisch erschöpft. Alles, was hierzu notwendig ist, ist ein anhaltender Rückgang der Rohstoffpreise. Die gut geführten Volkswirtschaften haben ausreichenden Spielraum, exogenen Schocks nicht nur zu widerstehen, sondern sie proaktiv zu entschärfen. Dagegen werden Volkswirtschaften, die durch zunehmenden Staatsinterventionismus gekennzeichnet sind, in Kürze vor einer entscheidenden Wahl stehen: Entweder die Wirtschaftspolitik zu reformieren und eine lang anhaltende wirtschaftliche Stagnation und Anpassung zu akzeptieren oder ausgeprägte wirtschaftliche und finanzielle Instabilität zu riskieren.*

Markus Jaeger, *Analyst bei der Deutschen Bank (27.7.2012)*

3.3.1 Brasiliens Mittelweg

Die größte Volkswirtschaft in Lateinamerika setzt seit Anfang der 1990er-Jahre in seiner Wirtschaftspolitik zugleich auf Liberalisierung, einen starken Staat und ehrgeizige Sozialprogramme.

Die brasilianische Variante der ressourcenbasierten Wachstumsstrategie baut auf Soja und Zuckerrohr sowie auf Eisenerz und Erdöl, deren globale Vermarktung von (halb)staatlichen Konzernen vorangetrieben wird. Zudem versucht das Land mit aufwändigen Sozialprogrammen, Armut und die großen Einkommensunterschiede zu bekämpfen (vgl. 5.3). Trotzdem sind selbst liberale Wirtschaftsexperten voll des Lobes über den Weg, den Brasilien mit den Präsidenten Fernando Henrique Cardoso und Luiz Inácio Lula da Silva eingeschlagen hat, zu dem auch eine neue Währung und der Abbau von Zollbarrieren gehörten. Die positive Einschätzung beruht maßgeblich darauf, dass sich die makroökonomische Situation des notorischen Krisenstaates deutlich verbessert hat (M6).

M4: Biotechnologisches Labor der brasilianischen Zuckerrohrforschung

Exportwaren Brasiliens 2011
Primärgüter (Eisenerz, Erdöl, Fleisch, Zucker usw.) 40,2 %, Lebensmittel, Tabak 18,0 %, Kfz und -Teile 6,3 %, Maschinen 4,4 %, chem. Erzeugnisse 4,4 %

» *Unter den größten Wirtschaftsmächten hat Brasilien ein Dreifachwunder geschaffen: hohes Wirtschaftswachstum (anders als in den USA und Europa), politische Freiheit (anders als China) und einen Rückgang der Ungleichheit zwischen den Bevölkerungsgruppen (anders als praktisch überall sonst).*

Nicholas Leman, US-amerikanischer Journalist (2012)

» *Brasilien hat, ökonomisch gesehen, in den vergangenen Jahren deutlich ruhigere Wässer erreicht. Das zeigt sich vor allem in niedrigen Inflationsraten und einer deutlich gesunkenen Auslandsverschuldung. Allerdings hatte die Regierung Lula den Vorteil einer außergewöhnlichen Wachstumsperiode der Weltwirtschaft bei gleichzeitig niedrigen Zinsen auf den internationalen Finanzmärkten, wodurch die Preise für Rohstoffexporte und die Nachfrage nach Halbfertigwaren Brasiliens weltweit anstiegen. Der Mix aus orthodoxer Geld- und Fiskalpolitik und aktiver Sozialpolitik hatte bemerkenswerte Umverteilungseffekte, sorgte aber gleichzeitig dafür, dass das wirtschaftliche Wachstum Brasilien deutlich hinter dem anderer lateinamerikanischer Länder und vor allem hinter dem anderer **emerging markets** zurückblieb.* «

M5: Quellentext zur wirtschaftlichen Entwicklung in Brasilien
Fritz, B.: Orthodoxie und Sozialpolitik – Zur gemischten Bilanz der brasilianischen Wirtschaftspolitik (2010)

Emerging Markets
aufkommender Markt (Begriff aus der Finanz- und Börsensprache)

	1990	2000	2005	2010
BIP (in Mio. US$)	469 318	644 984	882 439	2 089 829
Wirtschaftswachstum (in %)	-4,3	4,3	3,2	7,5
Devisenreserven (in Mio. US$)	8 855	33 410	53 799	285 906
Brutto-Auslandsverschuldung (in % des BIP)	28,9	33,6	19,2	12,3
Export (in Mio US$)	31 414	55 086	118 529	201 915
ADI (in Mio. US$)	989	32799	15 066	48 506
Arbeitslosigkeit (in %)	4,3	7,1	9,8	6,7
Armut (in %)	–	37,5	–	24,9

M6: Brasilien: Wirtschaftliche Entwicklung

1 Charakterisieren Sie die unterschiedlichen Entwicklungsmodelle in Lateinamerika.
2 Beschreiben Sie die wirtschaftliche Entwicklung in Brasilien seit 1990 (M6).

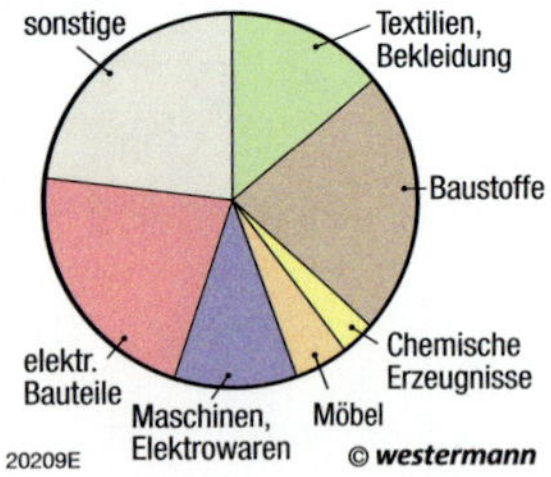

M1: Prozentuale Verteilung der Arbeitskräfte in den Maquiladoras nach Branchen

Maquiladoras
Montagebetriebe in Mittelamerika, in denen importierte Halbfertigwaren für den Export zusammengesetzt werden (Bekleidung, Autoteile, Möbel etc.). Der Begriff leitet sich vom spanischen „Maquila", dem Mahlgeld für den Müller ab, und bezieht sich auf den Teilschritt eines Veredlungsprozesses.

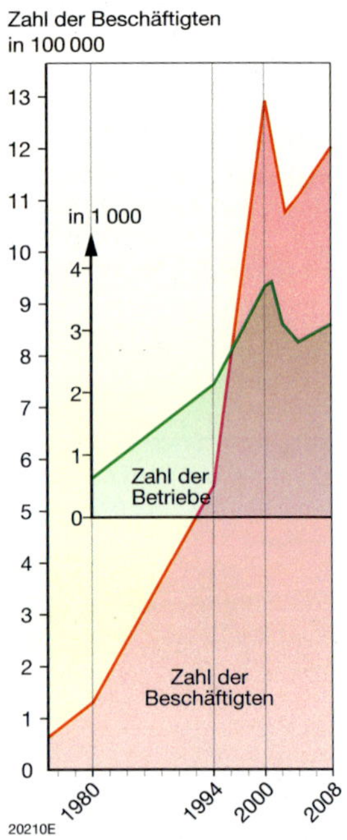

M2: Entwicklung der Maquiladoras und Beschäftigten

3.3.2 Maquiladoras in Mexiko

Im Zeitalter der Globalisierung werden in kürzester Zeit Fertigungsindustrien in kaum entwickelten Regionen aufgrund der dortigen niedrigen Arbeitskosten aus dem Boden gestampft. Eine solche Entwicklung hat in den vergangenen Jahrzehnten im Norden Mexikos stattgefunden.

Die Ära der als „**Maquiladoras**" bekannten Fertigungsbetriebe begann Mitte der 1960er-Jahre, als die mexikanische Regierung ein Beschäftigungsprogramm für die aus den USA zurückgeschickten Landarbeiter startete. Eingeführte Rohstoffe und Halbfertigwaren wurden für eine bestimmte Zeit von Abgaben befreit. US-amerikanische Unternehmen konnten steuerfrei in der Grenzregion produzieren und die hergestellten Fertigerzeugnisse zollgünstig ausführen. Im Laufe der Zeit wurden mehr als 3 000 Fertigungsbetriebe errichtet, in denen über eine Million Mexikaner, mehrheitlich weibliche Arbeitskräfte, beschäftigt sind. Um keine Konkurrenz für die nationale Industrie Mexikos aufkommen zu lassen, blieb das Programm auf die grenznahen Gebiete beschränkt. Die Betriebe stellen Massenwaren und Technologiegüter her, die zu 90 Prozent für den nordamerikanischen Markt bestimmt sind. Auch die Rohstoffe und Halbfertigwaren kommen vorwiegend aus den USA, in einigen Sparten (z. B. Elektronikartikel) auch aus Ostasien. Die Unternehmen profitieren von den geringen Kosten für den Transport in die USA und von den niedrigen mexikanischen Arbeitslöhnen, die nur ein Sechstel der Löhne in den USA betragen. Auch Umweltauflagen und Arbeitsschutzvorschriften sind niedrig. Eigner der Betriebe sind internationale Konzerne, nicht nur aus den USA, sondern teilweise auch aus Japan, China und Europa.

Als im Jahr 1994 die nordamerikanische Freihandelszone (NAFTA) eingerichtet wurde, erhielt diese Entwicklung noch einmal einen kräftigen Schub. Gegen Ende der 1990er-Jahre gab es jedoch einen empfindlichen Rückschlag. Verantwortlich dafür waren unter anderem Wechselkursänderungen, die Rücknahme von Zollvergünstigungen und die verstärkte Billiglohnkonkurrenz aus China und anderen asiatischen Ländern. Neuere Betriebe ziehen inzwischen verstärkt in den mittleren Süden Mexikos, da sie dort bessere Produktionsbedingungen vorfinden als im Norden. Zudem hat die Ansiedlung von Fertigungsbetrieben in anderen mittelamerikanischen Ländern gezeigt, dass die Zeit des ganz großen Booms an der mexikanischen Grenze vorüber ist (2006: noch 45 % der Exporte).

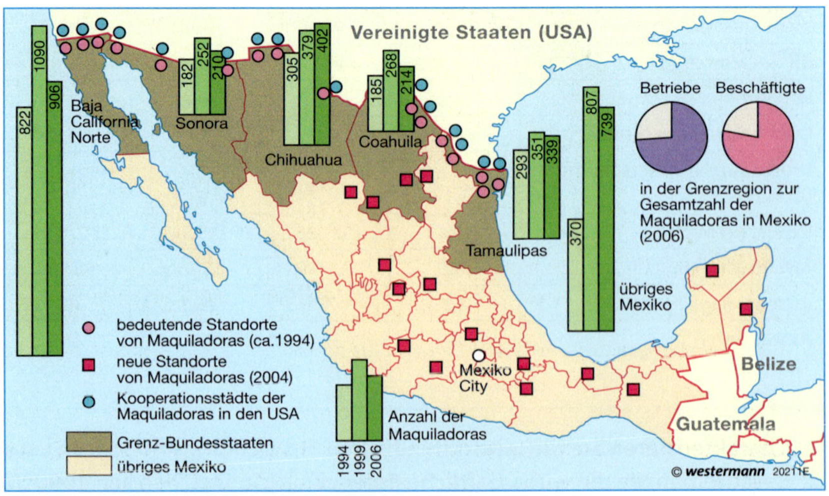

M3: Räumliche Verteilung der Maquiladoras

3.3.3 Costa Rica: Bananen, Chips und Ökotourismus

Während früher die Wirtschaft Costa Ricas vom Bananen- und Kaffeeanbau dominiert war, zählen heute auch High-Tech-Produkte und der Ökotourismus zu den Devisenbringern.

Als der US-amerikanische Chiphersteller Intel 1998 entschied, in Costa Ricas Hauptstadt San José und nicht in Brasilien, Chile oder Mexiko eine große Fabrik zu bauen, überzeugten das Unternehmen vor allem zwei Standortvorteile: Das kleine mittelamerikanische Land ist politisch stabil und hat qualifizierte Arbeitskräfte. Bereits seit 1949 verzichtete man auf eine Armee und steckte das Geld lieber in ein gutes Bildungs- und Gesundheitswesen. Dem Beispiel des Chipherstellers Intel folgten viele andere ausländische Unternehmen diverser Branchen.

Anfang der 1990er-Jahre begann die wirtschaftliche Öffnung. Costa Rica unterzeichnete erste Freihandelsabkommen, schloss oder privatisierte Staatsbetriebe und errichtete Freihandelszonen. Wirtschaftlich ist das kleine Land eng mit den USA verflochten (knapp 50 % der Exporte in die USA). Vom Beitritt zur DR-CAFTA 2007 erhoffte man sich einen noch besseren Zugang zum US-amerikanischen Markt (vgl. 3.4). Die krisenanfällige Agrarwirtschaft wurde schrittweise zurückgedrängt und zudem die Angebotspalette um den Ananas- und Melonenanbau erweitert.

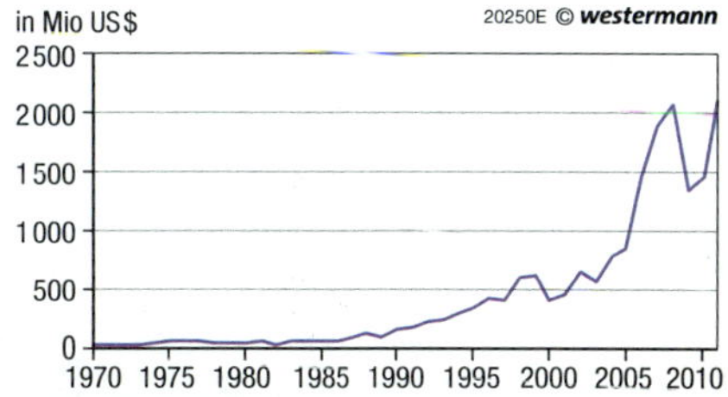

M4: Entwicklung der ausländischen Direktinvestitionen in Costa Rica

Exportstruktur Costa Ricas
Elektronik 19,9 %, Früchte 16,3 %, Mess- und Regeltechnik 8,3 %, chem. Erzeugnisse 7,7 %, Elektrotechnik 5,5 %, Kaffee 2,9 %, Textilien und Bekleidung 2,3 %

»
Costa Rica ist eine wahre Naturschönheit. (...) So ist es auch kein Wunder, dass der Tourismus der wichtigste Wirtschaftsfaktor und Devisenbringer des Landes ist. Mehr als zwei Millionen Urlauber aus der ganzen Welt kamen 2010 in das Land, das nur eine etwas größere Fläche hat als Niedersachsen. Zwar machte sich mit einem Besucher-Rückgang von acht Prozent 2009 auch in der Republik die Wirtschaftskrise bemerkbar, dennoch lockt der bewusste Tourismus naturverbundene Reisende weiterhin an. Schon seit den 1980er-Jahren setzen Hoteliers und Veranstalter auf Ökotourismus, der abenteuerlustige Nordamerikaner und Europäer anzieht. Denn die Regenwälder Costa Ricas sind nicht nur zum Anschauen da. Beim "Canopy" ist der mutige Urlauber mit sicherem Hüftgurt an einem Stahlseil aufgehängt und rauscht durch die grünen Schluchten vom Nationalpark Rincón de la Vieja.
«

M5: Quellentext zum Ökotourismus in Costa Rica
Stucke, M.: Und täglich weckt der Brüllaffe. Hamburger Abendblatt (21.1.2012)

Neben Ökotourismus für zumeist zahlungskräftige US-Bürger entstehen an den Pazifikküsten zunehmend auch Anlagen für den Massentourismus.

M6: Aufbereitungsanlage auf einer Bananenplantage

M7: Canopy im Regenwald von Costa Rica

1 Charakterisieren Sie die Bedingungen, unter denen Industrien in Ländern wie Mexiko entstehen.

2 Costa Rica setzt auf hochwertige Industrieprodukte und Dienstleistungen. Beurteilen Sie diese Strategie.

D1-208 www.diercke.de
D1-216 www.diercke.de
D1-248 www.diercke.de

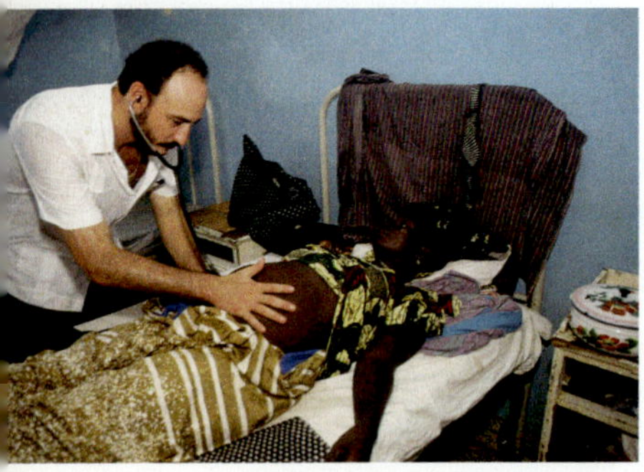

M1: Kubanischer Arzt in einem Krankenhaus in Gambia

Zuckerproduktion Kuba
1970: 83 Mio. t (29 % der lateinamerikanischen Produktion)
1990: 81 Mio. t. (17 %)
2000: 36 Mio. t. (7 %)
2010:11 Mio. t (1 %)

Innerhalb der ALBA kam es mit Venezuela zu einem Abkommen, der auf einen Tauschhandel Ärzte gegen Öl hinauslief.

3.3.4 Kuba: Ärzte statt Zucker

Das sozialistische Kuba ist auf der Suche nach einer neuen Wirtschaftsstruktur, nachdem der wichtigste Handelspartner (Sowjetunion) und das wichtigste Handelsprodukt (Zucker) als Einnahmequelle nahezu ausgefallen sind.

Seit der Revolution von 1959 spielt Kuba in Lateinamerika eine Sonderrolle. Wegen der Enteignung von US-Firmen und US-Bürgern belegten die Vereinigten Staaten das Land mit einer dauerhaften Handelsbeschränkung. Kuba suchte deshalb Verbindung zu den sozialistischen Staaten Osteuropas. Als Abnehmer der Zuckerernte wurden diese Länder zu den wichtigsten Handelspartnern für den Inselstaat. 1990, nach dem politischen und wirtschaftlichen Zusammenbruch in Osteuropa, kam es in Kuba zu einer schweren Wirtschafts- und Ernährungskrise.

Das ökonomische System musste umstrukturiert und den Erfordernissen des Weltmarktes angepasst werden. Vor allem die lange Zeit dominierende Zuckerproduktion ist rückläufig und die Fabriken marode. Veredlungsverfahren sind im Gegensatz zu Brasilien erst im Planungsstadium (vgl. 4.4.1). In den letzten Jahren fand eine vorsichtige Liberalisierung statt (Legalisierung von Dollarbesitz, Zulassung von Bauernmärkten). Heute ist der Tourismus die wichtigste Devisenquelle. Zudem profitiert Kuba von seinen unbestreitbar vorbildlichen Bildungs- und Gesundheitssystem und „exportiert" deren Leistungen. Es schickt seine Lehrer und Ärzte auf zahlreiche Auslandseinsätze und lässt sich diese – abgesehen etwa von humanitären Einsätzen wie in Haiti – vom Gastgeberland bezahlen (geschätzte Einnahmen 2 Mrd. US$ / Jahr). Innerhalb der ALBA kam es mit Venezuela zu einem Abkommen, das auf einen Tauschhandel Ärzte gegen Öl hinauslief.

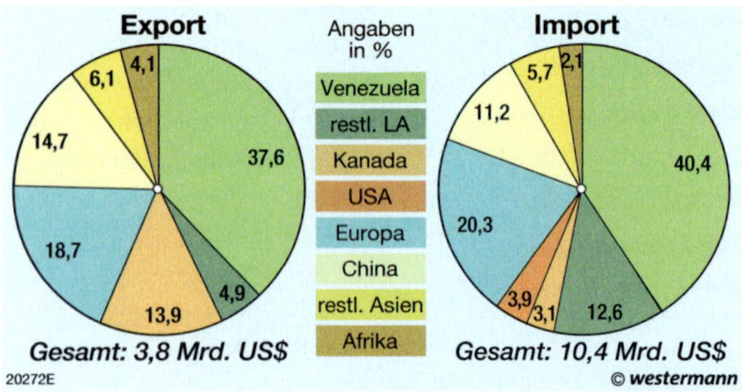

M2: Export- und Importländer (2010)

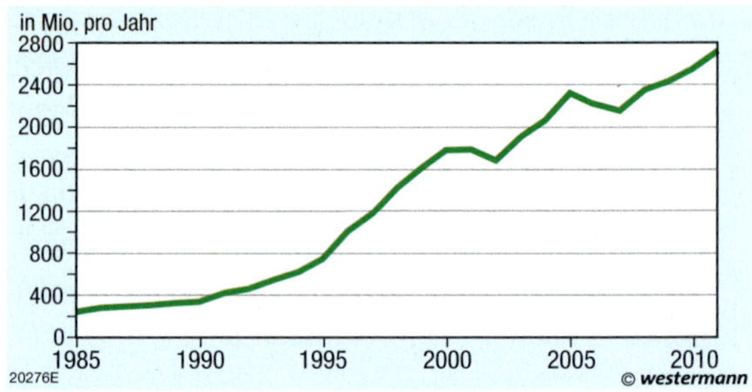

M3: Tourismus: Entwicklung Besucherzahlen

	1958	1989	2010
Exportgüter	Zucker 81 % Tabak 6 % Nickel 4 %	Zucker 73,4 % Erze 9 %	Erze 26,9 % Mediz. Produkte 10,7 % Zucker 5,8 %
Exportländer	USA 66,8 %	UdSSR 60 % Ostblock 15 %	Venezuela 37,6 % China 14,7 %
Exporte	734 Mio. Pesos	5,4 Mrd. US$	3,8 Mrd. US$
Handelsbilanz	–37 Mio. Pesos	–2,7 Mrd. US$	–6,6 Mrd. US$

M4: Entwicklung des kubanischen Außenhandels

	Kuba	Haiti	Brasilien	LA
Kindersterblichkeit	6 ‰	165 ‰	19 ‰	23 ‰
Lebenserwartung	78 Jahre	62 Jahre	74 Jahre	74 Jahre
Gesundheitsausgaben (Anteil BIP)	10,6 %	k. A.	3,4 %	k. A.
Alphabetisierung	99,8 %	48,7 %	90,0 %	91,0 %
Schüler/Lehrer	9	k. A.	23	23
Einschulungsrate (Sekundarstufe)	85,5 %	k. A.	82,0 %	73,0 %

M5: Kenndaten Gesundheit und Bildung im Vergleich

1 **Beschreiben Sie die Einschnitte in die kubanische Wirtschaftsstruktur 1959 und 1989.**
2 **„Ärzte gegen Öl" – Beurteilen Sie dieses Entwicklungskonzept.**

D1-208 www.diercke.de

Die bisherigen Versuche der lateinamerikanischen Länder, wirtschaftlich näher zusammenzurücken und einen gemeinsamen Markt vergleichbar der EU zu installieren, waren bislang wenig erfolgreich.

Gerne wird die Vision eines politisch und wirtschaftlich vereinten Lateinamerikas von Politikern beschworen. Schon frühe Versuche im 19. Jahrhundert scheiterten und auch die aktuellen Bündnisse leiden oft an dem mangelnden Willen der Staaten, umfangreiche Kompetenzen an supranationale Organisationen abzutreten. Zudem sind die wirtschaftspolitischen Konzepte und Interessen der Länder unterschiedlich und sitzt die Angst der Kleinen vor den Großen (vor allem Brasilien) tief.

Als vielversprechendstes der jüngeren Integrationsprojekte galt der Mercosur, für das sogar Argentinien und Brasilien ihre alten Animositäten überwanden. Doch auch 20 Jahre nach Gründung ist dieses Freihandelsbündnis wirtschaftlich nur gering verflochten. Die anderen regionalen Bündnisse sind meist nicht über die Senkung von Zollschranken hinausgekommen. Auch die von Venezuela vorangetriebene ALBA (M 2, S. 40) ist ins Stocken geraten. Ehrgeizige Ziele verfolgt das UNASUR-Projekt, in dem alle südamerikanischen Länder bis 2025 der EU nacheifern wollen und in dem das Infrastruktur-Prokekt **IIRSA** aufgegangen ist.

Selbstverständlich verfolgen auch die USA weiterhin ihre wirtschaftspolitischen Interessen im Süden. Seit 1994 besteht die NAFTA mit Kanada und Mexiko. Nachdem die US-amerikanische Initiative zu einer Ausweitung dieser Freihandelszone auf ganz Amerika (FTAA/ALCA) an dem Widerstand Brasiliens und der anderen Mercosur-Staaten scheiterte, schlossen die USA mehrere bilaterale Freihandelsabkommen (Chile, Peru, Kolumbien) sowie das Abkommen DR-CAFTA mit den mittelamerikanischen Staaten sowie der Dominikanischen Republik.

M6: Mercosur-Treffen 2005

Intraregionaler Handel (2008)
Mercosur: 15 % der Gesamtexporte
Andengemeinschaft (CAN): 7 %
Europäische Union: 68,5 %

IIRSA
Initiative für die Integration der regionalen Infrastruktur, seit 2000. Vorhaben der südamerikanischen Staaten die Infrastruktur in den Bereichen Transport, Energie und Telekommunikation grenzüberschreitende auszubauen.

Organisation			Gründung	Mitglieder	Aktuelle Ziele
Comunidad Andina de Naciones	Andengemeinschaft	CAN	1969	Bolivien, Ecuador, Kolumbien, Peru, assoz. Brasilien, Chile, Argentinien, Paraguay, Uruguay	Wirtschaftliche, politische und soziale Integration
Caribbean Community and Common Market	Karibische Gemeinschaft	CARICOM	1973	15 Staaten der Karibik	Koordinierung Außenpolitik, gemeinsamer Binnenmarkt, Zollunion, Kooperation in div. Bereichen
Mercado Común del Sur	Gemeinsamer Markt des Südens	Mercosur	1991	Argentinien., Brasilien, (Paraguay), Uruguay, Venezuela; assoz. Chile, Bolivien, Peru, Kolumbien, Ecuador	Wirtschaftliche und politische Integration, gemeinsamer Binnenmarkt
North American Free Trade Area	Nordamerikanisches Freihandelsabkommen	NAFTA	1994	Kanada, USA, Mexiko	Freihandelszone ohne übernationale Regierungsfunktionen
Unión de Naciones Suramericanas	Union Südamerikan. Nationen	UNASUR	2004	alle zwölf südamerikanischen Staaten	Wirtschaftliche und politische Integration nach Vorbild der EU
Dominican Republic-Central America Free Trade Agreement,		DR-CAFTA	2004	USA, Costa Rica, Dominik. Republik, El Salvador, Guatemala, Honduras, Nicaragua	Freihandelszone ohne übernationale Regierungsfunktionen
Alianza Bolivariana para los Pueblos de Nuestra América	Bolivarianische Allianz für Amerika	ALBA	2004	Venezuela, Kuba, Bolivien, Nicaragua, Ecuador, drei weitere Karibikstaaten	Kooperation über solidarische Handelsbeziehungen, größere Unabhängigkeit von USA und Europa

M7: Integrationsbündnisse lateinamerikanischer Staaten (siehe M 3, S. 9)

3 Erläutern Sie die Vor- und Nachteile, die Brasilien, Costa Rica, Mexiko und Kuba von einer Vertiefung der regionalen Integration hätten.

Wirtschaft – Entwicklungsstrategien in einer globalisierten Welt

Wirtschaftsstruktur und Strukturwandel

Die volkswirtschaftliche Bedeutung und die wirtschaftliche Struktur der lateinamerikanischen Länder ist zum Teil sehr unterschiedlich. Sie reicht mit Brasilien von einer der größten Wirtschaftsnationen der Welt mit einer diversifizierten Wirtschaftsstruktur zu sehr kleinen oder auch immer noch sehr agrarisch ausgerichteten Ländern. Gemein ist aber vielen Staaten, dass sie in den 2000er-Jahren eine durchaus positive wirtschaftliche Entwicklung genommen haben und das der Agrar- aber auch der Industriesektor in ihrer Bedeutung rückläufig sind.

Einbindung in die globalisierte Weltwirtschaft

Viele lateinamerikanische Länder sind heute weitaus enger mit der Weltwirtschaft verzahnt als noch vor 30 Jahren. Dabei hat der Handel mit den USA seine vorherrschende Stellung eingebüßt. An seine Stelle ist vor allem der intraregionale Handel und der Warenaustausch mit Asien getreten. Dabei dominiert weiterhin der Export von zumeist unverarbeiteten landwirtschaftlichen und mineralischen / energetischen Rohstoffen. Internationale Konzerne wie VW sehen in Ländern wie Brasilien sowohl einen Absatzmarkt als auch einen Produktionsstandort. Zwar gibt es etliche Ansätze für eine lateinamerikanische oder regionale wirtschaftliche Kooperation, doch all diese Bündnisse sind von einen gemeinsamen Markt vergleichbar der EU noch weit entfernt.

Wirtschaftliche Entwicklung Lateinamerikas

Nach dem die lateinamerikanische Wirtschaft lange Zeit stark abhängig von Europa und später vor allem von den USA war, gab es seit Anfang des 20. Jahrhunderts einige Versuche, einen eigenen wirtschaftlichen Entwicklungsweg zu gehen. Dazu zählt etwa die importsubstituierende Industrialisierung, die der Förderung der eigenen Industrieproduktion dienen sollte. In Folge einer Verschuldungskrise kam es in vielen lateinamerikansichen Ländern in den 1980er-Jahren zu neoliberalen Reformen und einer Öffnung gegenüber dem Weltmarkt. Während einige Länder bei einer liberalen Marktwirtschaft und einer meist ressourcenbasierte Wachstumsstrategie (Export von Rohstoffen) blieben, versuchen andere eine Wirtschaftspolitik umzusetzen, bei der die staatliche Lenkung und eine gewisse Abschottung gegenüber den Einflüssen der Weltmärkte angestrebt wird. Aufgrund fehlender Ressourcenausstattung und mangelnder Konkurrenzfähigkeit gegenüber asiatischen Billiglohnländern setzen Länder wie Costa Rica (High Tech) oder das sozialistische Kuba (Gesundheitsdienstleistungen) auf höherwertige Exportprodukte.

Aufgaben

1. **Erklären Sie den Begriff Deindustrialisierung in Zusammenhang mit den wirtschaftlichen Entwicklungen in Lateinamerika.**
2. **Analysieren Sie die Rolle Lateinamerikas im Welthandel.**
3. **„Die politische Eigenständigkeit ging in Lateinamerika nicht mit einer wirtschaftlichen Unabhängigkeit einher". Erklären Sie die Aussage (3.3).**
4. **Beurteilen Sie die ökonomischen und sozialen Folgen der Strukturanpassungsprogramme (3.3).**
5. **In Lateinamerika ist die Befürchtung verbreitet, zu den Verlierern der Globalisierung zu gehören. Beurteilen Sie diese Einschätzung.**
6. **Erörtern Sie die mittelfristigen Chancen, dass es in Lateinamerika zu einer regionalen Integration wie in Europa kommt.**

Internetlinks

Daten zur lateinamerikanischen Wirtschaft

- **Wirtschaftskommission für Lateinamerika und die Karibik**
- www.cepal.cl
- **Inter-American Development Bank** www.iadb.org
- **Weltbank** data.worldbank.org

Mercosur www.mercosur.int
ALBA www.alianzabolivariana.org
UNASUR www.unasursg.org
Andengemeinschaft www.comunidadandina.org
NAFTA www.nafta-sec-alena.org

Primärer Sektor – Bergbau und Landwirtschaft

4

Campesinos, die in brütender Hitze im Akkord Zuckerrohr schlagen, um auf ihren kärglichen Tageslohn zu kommen, während die Besitzer der Felder in der hunderte Kilometer entfernten Provinzstadt in gekühlten Räumen Müßiggang treiben. Vollautomatisierte Erntemaschinen auf Sojafeldern, die bis zum Horizont reichen und andine Bergbauern, die mit dem traditionellen Grabstock ihre Kartoffelfelder bearbeiten. Stolze, politisch aktive Mineros in maroden Kupferminen und menschenleere Goldtagebaue, die die Natur zerstören und das Wasser vergiften. Die Welt der Landwirtschaft und des Bergbaus in Lateinamerika ist voller Gegensätze und schwelender Konflikte. Der wirtschaftlich immer noch oder in einigen Ländern schon wieder bedeutende Sektor trägt viele ungelöste soziale, ökologische und ökonomische Probleme mit sich.

4.1 Agrarwirtschaft in Lateinamerika

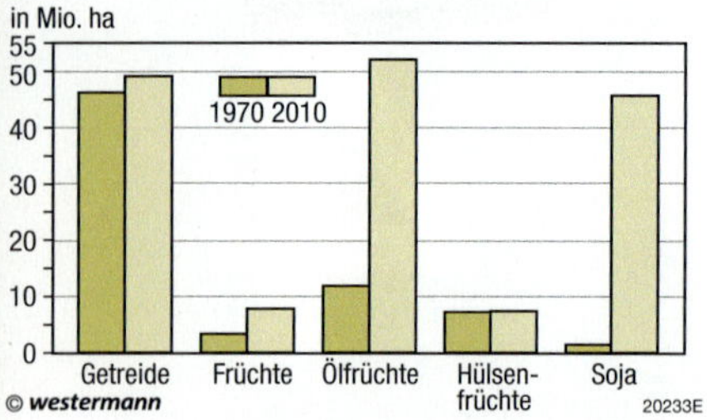

M1: Anbauflächen von Nutzpflanzen in Lateinamerika

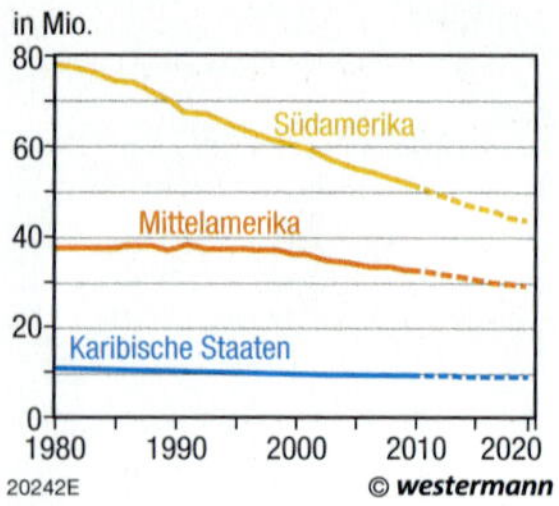

M2: Beschäftigung in der Landwirtschaft

Die Landwirtschaft ist ein wichtiger, wenn auch in ihrer Bedeutung insgesamt abnehmender Wirtschaftssektor in Lateinamerika. Sie ist geprägt von ungelösten wirtschaftlichen, sozialen und ökologischen Konflikten.

Lateinamerikas Landwirtschaft dient nicht nur der Versorgung der eigenen Bevölkerung, sondern beliefert die Welt mit einer Reihe agrarischer Produkte und Lebensmittel (2010: 18 % des Exports, M6). Zu traditionellen, in ihrer Vermarktung stagnierenden agrarischen Weltmarktprodukten wie Kaffee, Tabak, Bananen, Baumwolle, Holz und Fleisch sind neue Exportprodukte gekommen: Frischobst, Blumen, Wein, Palmöl, Zuckerrohr für die Bioethanolherstellung (vgl. 4.4.2) und allen voran die Allzweckpflanze Soja (vgl. 4.4.3). Während Produktion und Anbauflächen von Soja und Ölfrüchten explosionsartig anstiegen, wachsen diese für viele andere agrarische Produkte und Nahrungsmittel nur moderat. Vielerorts hielt wie anderswo auf der Welt die Grüne Revolution (Umstellung auf Hochleistungssaatgut und Monokulturen, Einsatz mineralischer Düngemittel, Pflanzenschutzmittel und Bewässerung) Einzug. Es gibt jedoch auch noch viele Regionen mit rückständiger Landwirtschaft (zumindest, was die Produktivität betrifft).

Trotz der zum Teil hohen Bedeutung bestimmter Agrarprodukte für den Export ist die volkswirtschaftliche Bedeutung der Landwirtschaft in Lateinamerika rückläufig. Dies gilt insbesondere auch für die Beschäftigung im Agrarsektor, die sowohl relativ als auch absolut in vielen Staaten abnimmt.

	Anteil der Landwirtschaft am BIP (in %, 2011)	Beschäftigung in der Landwirtschaft (in %, 2009)	Landwirtschaftliche Nutzfläche (in 1000 km², 2009)	Landwirtschaftliche Nutzfläche (in % der Landfläche, 2009)	Ackerland* (in % der Landfläche, 2009)	Ertrag Getreide (in kg/ha, 2010)	Düngereinsatz (in kg/h Ackerland, 2009)
Argentinien	9,1	1,2	1 405,0	51,5	11,3	4 937	25,4
Bolivien	11,7	36,1[2]	369,5	34,1	3,4	2 333	6,0
Brasilien	5,5	17,0	2 645,0	31,3	7,2	4 055	124,9
Chile	3,4	11,2	157,4	21,2	1,7	6 822	595,8
Costa Rica	7,0	12,3	18,0	35,3	3,9	3 730	826,6
Dominik. Rep.	6,1	14,5	24,7	51,1	16,6	4 234	27,2
Ecuador	7,5	28,7	75,3	30,3	4,8	3 117	187,3
El Salvador	12,7	20,9	15,4	74,5	32,7	2 806	107,4
Guatemala	40,5	33,6[3]	44,0	41,0	14,0	2 299	106,8
Guyana	21,0	k.A:	16,8	8,5	2,1	2 471	20,3
Honduras	12,4	34,6[1]	31,9	28,5	9,1	1 094	62,3
Kolumbien	6,8	19,7	425,4	38,3	1,6	3 895	496,8
Kuba	5,0	18,6[1]	665,5	62,5	34,3	1 940	14,2
Mexiko	3,7	13,5	1 028,3	52,9	12,9	3 499	51,7
Nicaragua	21,5	29,5[2]	51,5	42,8	15,8	2 086	22,2
Panama	4,0	17,9	22,3	30,0	7,4	2 131	46,8
Paraguay	22,0	26,5[1]	209,0	52,6	9,6	3 457	66,4
Peru	7,8	0,8	214,4	16,8	2,9	3 899	104,5
Uruguay	10,1	11,0[1]	148,1	84,6	10,7	4 251	131,1
Venezuela	4,2[2]	8,5	214,0	24,3	3,1	4 038	200,2
Karibikstaaten	4,2	12,7[4]	25,2	6,2	1,8	2 853	44,9
Lateinamerika	6,3	14,3	7 211,4	35,8	7,4	3 919	92,2
Welt	2,8	35,0[4]	48 827,1	37,6	10,7	3 563	122,1

M3: Kenndaten der Landwirtschaft in ausgew. Ländern ([1]2008, [2]2007, [3]2006, [4]2005, * Flächen mit einjährigen Kulturen)

Zwar unterscheiden sich die landwirtschaftlichen Nutzungen und Strukturen in den lateinamerikanischen Ländern zum Teil erheblich, doch bestimmte Problemfelder sind fast überall zu beobachten: Die lateinamerikanische Landwirtschaft ist von einem typischen Nebeneinander von Nutzungsformen (traditionell vs. modern, vgl. 4.2) und Besitzstrukturen (Kleinbauerntum vs. Großgrundbesitz, vgl. 4.3) geprägt. Dies führt nicht nur immer wieder zu sozialen Konflikten, sondern besitzt auch eine ökologische Dimension (vgl. 4.4).

	Allgemeine politische Entwicklung	Politiken zum ländlichen Raum	Entwicklungen im ländlichen Raum
1900 –	Unabhängigkeit und erste demokratische Regierungen	Schutz der Plantagenwirtschaft	Dominanz der Agraroligarchie
1940 –	Unruhen, Revolutionen und Demokratisierungsprozesse	Erste Agrarreformen Verringerung des Großgrundbesitzes, Verteilung von Land an landlose Familien	Soziale Konflikte Protestmärsche, Bauernbewegungen, gewaltsame Konflikte
1960 –	Militärregierung Diktaturen	Modernisierung, Grüne Revolution Kredite und Agrarberatung zur Förderung marktorientierter Produktionsformen	Wachsende soziale Disparitäten Agroindustrie, Landkonzentration, Verarmung von Kleinbauern
1980 –	Demokratisierung Neoliberale Regierungen	Liberalisierung von Agrarmärkten Abbau / Streichung von Handelsschranken, Subventionen und Preisgarantien	Globalisierung und Ausgrenzung Armut und Marginalisierung, globalisierte Inseln, neue soziale Bewegungen
2000 –	Links-populistische Regierungen	Neue Ansätze einer Regulierung Auflage von Sozialprogrammen	

M4: Historische Entwicklung ländlicher Räume in Lateinamerika

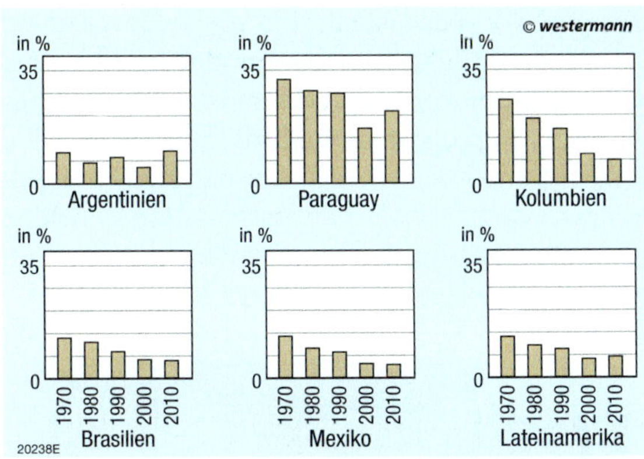

M5: Anteil Landwirtschaft am Bruttoinlandsprodukt

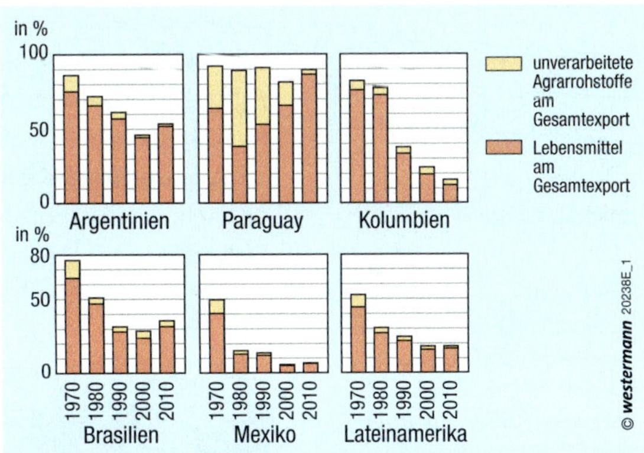

M6: Anteil Agrarprodukte und Lebensmittel am Export

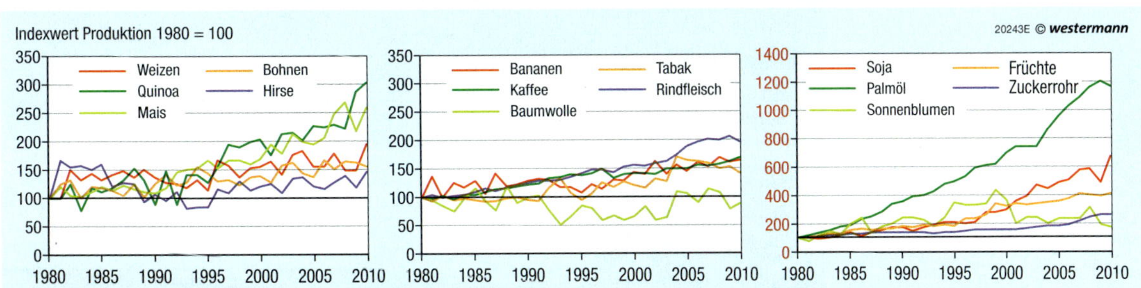

M7: Produktion von agrarischen Rohstoffen in Lateinamerika: Food Crops und alte und neue Cash Crops

1 Beschreiben Sie Entwicklungstendenzen der lateinamerikanischen Landwirtschaft.

2 Vergleichen Sie die Agrarstruktur (und ihre Entwicklung) von Brasilien, Paraguay und Kolumbien.

Nutzungsformen in der Landwirtschaft

Zwar gibt es in Lateinamerika eine große Vielfalt von agraren Nutzungsformen. Doch die traditionellen Anbauformen werden immer stärker vom technisierten Monokulturanbau von Cash Crops zurückgedrängt.

M1: Holzproduktion für die Papierindustrie in Brasilien

Die Landschaften Lateinamerikas lassen sich ganz verschiedenen Geoökozonen zuordnen (M3). Folglich haben sich in den verschieden tropischen und subtropischen Wäldern, Savannen, Steppen und Wüsten sowie den Hochgebirgsregionen ganz unterschiedliche traditionelle agrarische Nutzungsformen entwickelt. Extensive und intensive Formen von Ackerbau und Viehwirtschaft sowie Waldwirtschaft haben auch heute noch eine Bedeutung. Abhängig von Klima und Boden werden Nutzpflanzen in Bewässerungs- und Trockenfeldbau sowie in **Dauerkulturen** angebaut. Allerdings besteht geoökozonenübergreifend in fast allen lateinamerikanischen Regionen ein Dualismus von kleinbäuerlichem, kaum mechanisiertem Nahrungsmittelanbau überwiegend zur Selbstversorgung und dem Anbau von **Marktfrüchten** und **Cash Crops** in großflächigen Plantagen mit Monokulturen unter Einsatz moderner Agrartechnologie (genetisch verändertes Saatgut, Düngung, Pflanzenschutz, Maschineneinsatz etc.).

Beispielhaft sei auf die Nutzung der tropischen Regenwälder Mittelamerikas und Amazoniens eingegangen. Die ursprüngliche Form der ackerbaulichen Nutzung der Feuchten Tropen ist der Wanderfeldbau (Shifting Cultivation, M7), der zunächst nur dem Anbau von Grundnahrungsmitteln wie Maniok diente (später auch Marktfrüchten wie Kakao oder Bananen). Die nachhaltige und nach ökologischen Gesichtspunkten am ehesten zu den Böden passende Nutzungsform wird heute allerdings nur noch von maximal zehn Prozent der Bevölkerung betrieben (1970er-Jahre: < 40 %) und ihr Beitrag zur Agrarproduktion ist gering. Aufgrund des hohen Flächen- und Ressourcenverbrauchs und des durch rasches Bevölkerungswachstum steigenden Nahrungsmittelbedarfs mussten die Kleinbauern die Brachezeiten verkürzen und wurden zudem sesshaft (Landwechselwirtschaft). Zwar gibt es auch in kleinem Maßstab bewirtschaftete, nachhaltige Dauerkulturen (Allee- und Stockwerksanbau), doch meist findet die Produktion in großen Plantagen mit ihren ökologischen und sozialen Problemen statt.

Dauerkultur
nicht in die Fruchtfolge einbezogene Kulturen, die mehrjährig auf den Flächen verbleiben und wiederkehrende Erträge liefern, in den Tropen meist Baum- und Strauchkulturen

Marktfrüchte
Früchte, die für den Verkauf auf lokalen, regionalen oder nationalen Märkten, nicht für den eigenen Bedarf (Subsistenz) angebaut werden

Cash Crops
Früchte, die für den Export im industriellen Maßstab angebaut werden, in Lateinamerika traditionell Kaffee, Bananen, Tabak, Kakao, heute vermehrt Soja, Ölpalmen, Früchte und Zuckerrohr zur Bioethanolherstellung

M2: Bananenplantage in Coast Rica, Zuckerrohrfeld in Brasilien, Viehwirtschaft in Argentinien, Weinanbau in Chile

M3: Geoökozonen in Lateinamerika

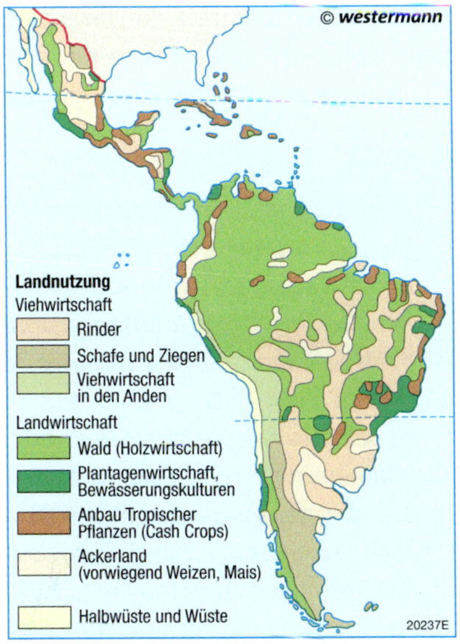

M4: Agrarische Landnutzung

M5: Quellentext zum Wanderfeldbau (Shifting Cultivation)
Engelmann, D., Scholz, F.: Geoökozonen Diercke Spezial (2009)

» *Bei dieser Form des Ackerbaus wird zunächst ein relativ kleines Stück Land, etwa einen Hektar groß, von Hand unvollständig gerodet. Gegen Ende der Trockenzeit wird die abgestorbene und noch vorhandene (Baum)Vegetation verbrannt (Brandrodung), zu Beginn der Regenzeit wird mithilfe eines Pflanzstocks gepflanzt. Die mineralreiche Asche steht aber nur kurzfristig zur Verfügung. Da der Boden die Nährstoffe nicht absorbieren kann, werden sie zusammen mit der dünnen Humusauflage von den heftigen Niederschlägen ausgewaschen und in den Vorfluter abtransportiert. Deswegen dauern die Anbauphasen in der Regel nur ein bis zwei Jahre. Danach ist der Bauer gezwungen, ein neues Terrain für den Anbau vorzubereiten. Das wegen Ertragsrückgang aufgegebene Feld bleibt ungenutzt. Hier entwickelt sich ein artenarmer niedrigerer Sekundärwald. Häufig ist die Biomasse auf dieser Fläche nach zehn bis zwölf Jahren wieder so angereichert, dass ausreichend Humus erzeugt werden kann, um die Fläche erneut ackerbaulich zu nutzen.* «

M6: Maissetzlinge in einem brandgerodeten Feld in Amazonien (Peru)

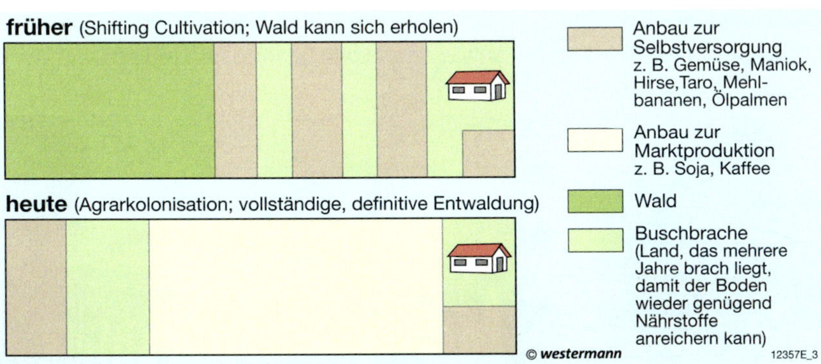

M7: Wechsel von Shifting Cultivation zur Agrarkolonisation mit Dauerfeldbau

1 Ordnen Sie den verschiedenen Geoökozonen traditionelle und moderne Nutzungen zu (M 3, 4, Atlas).
2 Vergleichen Sie Wanderfeldbau und Plantagenwirtschaft nach ökologischen und ökonomischen Kriterien.

D1-208 www.diercke.de
D1-214 www.diercke.de

4.3 Besitzstrukturen in der Landwirtschaft

Die Besitzstrukturen der lateinamerikanischen Landwirtschaft sind ein koloniales Erbe. Bis heute hat sich die Zweiteilung des Agrarsystems in Großbetriebe (Latifundien, Plantagen) und Kleinbetriebe bewahrt.

M1: Quellentext zur Latifundienwirtschaft
Kuhnen, F.: Agrarverfassungen (1982)

»

*Eine Hazienda ist ein wirtschaftliches und soziales Gebilde, das weitgehende Autarkie anstrebt, ein kleiner Staat im Staat. In einer Hazienda kommen mehrere Bodennutzungssysteme und Arbeitsorganisationsformen nebeneinander vor. Zentrum ist oft eine Plantage mit Intensivkulturen oder ein Viehzuchtbetrieb. In Nebenbetrieben werden Feldfrüchte für die Landarbeiter angebaut, oder es finden sich extensive Dauerkulturen. Im Gebiet der Hazienda mögen Pächter selbständige Kleinbetriebe bewirtschaften (Minifundien), Landarbeiter als Kolonen Flächen bebauen und wilde Siedler ohne Rechte ungenutzte Flächen bestellen, bis sie verwiesen werden oder geforderte Abgaben entrichten. (...) Trotz bestehenden Landmangels der Kleinbewirtschafter gibt es viel unerschlossenes und unterbewirtschaftetes Land. Für den Haziendero und seine Familie ist der Boden vorrangig nicht Produktionsmittel, sondern Objekt von Ansehen, Macht und Spekulation. Die Eigentümer der großen Landbesitze stellen die Finanzaristokratie der Länder dar, kontrollieren wichtige Ämter in Staat und Militär, streben aber doch einen ausgeprägten Regionalismus an. Die Hazienda ist die soziale Einheit, die das Leben der Mitglieder von der Geburt bis zum Tod bestimmt. Sie übernimmt Funktionen wie Schule, Kaufladen, Krankenversorgung, Altenunterstützung, wenn auch auf niederem Niveau. Ein Ausbrechen ist für die armen und verschuldeten Pächter und Arbeiter kaum möglich, da sie woanders keine Arbeit erhalten. (...). Innerhalb der Hazienda besteht weitestgehende **Naturalwirtschaft**.*

«

Naturalwirtschaft
Gegenteil von Geldwirtschaft; Arbeitsteilung funktioniert in der Gemeinschaft oder durch direkten Tauschhandel. Der Betrieb einer Hazienda ist ohne Geld möglich. Güter werden im Laden der Hazienda eingetauscht, der ein Preismonopol hat. Der Arbeitslohn wird nicht bar ausgezahlt, sondern mit dem Konto im Laden verrechnet.

Minifundium
landwirtschaftlicher Kleinbetrieb in Lateinamerika; Größe: 2 bis 10 ha, Ø 2 ha

Latifundium
landwirtschaftlicher Großbetrieb; Größe: ab 100 ha bis zu über 1 Mio. ha

In vielen Teilen Lateinamerikas stehen eine Vielzahl landwirtschaftlicher Klein- und Kleinstbetriebe (**Minifundien**) sowie landloser Tagelöhner eine geringe Anzahl von Großgrundbesitzern gegenüber. Deren große Landgüter (**Latifundien**) machen bis heute mitunter über mehr als die Hälfte der gesamten landwirtschaftlichen Betriebsfläche eines Landes aus. So besitzen in Paraguay zwei Prozent der Bevölkerung 88 Prozent der Agrarfläche. Der Großgrundbesitz hat seinen Ursprung in der Kolonialzeit. Die von der spanischen Krone an so genannte Encomenderos geliehenen Großgrundbesitzungen wurden im Zuge der Unabhängigkeitsbewegung ab 1810 in rechtmäßiges Eigentum verwandelt. Später trugen Landschenkungen an verdienstvolle Beamte und Militärs, Landkauf

M2: **Behausung eines Tagelöhners in Montero, Bolivien**

M3: **Wohnhaus einer Estanzia bei Santa Cruz, Bolivien**

und illegale Inbesitznahme zu Neuerwerb und Vergrößerung von Grundbesitz bei. Die traditionellen Haziendas und Estanzias (Rinderfarmen, port. Fazendas) und vor allen **Plantagen** spielen auch heute noch eine große Rolle. Sie befinden sich in den Händen der alten Agrareliten und nationaler oder transnationaler Agrarunternehmen. In einige Staaten Lateinamerikas ist in letzter Zeit als neues Phänomen der Aufkauf großer Landflächen durch ausländische Staaten und Konzerne hinzugekommen (Land Grabbing vgl. 4.3.3).

Mittelgroße Betriebe (10 bis 100 ha) spielen in Lateinamerika nur eine untergeordnete Rolle. Der zahlenmäßig größte Teil der Landbevölkerung bewirtschaftet wenige Hektar Land in Besitz oder Pacht. Der Hauptteil der Produktion der kleinbäuerlichen Familienbetriebe dient in erster Linie der Selbstversorgung (Anbau von Grundnahrungsmitteln wie Mais, Reis, Maniok, Bohnen etc.). Überschüsse werden auf lokalen Märkten verkauft. Meist fehlt den Bauern Kapital und Know-how, um produktivere und lukrative Formen von Landwirtschaft zu betreiben. Oft sind sie gezwungen, zusätzlich als Landarbeiter auf Haziendas oder Plantagen zu arbeiten. Erschwerend kommt hinzu, dass sich durch die in Lateinamerika praktizierte Form der Realerbteilung die Flächen noch weiter verkleinern. Vielerorts bewirtschaften die Kleinbauern „ihr“ Land zudem ohne legalen Titel.

Auch Pachtverhältnisse sind in Lateinamerika weit verbreitet. Oft werden sie nur kurzfristig (jährlich) mit den Grundbesitzern ausgehandelt, so dass die Pächter aufgrund der Unsicherheit genötigt sind, die Böden möglichst schnell extensiv auszubeuten. Es sind verschiedene Formen der Pacht (Teilpacht: Nutzung gegen Arbeitsleistung; Geld- und Naturalienpacht: Nutzung gegen Geld oder Naturalien) üblich. Häufig geraten zahlungsunfähige Pächter in starke Abhängigkeit zu den Grundbesitzern. Sind Kleinbauern oder Pächter gezwungen, ihren Besitz zu verkaufen oder aufzugeben, vergrößern sie das große Heer landloser Tagelöhner und Lohnarbeiter, die für geringe Entlohnung auf den Plantagen arbeiten. Manche von ihnen besetzen und bewirtschaften auch illegal ungenutztes oder herrenloses Land. Schließlich verlassen aber auch große Teile der Landbevölkerung den ländlichen Raum, um in den Städten ihr Glück zu suchen (vgl. 5.2, 6.4).

Diesen dualistischen Besitzstrukturen in Lateinamerika wird die Verantwortung für zahlreiche wirtschaftliche und soziale Probleme gegeben. Das System führt nicht nur zur Verarmung der Kleinbauern und verhindert die wirtschaftliche Entwicklung der ländlichen Regionen, sondern behindert vielerorts noch immer eine produktive Landwirtschaft. In vielen Ländern entstanden soziale Bewegungen gegen diese Zustände (vgl. 4.3.2), die häufig umfassende Agrarreformen, also Abkehr von den bestehenden Besitzstrukturen fordern (vgl. 4.3.1)

Plantage
Land- oder forstwirtschaftlicher Großbetrieb, in dem kapital- und arbeitsintensiv Marktfrüchte in Monokultur für den Export (z.B. Zuckerrohr, Tabak, Kakao) angebaut werden

M4: Landarbeiterin im peruanischen Hochland

„Das wichtigste Problem des Kleinbauern ist nicht ein Problem der Kultur, der Rasse, der Bildung oder der Religion: Das Problem des Kleinbauern ist einfach ein Problem des Landes.“
José Carlos Mariátegui, *peruanischer Historiker*

»

Das Land ist die Erde. Sie ist Mutter, Fruchtbarkeit, Lebensgrund, Basis der Gemeinschaft, zentraler Bezugspunkt religiöser Verehrung, ja der gesamten Weltsicht in den indianischen Kulturen Mittel- und Südamerikas.
*Das Land ist der Boden: Er ist Produktionsmittel, Spekulationsobjekt, Machtbasis, Reservoir an Bodenschätzen, Ware, Auslöser und Schauplatz blutiger Kämpfe, zentraler Bezugspunkt kolonialer und kapitalistischer Wirtschafts- und Gesellschaftssysteme in Mittel- und Südamerika nach der **Konquista** vor 500 Jahren.*

«

M5: Quellentext zur Bedeutung von Landbesitz
Göbels, W.: Ein lateinamerikanisches Lesebuch (1991)

Konquista
Eroberung und Erschließung Lateinamerikas durch Spanier und Portugiesen

1 **Erläutern Sie Folgen der extremen Ungleichverteilung des Landbesitzes.**
2 **Vergleichen Sie die beiden Definitionen von „Land“ (M5).**

D1-216
www.diercke.de

4.3 Besitzstrukturen in der Landwirtschaft

Mexiko 1930	Bodenneuverteilung (18 Mio. ha) an indigene Gemeinschaften in kollektiver Form
Kuba 1959	Schrittweise Verstaatlichung der Landwirtschaft (Obergrenze für Privatbetriebe: 67 ha)
Peru 1969	Neuverteilung bestehender Agrarbetriebe an Produktionsgenossenschaften
Chile 1970	Enteignung großer Betriebe (über 80 ha) unter Allende, Rücknahme unter Pinochet
Venezuela 2001	Übertragung von brachliegendem Staatsland und Privatbesitz an Kooperativen und Landlose
In Argentinien und Brasilien gab es bislang keine Agrarreformen	

M1: Beispiele von Agrarreformen in Lateinamerika

1953	1. Befreiung der Landarbeiter aus Knechtschaft 2. Förderung der Gemeinschaften der indigenen Bevölkerung und Respektierung ihrer Traditionen 3. Zuteilung von Ackerland an Landlose und Landarme 4. Förderung des Genossenschaftswesens 5. Bereitstellung technischer Hilfe 6. Eröffnung von Kreditmöglichkeiten 7. Erhaltung der natürlichen Ressourcen 8. Förderung von Binnenwanderung ins Tiefland
1996	1. Sanierungsverfahren – Überprüfung der ökonomisch-sozialen Funktion 2. Überprüfung der Besitzverhältnisse und Schlichtung bei unklaren Besitzverhältnissen 3. Schaffung von indigenem Gemeindeland mit Mitbestimmung über Nutzung (größere Flächen wegen ihrer nachhaltigen Holzwirtschaft)
2005	1. Umverteilung des Großgrundbesitzes im Tiefland (Enteignung) 2. Rückgabe von Brachflächen, Flächen mit ökologischer Funktion oder auf Sklavenarbeit basierenden Agrarbesitz 3. Günstige Kredite für Kleinbauern 4. Schaffung alternativer Märkte 5. Technisierung der Landwirtschaft

M2: Ziele der bolivianischen Agrarreformen

4.3.1 Agrarreformen

Die ungerechte Verteilung von Landbesitz hat in Lateinamerika in vielen Ländern den Wunsch nach einer Neuordnung der Besitzverhältnisse geweckt. Wie sich gezeigt hat, ist die Wirkung solcher Agrarreformen jedoch häufig nur von begrenzter Dauer und Wirkung.

Bereits in den 1930er-Jahren fand die erste Bodenbesitz-/Agrarreform in Lateinamerika statt. Seitdem folgten in verschiedenen Ländern etliche weitere Versuche, aus sozialen und wirtschaftlichen Gründen Eigentums- und Nutzungsrechte an Grundstücken zu ändern, Großgrundbesitz umzuverteilen und staatliche Ländereien und ungenutzte Fläche neu aufzuteilen. Die Motive hierfür waren meist eine

- gerechtere Verteilung des Landbesitzes,
- Zusammenlegung von Streubesitz und Aufhebung von Besitzzersplitterung,
- bessere Nutzung des Bodens (Verhinderung von Spekulation und Brache),
- Klärung der Eigentumsverhältnisse (Rechtssicherheit),
- Verbesserung der landwirtschaftlichen Produktivität,
- Bekämpfung von Hunger / Armut und Abbau gesellschaftlicher Diaparitäten.

Bei der Umverteilung des Bodens wurden unterschiedliche Modelle angewandt. Zum Teil wurde das Land in kollektiven Besitz (Genossenschaften, Staatsbetriebe, indigene Gemeinschaften), zum Teil in Privatbesitz überführt.

Agrarreformen in Bolivien

Ein Beispiel für die komplexen Probleme bei der Durchführung von Agrarreformen, sind die mittlerweile drei „Versuche“ Boliviens (1953, 1996, 2005). Im Jahr 1950 waren die 615 Hazienden, die etwa die Hälfte des genutzten Landes ausmachten, in der Hand von weniger als einem Prozent der Landbesitzer, für die ein Teil der indigenen Bevölkerung als Leibeigene arbeitete. Diesen brachte die große Agrarreform von 1953 Land und vor allem Bürgerrechte. Ein weiteres zentrales Anliegen der Reform war, das andine, karge und bevölkerungsreiche Gebirgsland mit dem üppigen, tropischen und bevölkerkungsarmen Tiefland im Osten zu verknüpfen, um so die Binnenwanderung zu fördern und schließlich die Zweiteilung des Landes aufzuheben. Nach der Reform zogen große Teile der indigenen Bevölkerung des Hochlandes, die nicht mehr an ihre Scholle gebunden waren, als Neusiedler, Erntearbeiter und Hilfskräfte ins tropische Tiefland, das sich für die kommerzielle Landwirtschaft besonders gut eignet. Hier entwickelte sich in dieser Zeit auch eine beträchtliche Zahl mittlerer und großer Betriebe, auf denen in wechselnden Boomphasen Zuckerrohr und Baumwolle angebaut wurden. Die im Gesetz vorgesehenen technischen und finanziellen Hilfen kamen nur teilweise den Neusiedlern, in stärkerem Maße aber der großbetrieblichen Landwirtschaft im Tiefland zugute. Währenddessen kam es im Hochland zu einer Vernachlässigung der traditionellen Landwirtschaft. Lange Zeit noch drängten viele Bauernfamilien ins Tiefland, wo sie versuchten, nicht genutzte Flächen zu besetzen.

1996 wurde ein Ergänzungsgesetz zur Agrarreform verabschiedet. Nach den Vorgaben des neuen Gesetzes sollten vor allem die „ökonomisch-soziale Funktion“ der neuen Ländereien und die Rechtmäßigkeit der Landtitel überprüft werden. Im Zieljahr 2006 war das Sanierungsverfahren allerdings lediglich bei 17 Prozent der Landflächen abgeschlossen. Im Jahr 2005 stellte der neue indigene Präsident Evo Morales eine weitere Agrarreform in Aussicht und muss sich eines massiven Widerstandes der Großgrundbesitzer und Bauernverbände erwehren.

Betriebsform	Anzahl der begünstigten Personen		Landfläche		Mittlere Betriebsgröße
	in 1000	in %	in Mio. ha	in %	in ha
Kleinbetrieb	283,5	33,0	5,1	5,5	18
Mittelbetrieb	125,0	14,5	16,5	17,7	132
Großbetrieb	19,5	2,3	31,1	33,4	1 596
Indigenes Gemeindeland (Hochland)	342,5	39,7	12,8	13,8	37
Indigenes Gemeindeland (Tiefland)	77,7	9,0	26,7	28,7	344
ohne Information	12,4	1,5	0,9	1,0	75
Gesamt	860,5	100	93,2	100	108

M3: Landverteilung in Bolivien (2002)

	Bevölkerung unterhalb der Armutsgrenze (in %)*			Bevölkerung in extremer Armut (in %)**			Einkommensverteilung auf dem Land (in %)	
	Bolivien		LA	Bolivien		LA	Bolivien	
Jahr	Gesamt	Land	Land	Gesamt	Land	Land	Reichsten 10 %	Ärmsten 20 %
1999	20%	80,7	64,1	36,4	64,6	38,7	48,8	0,4
2002	62,4	79,2	61,7	37,1	62,9	37,8	–	–
2007	54,0	75,8	52,1	31,4	59,0	28,2	44,8	0,3

** Armutsgrenze 2007: ca. 52 Euro/Monat ** Armutsgrenze 2007: ca. 27 Euro; LA = Lateinamerika*

M4: Armut und Einkommensverteilung *(Land = ländlicher Raum; LA = Lateinamerika)*

»

Die arme Landbevölkerung hatte sich mit dem Wahlsieg von Evo Morales 2005 ein Ende der ungleichen Landverteilung erhofft. (...) In den vergangenen fünf Jahren hat die Regierung Morales so etwa vier Millionen Hektar Land von mittelgroßen und großen Agrarbetrieben sowie weitere drei Millionen Hektar von individuellen Kleinbauern mit gültigen Besitztiteln versehen. Vor allem aber hat ihr die Verteilung ehemals staatlicher Ländereien erlaubt, 16 Millionen Hektar Land in Form von TCOs [indigenes Gemeindeland] *indigenen Gruppen zuzuerkennen, weitere vier Millionen Hektar gingen, ebenfalls als kollektives Eigentum, an Bauerngemeinschaften. (...)* [Doch] *trotz der beeindruckenden Zahlen, die die Regierung vorzuweisen hat, sind nicht alle zufrieden mit dem bisherigen Verlauf der „Agrarrevolution". Insbesondere die Kleinbauern, die zahlenmäßig und organisatorisch die wichtigsten Unterstützer der MAS* [Regierungspartei] *darstellen, pochen nun auf ihre Rechte. Die Forderung nach individuellen Landtiteln ist in nicht geringem Maße der Tatsache geschuldet, dass die Regierung ihnen finanzielle Unterstützung versagt und es außerdem versäumt hat, ihnen die Aufnahme von günstigen Krediten zu ermöglichen. Ohne eigenen Besitz können die Kleinbauern diese auch nicht bei privaten Banken beantragen. Im Zentrum der Debatte steht jedoch die Tatsache, dass es der MAS bisher nicht gelang, eine Antwort auf die historische Spaltung Boliviens in das von großen Landwirtschaftsbetrieben geprägte Tiefland und das durch extrem kleine, kaum mechanisierte Parzellen charakterisierte Hochland zu finden.*

«

M5: Quellentext zur Agrarreform von 2005
Neh, B.: Agrarrevolution mit Handbremse. Lateinamerika-Nachrichten 9 – 10/2011

Jahr	Gini-Koeffizient
1999	0,640
2002	0,632
2004	0,522
2007	0,599

M6: Bolivien: Gini-Koeffizient auf dem Land (zum Vergleich 2010: Uruguay 0,384, Costa Rica 0483, Brasilien 0,523)
Gini-Koeffizient siehe S. 89

1 **Analysieren Sie das Ergebnis der Agrarreformen in Bolivien.**
2 **Nehmen Sie Stellung zur Forderung „Das Land dem, der es bearbeitet!"**

M1: Demonstration der MST vor dem Regierunssitz des Präsidenten in Brasilia

Soziale Bewegungen
Während Parteien eine ganze Reihe weit gefasster Anliegen in Programmen bündeln, setzen sich die Mitglieder sozialer Bewegungen in der Regel für ein spezifisches gemeinsames Ziel oder gegen einen Missstand ein (in Lateinamerika z. B. Frauen-, Menschenrechts- und Umweltgruppen sowie Gruppen, die für Rechte Indigener kämpfen). Wenn sich Gruppierungen dieser Art überregional vernetzen, legen sie die Grundlage für eine soziale Bewegung.

Ernährungssouveränität
Gegenentwurf zu Ernährungssicherheit (Zugang zu Lebensmitteln), selbstbestimmte und nachhaltige Produktion gesunder Lebensmittel (Verzicht auf Gentechnik) auf lokaler Ebene von Kleinbauern; Selbstversorgung und lokaler Handel statt Export und Welthandel

4.3.2 Landlosenbewegung

In Brasilien hat die Landbesitzfrage zur Bildung einer großen sozialen Bewegung geführt. In ihr haben sich Landlose, Pächter und Kleinbauern vereinigt, um für die Durchsetzung einer wirksamen Landreform zu kämpfen.

In Südamerika stellen die Landlosen einen großen Teil der ländlichen Bevölkerung (in Brasilien auf fünf Mio. Familien geschätzt). Viele sind verarmte Bauern, die sich verschuldet haben und ihren Betrieb etwa nach einer Missernte nicht weiterführen konnten. Dort, wo sich die Landlosen zu Aktionsgemeinschaften zusammengeschlossen haben, drängen sie auf die Durchführung wirksamer und gerechter Landreformen. Das geschieht sowohl in Ländern, die noch keine Agrarreform erlebt haben, als auch dort, wo Agrarreformen nicht zu den gewünschten Ergebnissen geführt haben.

Die **sozialen Bewegungen** der Landlosen sind in Lateinamerika durch eine Reihe von Aktionen bekannt geworden. Sie führen demonstrative Landbesetzungen durch, die die Landspekulationen und gesetzeswidrige Nutzung der Flächen bloßstellen. Sie organisieren Großkundgebungen wie Sternmärsche, Hungerstreiks oder Blutspendeaktionen. Sie setzen sich für soziale Gerechtigkeit und gegen die Diskriminierung der ländlichen Bevölkerung ein, aber auch für den Umwelterhalt, Geschlechtergerechtigkeit und die indigene Bevölkerung. Die Aktionen der Landlosen-Bewegungen folgen in der Regel dem Prinzip der Gewaltlosigkeit, auch wenn sie selbst immer wieder mit Gewalt konfrontiert werden – etwa durch Privatmilizen der Großgrundbesitzer oder der Polizei.

Größte soziale Bewegung in Lateinamerika mit geschätzten 1,5 Mio. Mitgliedern ist die brasilianische Landlosen-Bewegung (MST, „Bewegung der Landarbeiter ohne Boden"), die 1984 im Bundesstaat Paraná gegründet wurde. Dort verloren bereits in den 1970er-Jahren durch die Entstehung agroindustrieller Großbetriebe (v.a. Soja-Anbau) viele Landarbeiter ihre Arbeit und rund 100 000 kleinbäuerliche Betriebe verschwanden. Die Betroffenen und ihre Familien, die mit Gelegenheitsarbeiten zu überleben versuchten, schlossen sich der Landlosen-Bewegung an. Bisher hat die MST durch ihre Aktionen erreicht, dass zwischen 2003 und 2007 500 000 Familien in über 2000 Siedlungen neu angesiedelt wurden. Allerdings beklagt sie, dass ein Großteil keine Neuansiedlungen waren (sondern Landtitel auf bereits bewohntes Land) und die von Präsident Lulu angekündigte Agrarreform weiter auf sich warten lässt. Sie hat die zwischenzeitlich ausgesetzten Aktionen wieder aufgenommen und fordert **Ernährungssouveränität**.

M2: Quellentext zu den Aktionen der MST
Schoop, W.: Lateinamerika Diercke Spezial (2008)

»*Seit 1985 hat die Landlosen-Bewegung (MST) ungenutztes oder gesetzwidriges bewirtschaftetes Land (z. B. wegen niedriger Löhne, mangelnder Rechte der Arbeiter/innen, umweltschädlicher Techniken) besetzt. Auf diesen Ländereien werden zunächst so genannte Camps errichtet. Mit diesen Besetzungen versucht die MST die staatlichen Behörden, die eigentlich durch Enteignungen eben dieser Ländereien den gesetzlich festgelegten „sozialen Nutzen" von Boden garantieren sollen, unter Zugzwang zu setzen. Es werden Prozesse gegen die Landbesitzer geführt mit dem Ziel, die Unrechtmäßigkeit des Besitzes aufzudecken und das Land den Menschen in den Camps zu überschreiben, was mühevoll und leider oft erfolglos ist. Sind die Prozesse jedoch gewonnen, werden aus den Camps Siedlungen für die ehemals Landlosen.*«

4.3.3 Land Grabbing

Auch in Lateinamerika werden in den letzten Jahren riesige Landflächen für agrarische Projekte im großen Stil aufgekauft.

Experten gehen davon aus, dass von 2000 bis 2011 internationale Investoren (Staaten und Unternehmen) 83 bis 227 Mio. ha Land erworben haben (Kauf oder Pacht), vor allem um dort Nahrungsmittel und andere agrarische Produkte zu produzieren (zum Vgl.: EU LNF: 178 Mio. ha). Exakte Zahlen gibt es nicht, denn viele dieser Landkäufe (über 200 ha) bleiben im Dunkeln. Auch im Deutschen hat sich für diese Geschäfte der Begriff Land Grabbing (Landnahme) durchgesetzt. Neben Entwicklungsländern in Afrika und Asien sind auch viele lateinamerikanische Länder Ziele große Landkäufe. Zwar zählen auch hier vor allem arabische, chinesische, US-amerikanische und europäische Investoren zu den Käufern, aber auch brasilianische Unternehmen kaufen in Nachbarländern Flächen für Agrar- und Bergbauprojekte. Die Kritik an diesen Geschäften richtet sich vor allem dagegen, dass die Rechte und Bedürfnisse der vormaligen Besitzer, Pächter oder Nutzer des Landes (meist Kleinbauern) nicht berücksichtigt werden.

	Südamerika	Mittelamerika
Landwirtschaft	89	17
Viehwirtschaft	2	1
Forstwirtschaft	13	3
Bergbau	34	1
Tourismus	4	1
Industrie	10	–
Sonstige	2	–

M3: Zielsektoren der Landkäufe in Lateinamerika (Mehrfacheinordnungen möglich)

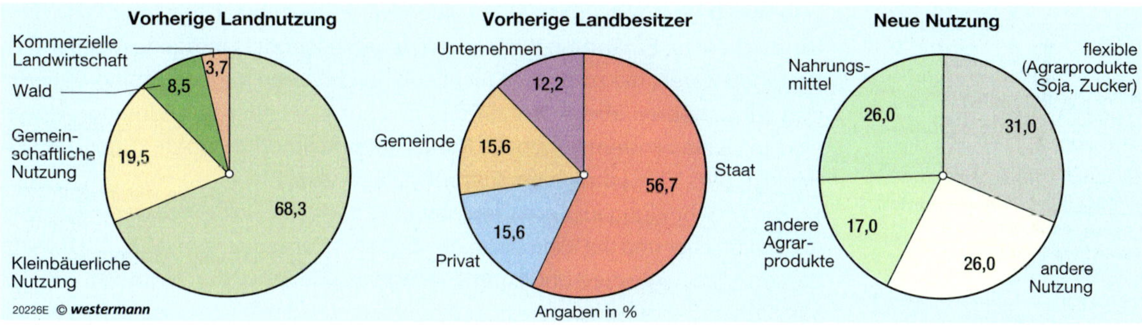

M4: Landnutzung und Landbesitzer vor Landkauf, neue Landnutzung nach Landkauf

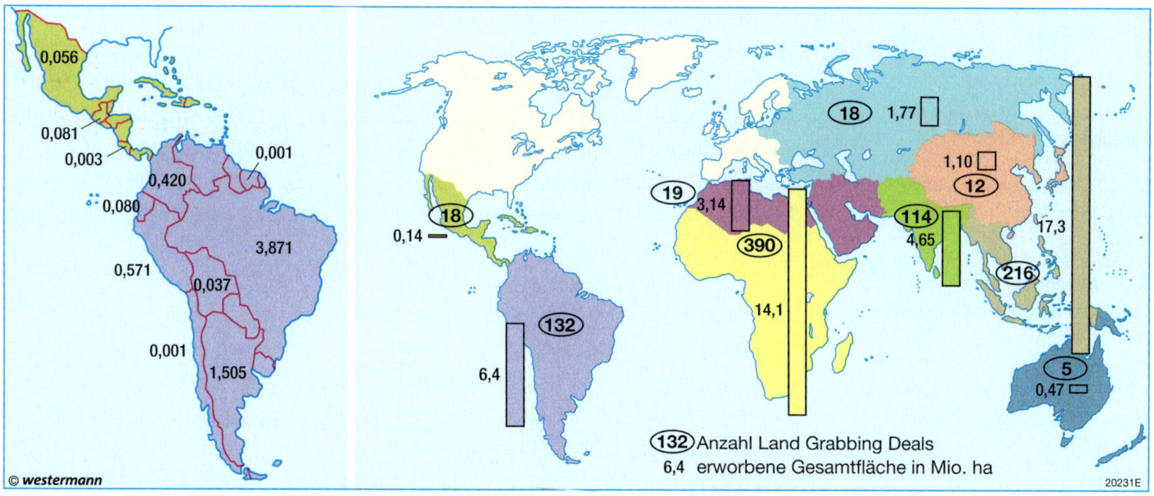

M5: Von der NGO „Land Portal" erfasste Landkäufe 2000 – 2012 (schätzungsweise 68 % der tatsächlichen Deals)

1 **Nehmen Sie Stellung zu den Protestformen der brasilianischen Landlosenbewegung.**
2 **Erläutern Sie die Folgen von Land Grabbing in Lateinamerika.**

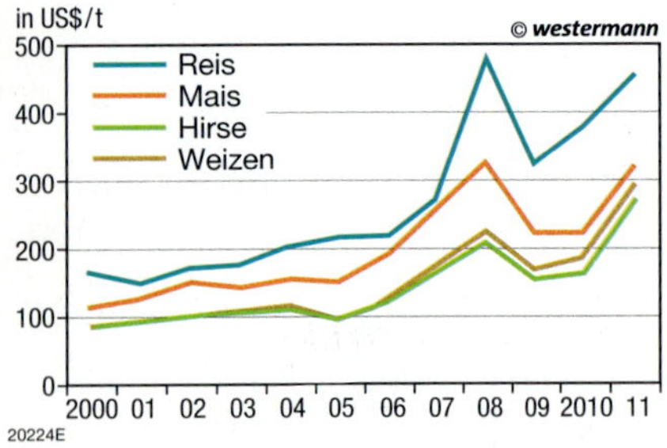

M 1: Nahrungsmittelpreise

In Brasilien produziert die kleinbäuerliche Landwirtschaft, die 85 Prozent der Betriebe stellt, 70 Prozent der Nahrungsmittel und bekommt aber nur 16 Prozent der Agrarkredite.

Ökonomisch

- Festigung der Besitzstrukturen, da Anbau nur auf großen Flächen und mit hohem Kapitaleinsatz möglich ist
- Verstärkung der sozialen Disparitäten; Zunahme der Landflucht und Verstädterung
- Einschränkung der Anbaufläche für Nahrungsmittel
- Abhängigkeit von transnationalen Agrarkonzernen (Saatgut- und Pestizidproduzenten) sowie ausländischen Investoren / Kapital
- Unsicherheit durch schwankende Weltmarktpreise der Produkte

Ökologisch

- Globale, regionale und lokale Folgen durch Rodung von Regenwäldern z. B. für das Klima
- Verlust von Biodiversität
- Degradierung des Bodens durch Monokultur, Überdüngung, Einsatz von Herbiziden, Pestiziden und Insektiziden
- Unklare Folgen durch EInsatz von genetisch verändertem Saatgut

M 2: Folgen der Ausweitung der Cash-Crop-Produktion

M 3: Quellentext zur Schnittblumenproduktion in Kolumbien
Falk, G: Industrielle Schnittblumenproduktion im Konflikt mit kleinbäuerlicher Landwirtschaft. FIAN Fact Sheet 5/2012

Die Ausweitung des Agrobusiness zuungunsten der Produktion von Nahrungsmitteln hat wirtschaftliche, soziale und ökologische Konsequenzen.

Abgesehen von den Besitzstrukturen und den damit zusammenhängenden sozialen Konflikten lässt sich die große Herausforderung (nicht nur) für die lateinamerikanische Landwirtschaft auf eine einfache Frage bringen: Food Crops oder Cash Crops – Ernährungssicherheit und Auskommen von Millionen von Kleinbauern oder Deviseneinahmen, mit denen Investitionsgüter gekauft und Auslandschulden getilgt werden können und die zumindest unter günstigen Bedingungen eine weitergehende wirtschaftliche Entwicklung ermöglichen. In vielen Ländern und Regionen scheint das Pendel in Richtung eines kapitalintensiven Hochleistungsanbaus von Agrarprodukten und Nahrungsmitteln für den Export auf großen Flächen zu schwingen. Dies ist oft mit einer Weiterverarbeitung zu höherwertigen Produkten (Trauben zu Wein, Ölpflanzen zu Öl etc.) und einer professionellen Vermarktung verbunden. So ist die Zuckerrohrverarbeitung in Brasilien hochprofitabel und technologisch auf der Höhe der Zeit.

Die Ausbau der Produktion von Exportfrüchten hat aber auch direkt (Zuckerrohr zu Biosprit statt Zucker) und indirekt (Ausweitung der Sojaanbauflächen) seit Mitte der 2000er-Jahre zu einem rapiden Anstieg globalen der Lebensmittelpreise geführt (M 1). Folgen waren in einigen lateinamerikanischen Ländern ernste Ernährungskrisen, von denen besonders indigene Kleinbauern betroffen waren, die zum einen nicht von den höheren Marktpreisen profitieren und zum anderen aber auch auf den Einkauf von Lebensmitteln angewiesen sind. In vielen Ländern haben die Nahrungsmittelimporte rapide zugenommen (Mexiko plus 11 % jährlich im Zeitraum 2005 – 2010)

Die Entscheidung für Cash Crops hat aber noch eine Reihe weiterer (negativer) wirtschaftlicher und vor allem auch ökologischer Konsequenzen (M 2). Auch wenn dazu in erster Linie die Abholzung der Regenwälder etwa durch Ausweitung des Sojaanbaus gehört, gibt es auch andere, weniger augenfällige Beispiele. So haben sich in den letzten Jahrzehnten äquatornahe Länder wie Ecuador und Kolumbien auf die industrielle Produktion von Schnittblumen verlegt, da sie hierfür hervorragende Voraussetzungen (Wärme, optimales Tageslicht, Wasser, Arbeitskräfte) haben. Der Flächenverbrauch durch die Gewächshäuser ist zwar gering, trotzdem schnellten die Grundstückspreise in den Produktionsorten in extreme Höhen, so dass die kleinbäuerliche Nahrungsmittelproduktion zunehmend bedroht ist. Zudem ist der Anbau pestizid- und wasserintensiv. Die 400 Betriebe der kolumbianischen Blumenindustrie, die 2009 auf 7200 ha Schnittblumen produzierten, verbrauchten so viel Wasser wie über acht Mio. kolumbianische Stadtbewohner.

»

Die Folgen der exportorientierten Blumenproduktion verdeutlicht der Ort Madrid vor den Toren Bogotás, der mit 63 000 Einwohnern ein Zentrum des exportorientierten Blumenanbaus ist. Seit Mitte der 1990er-Jahre ist er sowohl bei der Versorgung mit Lebensmitteln als auch mit Wasser auf Zulieferer angewiesen. Das Oberflächenwasser ist völlig versiegt, das Grundwasser auf 400 Meter Tiefe abgesunken. 60 Prozent des benötigten Wassers muss die Gemeinde nun einkaufen. Die Wasserkosten für die Bevölkerung sind allein 1998 von 197,71 Peso pro Kubikmeter um 289 Prozent auf 570 Peso gestiegen. Darüber hinaus belastet die Blumenproduktion die noch verbliebenen Wasserquellen mit Chemikalien.

«

4.4.1 Zuckerrohr: Biotreibstoff aus einem Nahrungsmittel

Für Brasilien ist die Herstellung von Biotreibstoffen aus Zuckerrohr mit Chancen aber auch etlichen Risiken verbunden.

Seit Jahrhunderten wird in Brasilien aus Zuckerrohrsaft durch Kristallisation und Raffination (Haushalts)Rohrzucker gewonnen. 1975 begann man mit einer anderen Verwendung: die Gewinnung von Bioethanol durch Vergärung und anschließender Destillation. Heute geht die Hälfte der Zuckerrohrernte (2010/11: 664,3 Mio. t) des weltweit größten Produzenten in die Herstellung von **Biotreibstoff**. Von 2000 bis 2010 hat sich die Anbaufläche auf neun Mio. Hektar (15 % der Ackerfläche) nahezu verdoppelt. Mittlerweile hat Brasilien die USA, die Bioethanol aus Mais gewinnen, als wichtigsten Bioethanolexporteur abgelöst (M 4).

Doch der Biosprit wird nicht nur exportiert. 2010 fuhren 80 Prozent der eigenen PKW mit hohen Anteilen Bioethanol (E25) und Brasilien ist somit weitaus weniger abhängig von schwankenden Rohölpreisen als viele westliche Industrieländer. Zudem kann die Zuckerrohrverarbeitungsbranche flexibel – je nach Weltmarktpreis – zwischen Zucker und Ethanol umstellen und ist technologisch weltweit führend. 90 Prozent der Neuwagen setzen das innovative Flex-Fuel-System ein, bei dem der Betrieb mit Benzin, Bioethanol, -methanol und beliebigen Mischungen möglich ist. Im Moment wird fieberhaft an der zweiten Generation der Biokraftstoffe gearbeitet, bei der aus Pflanzenresten (Cellulose) Ethanol hergestellt wird, so dass keine Konkurrenz zur Zuckerherstellung mehr bestehen muss. Schon heute wird aus den Pflanzenfaserresten (Bagasse) der Zuckerrohrpflanze Strom und Wärme gewonnen.

Das wichtigste Umweltargument für Biotreibstoffe, ihre globale Klimabilanz sei besser als die fossiler Energieträger, wird von vielen Wissenschaftlern mittlerweile massiv angezweifelt. Aber auch in Brasilien hat der Biospritboom einige negative ökologische und auch soziale Begleiterscheinungen.

»

Die Bezeichnung „Bio"energie darf im Falle der Zuckerrohrplantagen zu Recht in Frage gestellt werden, da es sich um pestizid – und düngemittelintensive Monokulturen handelt. Brasilien ist bereits drittgrößter Pestizidverbraucher weltweit. (...) Der Cerrado (...) ist bereits stark von der Zuckerrohrexpansion betroffen. Die artenreichste Savanne der Welt ist das Quellgebiet einiger der größten und wichtigsten Flüsse Brasiliens. Auch in Amazonien wird inzwischen Zuckerrohr angebaut. (...) Der Zuckerrohrboom verursacht darüber hinaus auch indirekte, zerstörerische Effekte, durch die Verdrängung von ehemaligen Soja- und Weideflächen. (...) Die ökonomische Wettbewerbsfähigkeit der brasilianischen Ethanolwirtschaft, (...) beruht neben Gunstfaktoren wie dem Klima auch auf einer systemischen Überausbeutung der menschlichen Arbeitskraft. Eine Vielzahl von Menschenrechten der Zuckerrohrarbeiter wird verletzt (...) Verschlimmert wird die Situation durch die prekären Arbeitsbedingungen der Arbeiter. Keine offizielle Arbeitsregistrierung, keine oder schadhafte Schutzausrüstung, schlechte und unzureichende Verpflegung und prekäre, überteuerte Unterkünfte prägen den Arbeitsalltag der meisten Zuckerrohrschneider.

«

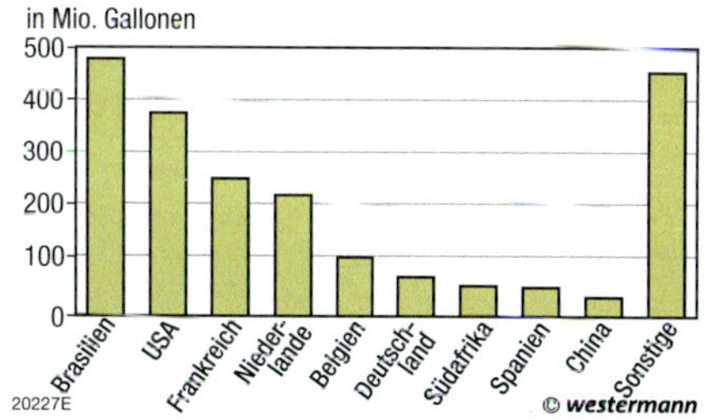

M4: Bioethanolexport (2010)

Biotreibstoff
Treibstoffe aus pflanzlichen Rohstoffen (Zuckerrohr, -rüben, Mais, Ölpflanzen, Getreide): Bioethanol, Biodiesel, Biomethan, Cellulose-Ethanol

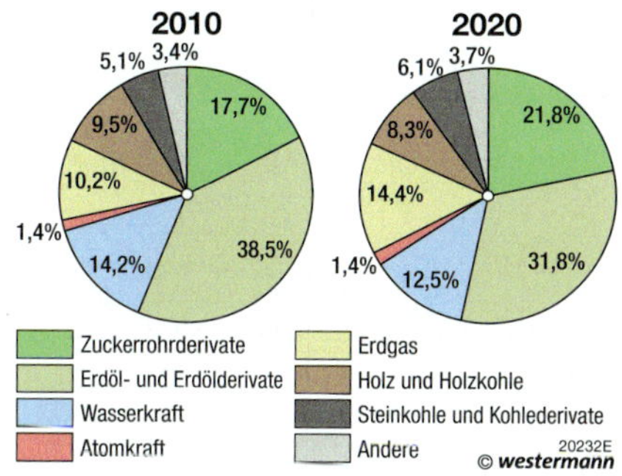

M5: Energiequellen in Brasilien

M6: Quellentext zu den ökologischen und sozialen Folgen des Biospritbooms
Ansel, K.: Brasilien – bald das „Grüne Saudi-Arabien" Lateinamerikas. Quetzal 10/2009

M7: Zuckerrohrschneider

1 **Vergleichen Sie Vor- und Nachteile der Bioethanolproduktion für Brasilien.**
2 **Nehmen Sie kritisch Stellung zum Begriff „Biotreibstoff".**

4.4.2 Sojaanbau in Argentinien

Die Expansion des lateinamerikanischen Sojaanbaus ist mit enormen Gewinnen verbunden. Auf der anderen Seite stehen entvölkerte ländliche Regionen, zerstörte Primärwälder und eine von Herbiziden belastete Umwelt.

Auslöser des Soja-Booms
Mit ausgelöst wurde der Soja-Boom Mitte der 1990er-Jahre durch die BSE-Krise in Europa. Um die Ausbreitung der Infektion zu stoppen, wurde die bis dahin übliche Verfütterung von tierischen Eiweißen an Rinder untersagt. In der Folge stieg die Nachfrage nach proteinhaltigen pflanzlichen Futtermitteln, die die tierischen Eiweißträger ersetzen sollten. Sojabohnen und Sojamehl, ein Nebenprodukt aus der Öl-Gewinnung, besaßen die idealen Eigenschaften, um die entstandene „Futtermittellücke" zu schließen.

Der Anbau von Soja hat in den vergangenen Jahrzehnten enorme Wachstumsraten verzeichnet (M2). Motiviert durch die steigenden Sojapreise (M3) bauten insbesondere auch die südamerikanischen Staaten Anbauflächen und Produktion aus. Zusammen mit den drei Nachbarländern Paraguay, Bolivien und Uruguay bilden Argentinien und Brasilien das mittlerweile umfangreichste Soja-Anbaugebiet der Welt. Es reicht von der argentinischen Pampa und dem Gran Chaco über Südbrasilien und den Mato Grosso bis hin zum bolivianischen Tiefland. Früher war Argentinien vor allem als Kornkammer Südamerikas bekannt, heute hat es sich unter den Top-3 der Soja-Produzenten etabliert (M6).

Soja gilt in Argentinien in erster Linie als Devisenbringer. Insgesamt beträgt der Anteil von Soja an der Exporteinnahmen des Landes 25,6 Prozent (2010, 17,4 Mrd. US$). Die staatlichen Einkünfte aus dem Sojasektor, vor allem die Exportsteuern (bis zu 35 Prozent des Ausfuhrwertes), haben mit dazu beigetragen, die schwere wirtschaftliche Krise Anfang der 2000er-Jahre zu überwinden. Argentinien konnte so bis 2006 sämtliche Schulden beim Internationalen Währungsfonds begleichen. Im Zuge dieser Entwicklung wurde auch die Verarbeitungsindustrie ausgebaut. Argentiniens Sojamühlen haben in den letzten Jahren ihre Kapazität jährlich um mehr als zehn Prozent erhöht. Im gleichen Umfang wurden Transport- und Lagerkapazitäten ausgeweitet.

M1: Quellentext zu Europas wachsenden Soja-Bedarf
Bandowski, C.: Landraub im Gran Chaco. Brot für die Welt aktuell 3/2012

» *Der Selbstversorgungsgrad der EU mit Soja liegt nur bei zwei Prozent. So gehört die EU zu den Hauptabnehmern von argentinischem Sojaschrot. Das Schrot landet fast vollständig in den Futtertrögen der Tierhaltung. 2010 importierte die EU 23 Millionen Tonnen Sojaschrot. Die Hälfte davon kam aus Argentinien. In der Geflügelzucht wurden 50 Prozent des Sojaschrots verfüttert, 28 Prozent in der Schweinemast und 21 Prozent in der Rindviehhaltung. Die Biodieselherstellung hat sich in der EU von 4,89 Millionen (2006) auf 9,57 Millionen Tonnen (2010) fast verdoppelt. Insbesondere seit 2008 stiegen die Importe aus Drittstaaten an. 2011 importierte die EU 2,4 Millionen Tonnen Biodiesel, die Hälfte davon aus Argentinien. Der in Deutschland eingesetzte Biodiesel, stammte im Jahr 2010 überwiegend aus Raps und zu einem Anteil von elf Prozent aus Soja und zu einem geringeren Anteil aus Palmöl.* «

Sojaöl
aus der Sojabohne gewonnenes Öl, Nutzung als Nahrungsmittel aber auch zur Biodieselherstellung

Sojaschrot
Rückstand aus Pressung von Sojabohnen, Nebenprodukt der Sojaölherstellung, Nutzung als Tierfutter

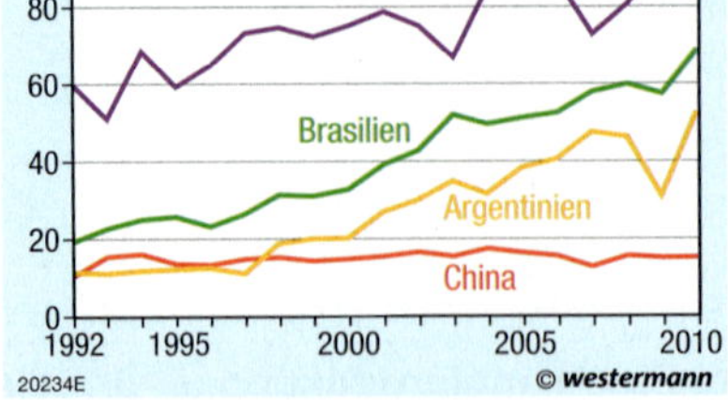

M2: Top-4 der Soja-Produzenten

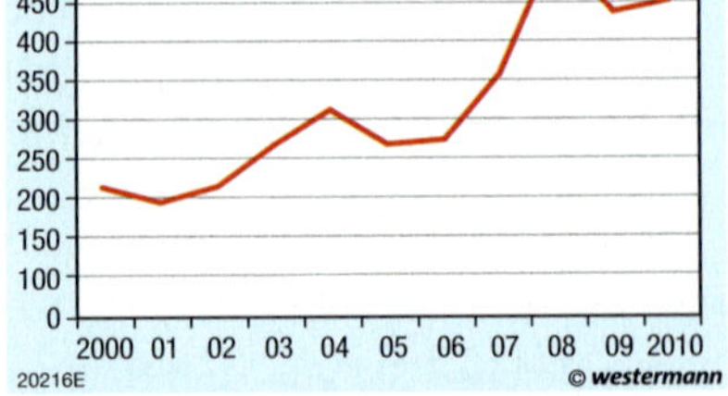

M3: Entwicklung des Sojapreises

M4: Soja-Ernte

M5: Soja-Silo in der nördlichen Pampa

Doch die wirtschaftliche Erfolgsstory hat auch ihre Schattenseiten. Bezeichnend dafür ist der Slogan einer argentinischen Nichtregierungsorganisation: „Soja für heute, Hunger für morgen". Die massive Ausweitung des Sojaanbaus hat zu einem Rückgang der Flächen für die Produktion anderer Nahrungsgüter geführt (M 8). Die neuen Sojafelder stammen zum einen aus der herkömmlichen Landwirtschaft, zum anderen von frisch gerodeten Primärwaldflächen. Ehemalige Weiden für die Rinderzucht werden umgepflügt, alte Sonnenblumen- und Maisfelder mit Soja eingesät. Milchviehbetriebe verschwinden und hinterlassen eine empfindliche Lücke in der Versorgung der Millionenstädte. Die Verbraucherpreise für Nahrungsgüter sind in den letzten Jahren stark gestiegen. Das wirkt sich unmittelbar auf die Ernährungssituation der ärmeren Bevölkerungsschichten aus. In Argentinien sind mehr als ein Viertel der Bevölkerung, vor allem in den nördlichen Provinzen, unzureichend ernährt. Zum großen Teil handelt es sich um ehemalige Kleinbauern, die ihre Höfe und Kleinsiedlungen verlassen haben und jetzt in ländlichen Zentren oder in den Städten leben, weil ihre Arbeitskraft in dem großflächigen, hoch mechanisierten Sojaanbau nicht benötigt wird (eine Arbeitskraft für 500 ha). Mittlerweile werden computergesteuerte Maschinen eingesetzt, die von Fachkräften bedient werden. Insgesamt wurden innerhalb von zehn Jahren 160 000 Betriebe aufgegeben.

Für den Staat und für eine begrenzte Zahl von Großproduzenten hat der Sojaanbau erhebliche wirtschaftliche Vorteile gebracht. Allerdings ist die Branche auf aus dem Ausland eingeführte Produktionsmittel (Saat, Herbizide) angewiesen. Beim Anbau, bei der Weiterverarbeitung und bei der Ausfuhr sind transnationale Unternehmen involviert, die ihre Entscheidungen auf globaler Ebene und unter Gesichtspunkten der Gewinnmaximierung treffen.

1990 wurden In Argentinien jeweils elf Mio t. Weizen und Soja produziert. 2010 waren es 12 Mio. t Weizen und 49 Mio. t Soja. Auf 58 Prozent der Ackerflächen wuchs 2010 Soja (1980: 7,5 %).

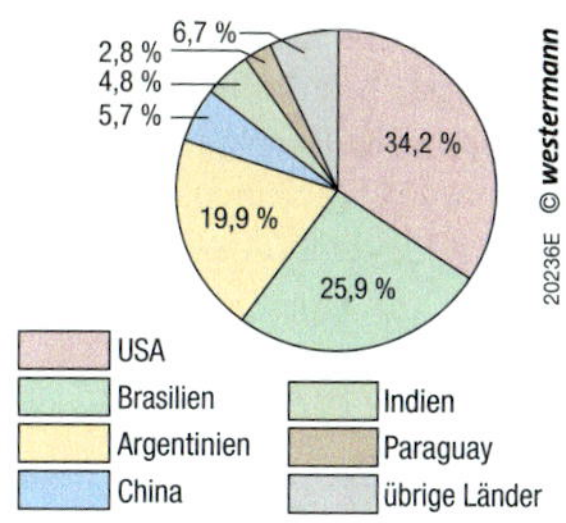

M6: Anteile an der Welt-Soja-Produktion (2010)

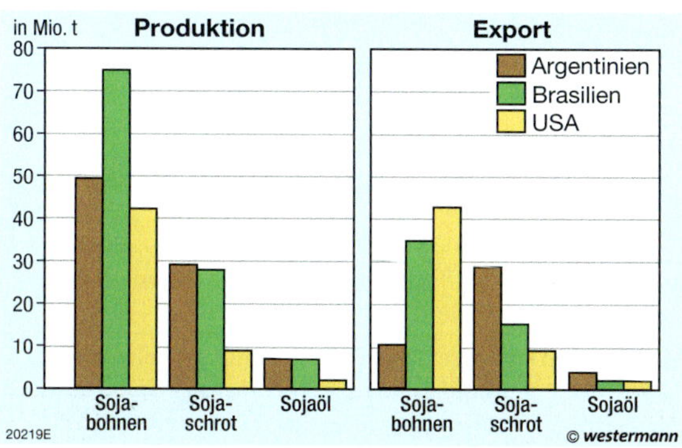

M7: Produktion / Export von Sojaprodukten (2010)

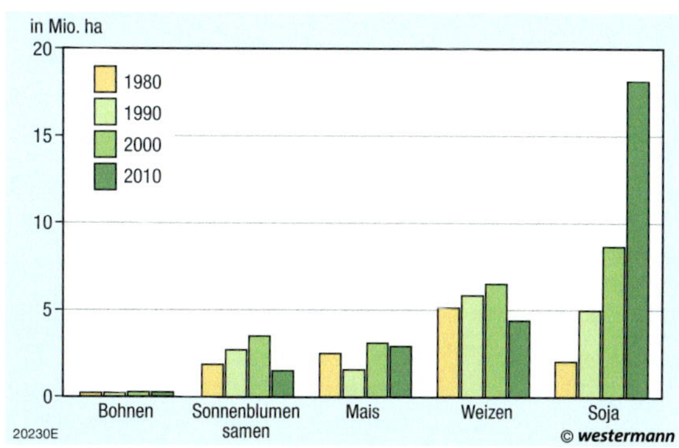

M8: Argentinien: Anbauflächen verschiedener Pflanzen

Nachhaltigkeitsprobleme bei agrarischer Nutzung

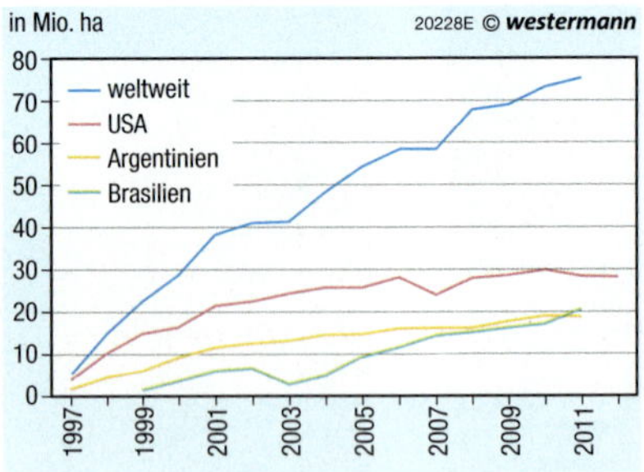

M1: Anbauflächen von Gen-Soja

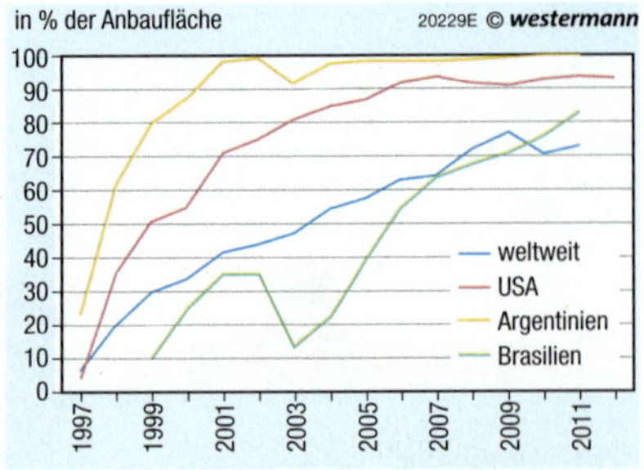

M2: Anteil des Gen-Sojas an Anbauflächen

M3: Quellentext über argentinische Soja-Bauern
Kunath, W.: Soja-Boom in Argentinien. Frankfurter Rundschau 9.6.2011

»

Mit neun Tagen Arbeit im Halbjahr lässt sich in Argentinien ein Vermögen verdienen - vorausgesetzt, man ist Landbesitzer. (...) „Drei Tage für die Aussaat, sechs Monate später drei Tage für die Ernte, und dazwischen dreimal Sprühen", sagt der Sojabauer Juan Carlos Martino – das ist der Aufwand für 150 Hektar. Die neun Tage Arbeit pro Halbjahr auf seinem wertvollen Land – und selbst dafür engagiert er eine Fremdfirma – machen ihn wohlhabend. (...) Es gibt an die 80 000 Soja-Farmer in Argentinien, aber 2000 große Produzenten bringen 50 Prozent der Ernte ein. Große Finanzkonglomerate, die Land von kleinen und mittleren Besitzern pachten und Soja pflanzen, werden immer wichtiger; einer der größten Soja-Pools umfasst eine Viertelmillion Hektar. Und dank dieses neuen Modells gehen immer mehr kleinere und mittlere Besitzer zum Golf Spielen und zu anderen Formen des Müßiggangs über.

«

M4: Quellentext zu den ökologischen Folgen des Sojaanbaus in Argentinien
Schoop, W.: Lateinamerika Diercke Spezial (2008)

Direktsaat
Saatmethode ohne Bodenbearbeitung nach der vorhergehenden Ernte

Roundup Ready
gentechnisch veränderte Sojasorte des US-amerikanischen Saatgutkonzern Monsanto, bei der die Pflanzen gegen ein gleichnamiges Herbizid resistent sind (Absterben aller Wildkräuter)

»

Ökologisch gesehen ist die rapide Ausweitung der Monokultur Soja ein Desaster. Der Einsatz von Herbiziden belastet Böden und Grundwasser. Pro Stunde verschwinden in Argentinien Primärwaldflächen in der Größenordnung von 40 Fußballfeldern. Zwar gibt es Naturschutzgesetze, die vorschreiben, bei jeder Rodung 20 Prozent der Waldfläche zu erhalten; doch wird das Gesetz nur mangelhaft umgesetzt. In der Regel werden die übrig gebliebenen Waldflächen weiter veräußert und erneut zu 80 Prozent gerodet. So schrumpfen die Wälder immer weiter. Besonders in der Trockenwaldregion des Chaco führt die Abholzung zu schwerwiegenden Schäden. Die Böden trocknen aus; die Gefahr einer sich ausbreitenden Desertifikation nimmt zu. Zwei neue Agrartechnologien bilden die Voraussetzung für die schnelle Ausdehnung der argentinischen Sojakultur: der Einsatz von genveränderten Pflanzen (über 99 Prozent, fast ausnahmslos Roundup Ready) und die so genannte „Direktsaat". Beide Neuerungen sind mit erheblichen Risiken verbunden.

«

	Vorteile	Nachteile
Einsatz von gentechnisch veränderten Soja-Pflanzen	Kosteneffektiv, da Arbeitsaufwand gering und nur ein Herbizid notwendig	Ständig steigender Herbizideinsatz, da sich Resistenzen einiger Wildkräuter bilden; gesundheitliche Wirkungen auf Tier und Mensch; Veränderung des Pflanzenartspektrums
Direktsaat	Kosteneffektiv, da weniger Arbeitsaufwand, langfristig Verbesserung der Bodenfruchtbarkeit, weniger Erosion	Begünstigung von Pilzkrankheiten (Einsatz Fungizide); hohe Anfälligkeit für Schädlingsbefall; aufwändiges Flächenmanagement (Fruchtfolgen); Bodenverdichtung wegen fehlender Bodenbearbeitung

M5: Vor- und Nachteile des Einsatzes von gentechnisch veränderten Soja-Pflanzen und Direktsaat

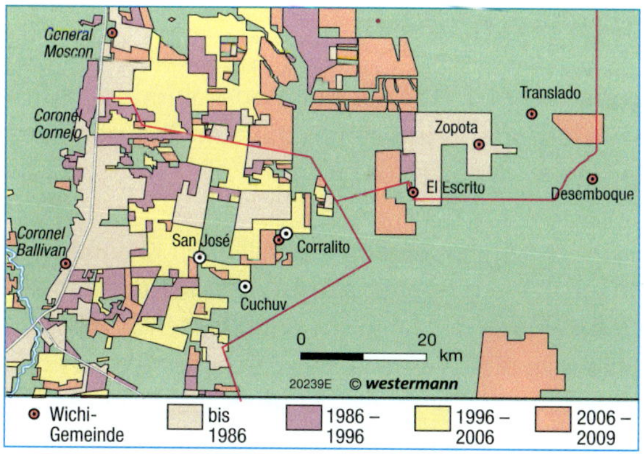

M6: Waldrodung im Gebiet der Wichí, Gemeinde Ballivián

M7: Sojanbauflächen in der Nähe von Ballivián

»

Hauptanbaugebiet von Soja ist die Pamparegion in der Mitte Argentiniens. (...) Die höchsten Zuwachsraten verzeichnet jedoch der Norden des Landes. (…) Im nordöstlichen Verwaltungsbezirk General José San Martín [in der Provinz Salta] *(…) weitete sich die Fläche der Sojapflanzungen innerhalb von zwei Jahrzehnten um das Dreizehnfache aus. (…) Im nördlichen Argentinien leben unter anderem die indigenen Völker der Wichí, Toba, Pilagá, Nivaclé und Guaraní, die gemäß der Konvention 169 der Internationalen Arbeitsorganisation ILO die rechtmäßigen Besitzer des Waldes sind. Als Halbnomaden leben sie traditionell von den Produkten der Region. (…) Die zunehmende Misere der Wichí-Indianer beruht vor allem auf ungesicherten Landrechten und damit einhergehenden massiven Waldrodungen für die Ausweitung des Sojaanbaus. (…) Laut einer einstweiligen Verfügung des Obersten Gerichtshofs aus dem Jahr 2008 ist jegliche Rodung in der Region verboten. Viele Spekulanten, Holzfirmen oder Agrarunternehmen ignorieren das Verbot jedoch; der Staat lässt sie gewähren. (…) Die Wälder sind nicht nur Kohlenstoffspeicher und ein wichtiger Faktor für den Erhalt der Bodenfruchtbarkeit und des Wasserhaushalts, sie bilden auch die Hauptnahrungsquelle der indigenen Gemeinschaften. Mit der Rodung verlieren die Wichí und andere Chaco-Völker ihre Existenzgrundlage.*

«

M8: Quellentext zu den Folgen der Ausweitung des Sojaanbaus für die indigenen Bevölkerung im Norden Argentiniens
Bandowski, C.: Landraub im Gran Chaco. Brot für die Welt aktuell 3/2012

„Wir sind von Abholzungen und Sojapflanzungen umgeben und leiden unter den Folgen der versprühten Pestizide, zum Beispiel an Lippen-Kiefer-Gaumenspalten oder Krebs."
Gemeindevorsteher von Ballivián

M9: Pestizideinsatz auf einem Sojafeld

M10: Dorf der Wichi

1 **Beschreiben Sie die Struktur der argentinischen Sojawirtschaft.**
2 **Erläutern Sie die ökonomischen, sozialen und ökologischen Folgen des Sojaanbaus.**
3 **Erörtern Sie die These „Soja war und ist die Rettung für die Wirtschaft Argentiniens."**

4.5.1 Rückgriff auf alte Erfahrungen

In einigen Regionen Lateinamerikas werden noch oder wieder traditionelle nachhaltige Anbaumethoden eingesetzt, die zum Teil noch aus vorkolumbischer Zeit stammen.

Im unwegsamen Gebirgsraum der Anden leben viele Millionen Kleinbauernfamilien, die noch Landwirtschaft nach überlieferten Methoden mit den altindianischen Geräten oder mit dem von den Spaniern eingeführten Hakenpflug betreiben. Auf den ersten Blick mag diese Form der Bewirtschaftung ganz ohne Mechanisierung altmodisch erscheinen. Tatsächlich ist sie den örtlichen Bedingungen überaus gut angepasst und zudem nachhaltig im Umgang mit der Natur.

Ein weiteres anschauliches Beispiel für traditionelle Anpassungsformen ist die Anlage von Ackerbauterrassen, die eine Voraussetzung für die intensive landwirtschaftliche Nutzung der Region bildet und die Grundlage für die vergleichsweise hohe Tragfähigkeit der Gebirgsräume ist. Zwar verringert sich durch die Terrassierung die nutzbare Fläche des Bodens, sie ist auf diese Weise jedoch leichter zu bearbeiten. Beim Terassenanbau wird das Niederschlagswasser besser als sonst aufgenommen und gespeichert. Der Ablauf des Oberflächenwassers kann kontrolliert und eine Bodenabtragung verhindert werden. Zusätzlich wird durch künstliche Bewässerung eine Sicherung der Erträge erreicht, vor allem wenn zwischen der ersten kleineren und der größeren Hauptregenzeit die Niederschläge ausbleiben. Die Bewässerung verlängert die Vegetationszeit und kräftigt die Pflanzen, so dass diese die ersten Fröste besser überstehen können.

Zudem spiegelt das ausgeklügelte System von Fruchtfolgen und Brachezeiten die jahrhundertelange Erfahrung der indigenen Bauern wieder. Diese Feldsysteme sind sehr differenziert auf die örtlichen Bedingungen abgestimmt. Man kann eine Vielzahl von Rotationssystemen unterscheiden, die durch die Dauer der Brache sowie durch die Art und die Reihenfolge der Anbauprodukte bestimmt sind. So gibt es beispielsweise Fruchtfolgen auf der Basis von Knollenfrüchten (Kartoffeln, Oca) oder bewässertem Mais. In der Regel wird der Anbau so genannter Leguminosen (Saubohnen, Erbsen) in die Fruchtfolge eingeschoben, die dem Boden den notwendigen Stickstoff liefern.

M1: Taqlla, traditioneller Grabstock, der bereits in der Inkazeit in Gebrauch war und ohne den die schmalen Terrassen an den steilen Talflanken nicht bewirtschaftet werden könnten

M2: Nachbarschaftshilfe bei der Kartoffelernte (Ayni) in Altiplano, Bolivien

»

Ein typisches Merkmal der Landwirtschaft in den Anden ist die Gliederung nach Höhenstufen. Jedes dieser Stockwerke weist eine spezifische Nutzung auf. Von oben nach unten folgen auf die Weidewirtschaft der Anbau von Knollenfrüchten, der Getreideanbau und die Kulturen von Zitrusfrüchten. Die einzelnen Höhenstufen liefern somit schwerpunktmäßig jeweils Proteine, Kohlehydrate oder Vitamine. Jede Gemeinde ist bestrebt, einen Zugang zu möglichst vielen Höhenstufen zu bekommen oder durch Handel einen Austausch mit anderen Stufen zu erreichen. Diese so genannte „vertikale Kontrolle" sorgt nicht nur für eine Diversifizierung der Nahrungsgüter, sondern senkt auch das Risiko bei lokalen Missernten auf einzelnen Agrarstufen. Auch die seit jeher angewandten Formen der gemeinschaftlichen Hilfe gehören zu den Mechanismen der Anpassung. In zahlreichen Dörfern der zentralen Anden sind bis auf den heutigen Tag unterschiedliche Formen gegenseitiger Unterstützung lebendig. Hierzu zählen etwa der Dienst für die dörfliche Gemeinschaft sowie die gegenseitige Unterstützung der Familien bei der Aussaat und Ernte und beim Hausbau.

«

M3: Quellentext zu den Ackerbaustufen in den Anden
Schoop, W.: Lateinamerika Diercke Spezial (2008)

Faena	Dienst für die dörfliche Gemeinschaft (z. B. Reinigung eines Bewässerungskanals, Ausbesserung einer Brücke)
Ayni	Gegenseitige Unterstützung der Familien bei Aussaat und Ernte
Minka	Mitarbeit beim Hausbau, die meist in Naturalien honoriert wird

M4: Formen gemeinschaftlicher Hilfe in den Anden

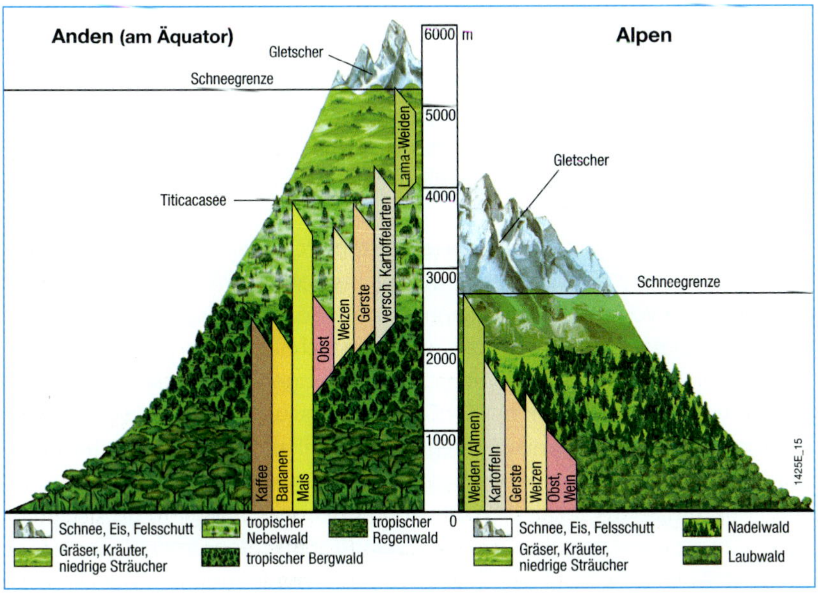

M5: Ackerbaustufen – Anden und Alpen im Vergleich

Die Organisation der Vereinten Nationen für Landwirtschaft und Ernährung (FAO) fördert traditionelle **Agrarsysteme**, etwa in dem sie diese zum agraren „Kulturerbe der Menschheit“ erklärt. Zu solch einem GIAHS (Globally Important Agricultural Heritage System) wurde zum Beispiel das 3 000 Jahre alte Hügelacker-System der Aymara-Bevölkerung im Hochland von Südperu erhoben (von den Indigenen „waru waru“ genannt), das während der Kolonialzeit weitgehend in Vergessenheit geraten war. In der Region, in der Wind- und Wassererosion Jahrhunderte den flachgründigen Boden abgetragen haben, wurde die Technik mithilfe von Hilfsorganisationen wieder eingeführt. Mittlerweile sind mehr als 7000 ha Land zu Hügelacker-Feldern (3 m x 30 m) umgewandelt worden.

Agrarsystem
landwirtschaftliches Betriebssystem, bei dem verschiedene Faktoren (z. B. Art der Bodenbearbeitung, Gerätschaften, Wechsel der Anbaufrüchte) ineinander greifen

»
Die Besonderheit der Methode besteht darin, dass zwischen den Feldern Kanäle verlaufen, die nicht nur das Oberflächenwasser ableiten und so eine Versalzung verhindern, sondern auch für ein ausgeglichenes Mikroklima sorgen. Das Wasser in den Kanälen nimmt die Tageswärme auf und gibt sie nachts wieder an die Umgebung ab. Während die gewöhnlichen Anbauflächen in dieser Höhenlage von fast 4000 m erheblich unter den Nachtfrösten zu leiden haben, werden die Waru Waru-Kulturen auf diese Weise gegen Frost geschützt. Das System ist zudem in der Lage, die Bodenfruchtbarkeit der Felder ständig zu erneuern. So sammeln sich in den Kanälen Schlick, Algen, Wasserpflanzen und Ausscheidungen von Tieren. Dieses Material kann vor der Aussaat herausgeharkt und auf den Feldern verteilt werden. Auf den Hügeläckern gedeihen Kartoffeln, Quinua (Indianerhirse), Gerste und Hafer. Die Hektarerträge beispielsweise für Kartoffeln liegen bei zehn t, was einer Verdoppelung der gewöhnlichen Ernte entspricht
«

M6: Quellentext zum Hügelacker-System in Peru
Schoop, W.: Lateinamerika Diercke Spezial (2008)

M7: Historische Darstellung des Hügelacker-Systems im Hochland Südperus

1. **Beschreiben Sie technische, betriebliche und soziale Formen der landwirtschaftlichen Anpassung an die extreme Situation in den Anden.**
2. **Erläutern Sie die Bedeutung traditioneller Agrarsysteme für eine nachhaltige Landwirtschaft.**

4.5.2 Waldgärten in Haiti

Entwaldung und Übernutzung führen in vielen Regionen Lateinamerikas zu einer Schädigung des Bodens. Die Lebensgrundlage kleinbäuerlicher Familien ist dadurch erheblich bedroht. Neue Entwicklungsprojekte zielen auf eine Existenzsicherung durch eine nachhaltige Landnutzung.

Maßnahmen	Folgen
Lieferung von Know-how, Krediten und Ressourcen durch Entwicklungsorganisationen	Herabstufung der einheimischen Bevölkerung zu Leistungsempfängern
Fokus auf intensive Anbautechniken mit Maschinen, Mineraldüngern und Pflanzenschutzmitteln	Übernutzung der Böden und ökologische Degradierung, Verschuldung wegen fehlender Mittel für Betriebsmittel

M 1: Altes Konzept landwirtschaftlicher Förderprogramme

Bis in die 1970er-Jahre hinein orientierten sich die landwirtschaftlichen Förderprogramme der staatlichen und nichtstaatlichen Entwicklungszusammenarbeit am Vorbild der so genannten „Grünen Revolution". Hierbei ging es um Effizienzsteigerung auf der Basis eines rein technischen Verständnisses landwirtschaftlicher Tätigkeit (M 1). Negative Erfahrungen mit diesen Programmen haben zu einem Umdenken bei der Entwicklungszusammenarbeit geführt. Im Mittelpunkt steht mittlerweile der Begriff der Nachhaltigkeit. Fördermaßnahmen sollen sich stärker an den ökologischen Bedingungen des Standorts sowie an den Erfahrungen der lokalen Bevölkerung orientieren. Bekannt geworden ist dieser Ansatz unter dem Stichwort der „standortgerechten Landnutzung" (M 3).

Ein Beispiel für ein solches Projekt sind die Waldgärten in Haiti. Die einst grüne Insel wurde im Laufe der Jahrhunderte fast vollständig entwaldet (M 6; im Gegensatz zur Dominikanischen Republik, dem östlichen Teil der Insel, M 2). Zwar wird noch ein Drittel des Landes landwirtschaftlich genutzt, jedoch sind viele Ackerflächen durch Abholzung und Erosion bereits verloren gegangen und ganze Regionen drohen vollständig zu verkarsten. Der Boden kann kein Wasser mehr speichern und trotz ausreichender Niederschläge leidet Haiti unter Wasserknappheit. Zwei Drittel der Haitianer leben im ländlichen Raum auf der Grundlage einer

M 2: Grenzregion von Haiti und der Dominikanischen Republik

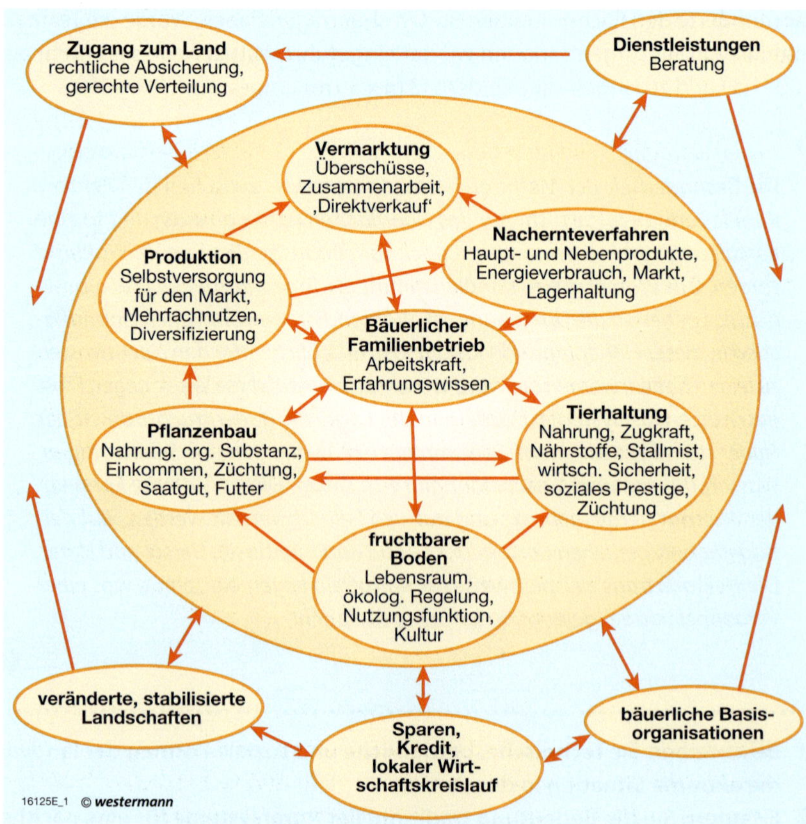

M 3: System nachhaltiger Landnutzung

M4: Waldgarten in Haiti

M5: Haitianische Kleinbauern in einem Waldgarten

kleinbäuerlichen Landwirtschaft, die vor allem für den Eigenbedarf produziert. Aufgrund der erschöpften und zerstörten natürlichen Lebensgrundlagen sind viele in ihrer wirtschaftlichen und sozialen Existenz bedroht.

Seit einigen Jahren steigen – auf Anregung und mit Unterstützung haitianischer und europäischer Agrarexperten und NGO sowie mit Unterstützung von Entwicklungshilfeorganisationen – immer mehr kleinbäuerliche Familien auf die jahrhundertealte nachhaltige Bewirtschaftungsform der Wald- oder Agroforstgärten um und geben ihre alten Formen auf (Abbrennen der Vegetation zur Bodenvorbereitung, Weiden der Ziegen und Kühe in den abgeernteten Gärten und Berghängen). Mittlerweile profitieren 16000 Familien von diesem Konzept und haben sich zusammengeschlossen, um das Land zu sanieren und eine nachhaltige Landwirtschaft zu betreiben. Neben den traditionellen Kulturpflanzen für den Eigenbedarf werden so auch Früchte, Kaffee, Heilpflanzen, Holz, Viehfutter und Honig für den Verkauf produziert.

	Waldfläche	Einwohner
15. Jh.	90 %	k. A.
1900	50 %	1 Mio.
1950	20 %	3 Mio.
2012	2 %	9,8 Mio.

M6: Entwaldung in Haiti

»

In den Waldgärten bilden Bäume, Wild- und Kulturpflanzen, Mikroorganismen sowie Wild- und Haustiere eine Lebensgemeinschaft, die die Bauernfamilien bewirtschaften und nutzen können. Waldgärten nutzen die Vielfalt einer naturnahen Vegetation, um die Erde zu schützen und ihre Fruchtbarkeit zu verbessern. Und sie entsprechen der Tradition kreolischer Gärten mit Mischkulturen und Bäumen, die den haitianischen Bauern in vergangenen Jahrhunderten reiche Ernten schenkten. (...) Drei haitianische Berater und eine deutsche Fachkraft arbeiten mit kleinbäuerlichen Selbsthilfe-Organisationen in allen Landesteilen von Haiti zusammen. Sie zeigen den Bauern, wie sie die natürlichen Ressourcen am produktivsten nutzen können. Gemeinsam werden Sträucher und Hecken gepflanzt, um das Wegschwemmen des Bodens zu verhindern. Mit Kompost wird die Fruchtbarkeit der ausgedörrten Erde erhöht. Neu gepflanzte Bäume festigen den Boden. Und die sorgfältig ausgewählten Mais-, Bohnen-, Maniok- und Yams-Kulturen werden so gesetzt, dass jede Pflanze genug Licht erhält, ohne in der Sonne zu verdorren.

«

M7: Quellentext zu den Waldgärten in Haiti
Waldgärten: Hoffnung für ein geschundenes Land. Misseor-Projektbeschreibung 2012

„Anfangs waren wir skeptisch, als die Berater uns erklärten, wie wir auf einfache Weise wieder genug ernten können, um unsere Familien satt zu machen. Aber jetzt sehen wir das Ergebnis: Genug Wasser, einen Boden, der uns zwei bis drei Ernten im Jahr schenkt. Und wir können sogar noch etwas auf den Märkten verkaufen."
Georges Debleds, *haitianischer Kleinbauer*

1 **Beschreiben Sie das Konzept der nachhaltigen Landnutzung (M 3).**
2 **Vergleichen Sie es mit dem alten Konzept landwirtschaftlicher Förderprogramme (M 1).**
3 **Erklären Sie das Ökosystem der haitianischen Waldgärten.**

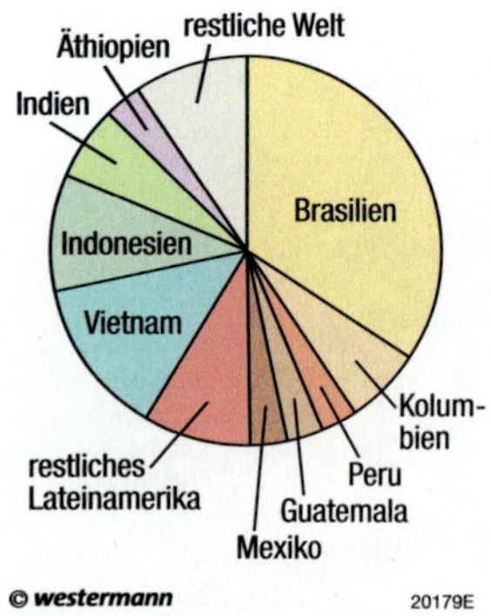

M1: Weltkaffeeproduktion (2010)

Fair-Trade-Preis	1,40 US$/ Pfund	Mindestpreis oder alternativ aktueller Weltmarktpreis
Bioaufschlag	+ 0,30 US$/ Pfund	für höhere Kosten der Bioproduktion, Anreiz für Umstellung
Fair-Trade-Prämie	+ 0,30 US$/ Pfund	für Sozial- und Entwicklungsprojekte für gesamte Gemeinde

M2: Fair-Trade-Preise

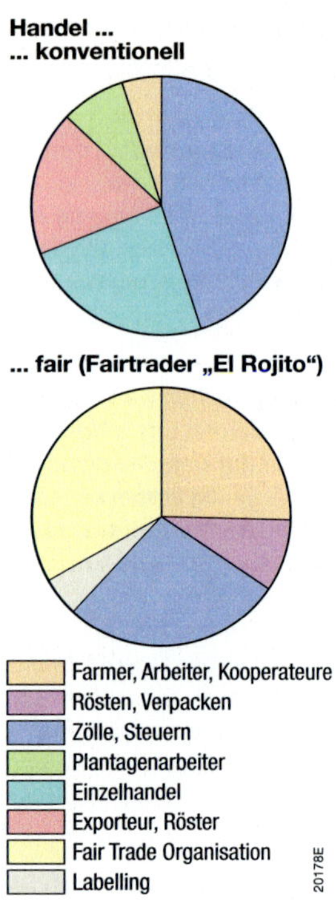

M3: Anteile am Kaffeeverkaufspreis beim herkömmlichen und fairen Handel

4.5.3 Kaffeehandel zu fairen Preisen

In Lateinamerika profitieren mittlerweile viele kleinbäuerliche Genossenschaften vom fairen Kaffeehandel, der ihnen einen Mindestpreis garantiert und soziale und ökologische Standards setzt.

Kaffee, der aufgrund klimatischer Anforderungen größtenteils in den regenreichen Höhenlagen der Tropen und Subtropen angebaut wird, ist ein wichtiger Exportrohstoff für viele lateinamerikanische Länder. Im großen Maßstab wird Kaffee in von Großgrundbesitzern und internationalen Konzernen betriebenen Plantagen in Monokultur produziert, in denen meist schlecht bezahlte Landarbeiter beschäftigt sind. 70 Prozent des Kaffees weltweit wird allerdings von Kleinbauern angebaut, die nur einen Bruchteil des endgültigen Verkaufspreises erhalten (M 3) und oft unter den schwankenden Weltmarktpreisen leiden (M 4).

Um diesen Kaffee-Erzeugern ein höheres und verlässliches Einkommen zu gewährleisten, entstanden in den westlichen Industriestaaten Ende der 1960er-Jahre Organisationen, die sich für einen gerechten Handel sowie Sozial- und Umweltstandards einsetzen. Inzwischen hat sich das Konzept des fairen Handels (Fair Trade) professionalisiert und Organisationen wie die Fairtrade Labelling Organisation International (FLO) bemühen sich um Zertifizierung (Siegel), Standardisierung und Verbesserung der Produkte sowie einen effektiven Zugang zum Markt zu stabilen Preisen. Die zertifizierten Produzenten, beim Kaffee ausschließlich in Genossenschaften organisierte Kleinbauern, verpflichten sich dazu, bestimmte Standards einzuhalten. Im Gegenzug bekommen sie den garantierten Mindestpreis, sowie die Fair-Trade-Prämie und eventuell einen Aufschlag für Bioproduktion (M 2). Etwa 200 000 Farmer in 270 Genossenschaften produzieren in Lateinamerika 264 000 t Fair-Trade-Kaffee (5,4 % der Gesamtproduktion) auf 653 000 ha Anbaufläche (11,4 % der Gesamtanbaufläche).

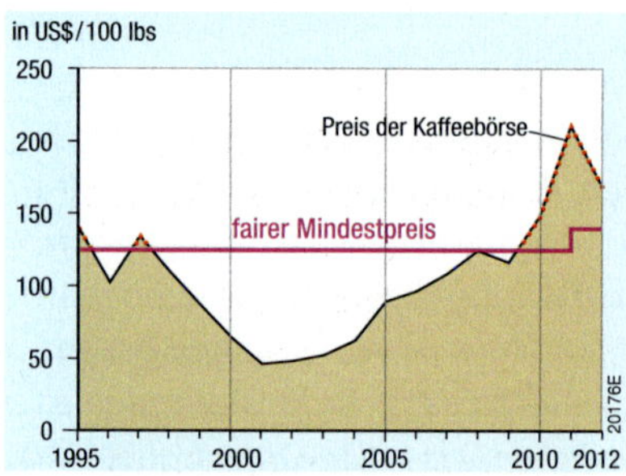

M4: Weltmarkt- und „faire“ Mindestpreise für Arabica-Kaffee

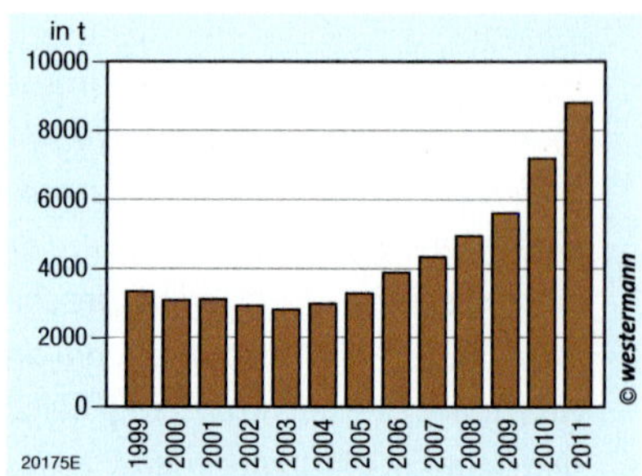

M5: Absatzentwicklung von Fair-Trade-Kaffee in Deutschland (in t)

Ökologie	Ökonomie	Soziales
Liste verbotener Substanzen	Beratung	Arbeitsbedingungen
Umweltschonder Anbau	Stabile Mindestpreise	Gemeinschaftsprojekte
Förderung des Bio-Anbaus	Fair-Trade-Prämie	Versammlungsfreiheit
Verbot genetisch veränderter Organismen	Langfristige Handelsbeziehungen	Diskrimierungsverbot
Bioaufschlag	Vorfinanzierung	keine illegale Kinderarbeit

M6: Fair-Trade-Standards (der Fairtrade Labelling Organization International)

»

Wenn ein starker Bauernverband durch die Fair-Handels-Beziehungen höhere Exporterlöse erzielt, kann sich das als Wirtschaftsmotor für die ganze Region auswirken, z. B. durch die Schaffung von Arbeitsplätzen auch in der konventionellen Produktion sowie im Umfeld der Kooperative, wie das Beispiel von COCLA in Peru verdeutlicht. COCLA ist ein Verband von 28 kleineren Kooperativen in der Region Cuzco, in dem sich circa 6 800 KaffeeproduzentInnen organisiert haben. Seit 1996 exportiert der Verband unter Fairtrade-Bedingungen, derzeit sind 25 Prozent der Gesamtproduktion mit dem Fairtrade-Siegel versehen. COCLA ist der viertgrößte Kaffeeexporteur in Peru und hilft seinen Mitgliedern mit landwirtschaftlicher Anbauberatung sowie Aus- und Weiterbildung, die Kaffeeproduktion zu steigern. Neben einer technischen Schule und einem Gesundheitsprojekt bietet COCLA auch ein aus Fair-Handels-Prämien finanziertes Programm für Frauen und Familien an. Darüber hinaus trägt die Bereitstellung von Lagerräumen, Verarbeitungsanlagen und Transportmöglichkeiten an die Küste zu einer verbesserten Wertschöpfung bei. Mit dieser Unterstützung konnten die Mitglieder von COCLA zwischen 2000 und 2006 durchschnittlich 68 Prozent pro Produzentenfamilie mehr verdienen und verfügten über ein stabiles Einkommen. Damit finanzieren sie u.a. die Diversifizierung der Produktion, wie beispielsweise den Anbau von Kakao, sowie Viehzucht und Gemüseanbau für den Eigenbedarf. (...) Die wirtschaftliche Entwicklung der gesamten Region wird durch die Arbeit der Kooperative vorangetrieben, vor allem durch die Schaffung von 19 700 direkten und indirekten Arbeitsplätzen auf dem Land, im Anbau und der Weiterverarbeitung von Kaffee. In einigen Gegenden beschäftigt COCLA ein Fünftel der erwerbsfähigen Bevölkerung.

«

M7: Quellentext zu Auswirkungen des fairen Handels
Krisch; F.: Beitrag des Fairen Handels zu ländlicher Entwicklung (2010)

Fair-Trade-Kaffeehandel in Deutschland
Etwa zwei Prozent der 402 000 t verkauften Kaffees war 2011 fair gehandelt (in UK >20 %), der zu etwa 80 Prozent aus lateinamerikanischen Ländern kam. 76 Prozent hatte zusätzlich ein Bio-Siegel. Der Fair-Trade-Kaffeehandel mit derzeit über 300 Marken setzte dabei etwa 239 Mio. Euro um.

Definition fairer Handel
Fairer Handel ist eine Handelsbewegung, die auf Dialog, Transparenz und Respekt beruht und nach mehr Gerechtigkeit im internationalen Handel strebt. Durch bessere Handelsbedingungen und die Sicherung sozialer Rechte für benachteiligte Produzenten und Arbeiter, insbesondere in den Ländern des Südens, leistet der faire Handel einen Beitrag zu nachhaltiger Entwicklung.

»

Das Fairtrade-Siegel ist in erster Linie ein Sozialsiegel, und kein eigenständiges Umweltsiegel. Dennoch wird mit den Umweltkriterien in den Fairtrade-Standards das Ziel verfolgt, sämtliche landwirtschaftlichen Fairtrade-Produkte ressourcenschonend und umweltverträglich anzubauen. Fairtrade arbeitet daran, die Produzenten dort abzuholen, wo sie in ihrer Entwicklung gerade stehen und sie schnellstmöglich in das Fairtrade-System zu integrieren. Zu hohe Bio-Standards als Eingangs-Voraussetzung in das Fairtrade-System würden aber gerade die ärmsten Produzentengruppen ausgrenzen. Sobald sie jedoch im System sind, fördert Fairtrade die Umstellung auf Bio-Produktion – oftmals wird dies erst durch die Mehreinnahmen über den Fairen Handel ermöglicht. In der Umstellungsphase von konventioneller auf Bio-Produktion, die zwischen sechs Monaten und drei Jahren dauern kann, entsteht oft ein erheblicher Ertragsrückgang und damit Einkommensverlust. Dieser lässt sich selbst nach erfolgreicher Umstellung nicht immer ausgleichen. (...) Oft haben Fairtrade-Produzenten nicht die Ressourcen, das Kapital, die Expertise oder die Zeit um von Anfang an auf Bio zu setzen.

«

M8: Quellentext zu Fair Trade und Bioanbau
Fairtrade Deutschland: Fairtrade und Bio (2011)

	Fair Trade	Bio
Nachhaltigkeitsaspekt	Fokus auf soziale und wirtschaftliche Nachhaltigkeitsaspekte	Fokus auf ökologische Aspekte der Nachhaltigkeit
Geographischer Wirkungsbereich	Modell für nachhaltige Entwicklung in Ländern des Südens	Modell für die ökologische Nachhaltigkeit
Zielgruppe	Fokus auf benachteiligte Kleinbauern	Fokus auf alle landwirtschaftl. Produzenten

M9: Fair Trade und Bioanbau

1 **Beschreiben Sie das Konzept des fairen Kaffeehandels.**
2 **Erklären Sie den Begriffe soziale und wirtschaftliche Nachhaltigkeit.**
3 **Fair und/oder Bio - Erörtern Sie die Vereinbarkeit der beiden Konzepte.**

4.6 Mineralische und energetische Rohstoffe

Traditionell spielt der Export von Erzen und Energierohstoffen eine wichtige Rolle für die Volkswirtschaften Lateinamerikas. Dabei hat der Bergbau in den Ländern nicht nur weitreichende soziale und ökologische Folgen, sondern wirft auch ökonomisch die Frage auf, wie sinnvoll der Fokus auf den primären Sektor für die weitere wirtschaftliche Entwicklung ist.

M 1: Kupfermine Chuquicamata in der Atacama-Wüste (Chile)

Lateinamerikanische Länder, allen voran Brasilien, Chile, Peru und Mexiko nehmen Spitzenplätze bei der Produktion und dem Export vieler mineralischer und energetischer Rohstoffe in der Welt ein (M 3). Abbauwürdige Vorkommen finden sich auf dem ganzen Subkontinent (M 2). Neben Massenrohstoffen (Commodities) wie Eisenerz, Kupfer, Bauxit (Aluminium) und Zink sowie klassischen Edelmetallen wie Gold und Silber sind es vor allem die für die moderne Elektronik und Stahlveredlung wichtigen selteneren Metalle wie Lithium, Tantal, Tellur und Molybdän, die eine zunehmende Bedeutung bei den Rohstoffexporten haben. Von den Mitte der 2000er-Jahre stark angestiegenen Rohstoffpreisen profitierten auch die lateinamerikanischen Länder (M 4). Dieser Preisanstieg war auf die erhöhte Nachfrage aus den asiatischen Schwellenländern wie China und durch eine Verknappung durch die ausgebliebenen Investitionen der Bergbauunternehmen in einen Ausbau der Förderkapazitäten zurückzuführen. In einigen Staaten wie Chile, Peru und Venezuela führte der Rohstoffboom dazu, dass der Anteil der Exporterlöse an den Gesamtexporterlösen noch weiter anstieg (M 8). Selbst in Brasilien mit seiner relativ stark **diversifizierten** Wirtschaftsstruktur machte er immerhin noch 27,9 Prozent aus. Allerdings lag der Anteil des Bergbausektors am Bruttoinlandsprodukt (BIP) in Lateinamerika lediglich bei 5,1 Prozent.

Diversifizierung / Diversifikation
Maßnahmen zum Abbau einseitiger Wirtschaftstrukturen, Ausweitung der Produkt- und Exportstruktur

Die lateinamerikanischen Länder hatten 2010 immerhin einen Anteil von 8,1 Prozent an dem weltweiten Handel mit mineralischen und energetischen Roh-

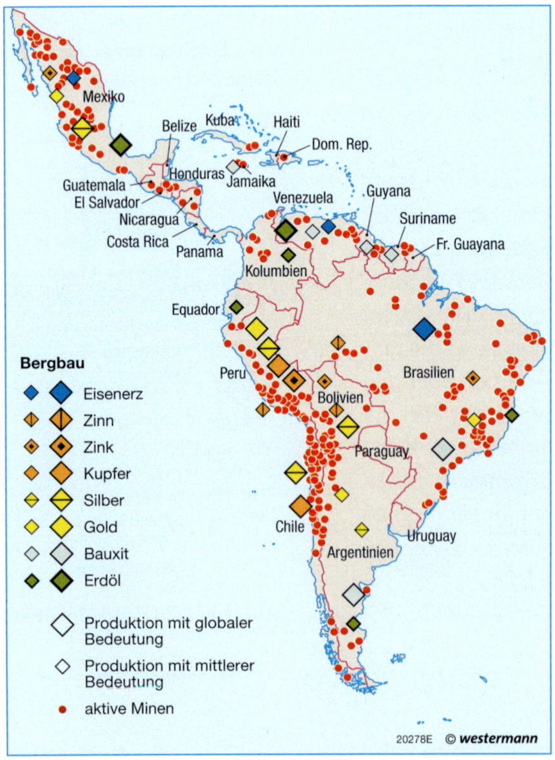

M 2: Bergbau in Lateinamerika

Rohstoff	Produktion (in kt)	Anteil an WP*	Förderländer (Weltrang)
Tantal	64	97,2 %	Brasilien (1)
Lithium	29	64,1 %	Chile (1)
Silber	12	48,9 %	Mexiko (1), Peru (2), Chile (4)
Kupfer	7 292	45,0 %	Chile (1), Peru (2)
Tellur	0,03	33,7 %	Peru (2)
Molybdän	65	26,1 %	Chile (3), Peru (4)
Zinn	64	23,1	Peru (3), Bolivien (4), Brasilien (6)
Zink	2 738	22,3 %	Peru (3), Mexiko (7)
Bauxit	47 895	21,9 %	Brasilien (2), Jamaika (6)
Eisenerz	423 396	16,2 %	Brasilien (3)
Blei	504 376	13,7 %	Peru (4), Mexiko (5)
Erdöl	504 376	12,9 %	Mexiko(7), Venezuela (9)
Nickel	200	12,9	Kolumbien (8), Kuba (9)
Manganerz	3067	7,2 %	Brasilien (6)
Gold	19,5	6,5 %	Peru (6)
Kohle	99 466	1,4 %	Kolumbien (9)

M 3: Lateinamerika: Rohstoffproduktion *(*Weltproduktion)*

stoffen (2005: 7,4%). 7,0 Prozent aller Bergbauprodukte weltweit wurden 2010 in Lateinamerika produziert (1985: 6,0%). Während früher der Export der Mineralrohstoffe nach Europa dominierend war, fließen nun die meisten Erze nach Asien und Nordamerika. Als Zielregion von Erdgas und Erdöl (insbesondere aus Venezuela), ist vor allem der südamerikanische Markt selbst und Nordamerika von Bedeutung.

Brasilien ist nach China und Australien, die ihre Kapazitäten in den letzten Jahren stark ausgebaut haben, nur noch der drittgrößte Eisenerzförderer auf der Welt. Zwar bemüht sich das Land das Eisenerz zu höherwertigem Roheisen und Stahl weiterzuverarbeiten und ist der weltweit sechstgrößte Roheisenerzeuger und neuntgrößte Stahlproduzent. Doch 83 Prozent des geförderten Eisenerzes wurden 2010 direkt (vor allem nach Europa, 60 %) exportiert (M6). Ähnliche Verhältnisse sind beim Erz Bauxit und seinem Verarbeitungsprodukt Aluminium zu beobachten (M7).

Zielregionen der Industrierohstoff-Exporte (2010)
Asien 32,5 %, Nordamerika 29,7 %, Lateinamerika 20,7 %, Europa 14,7 %, Mittlerer Osten 0,9 %, Afrika 0,8 %, GUS 0,1 %

„Es macht keinen Sinn, brasilianisches Eisenerz nach China zu exportieren, um danach chinesische Stahlplatten zu importieren."
Edison Lobao, *brasilianischer Bergbauminister (2010)*

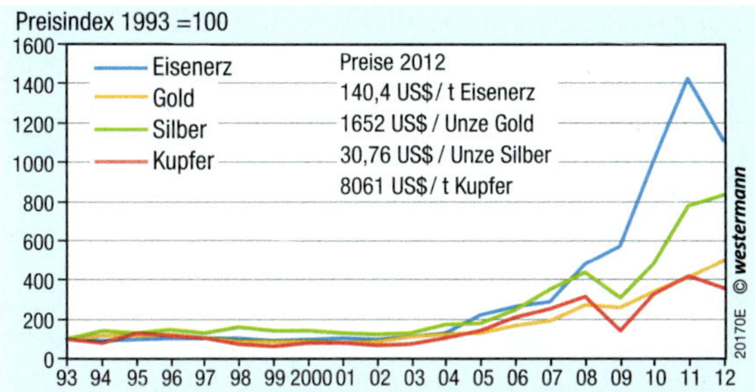

M4: Preisentwicklung Eisenerz, Kupfer, Silber, Gold

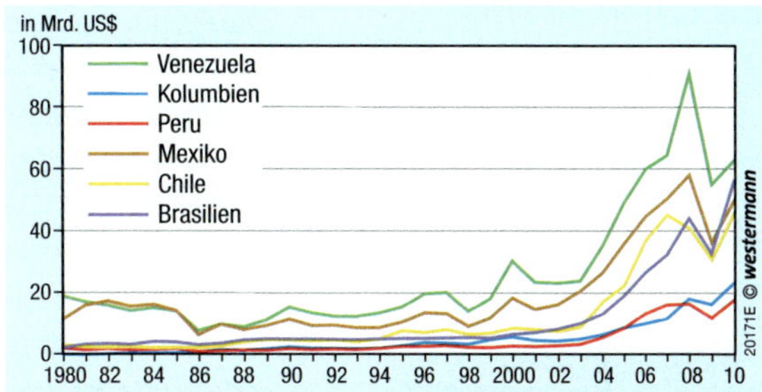

M5: Export Mineral- und Energierohstoffe

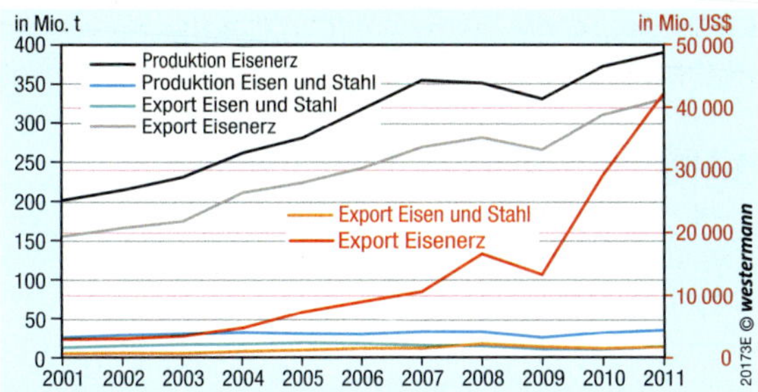

M6: Eisenerz-/Stahl-Produktion und Export in Brasilien

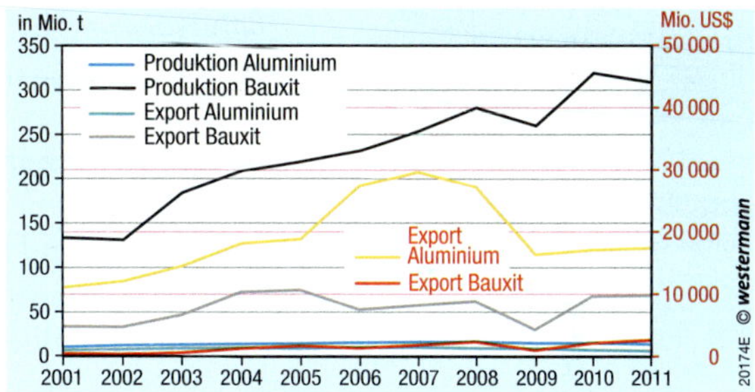

M7: Bauxit-/Aluminium-Prod. und Export in Brasilien

	Exporte ER/MR (in Mrd. US$)			Anteil Export ER/MR (in %)			Anteil am BIP (in %)			Beschäftigungsanteil (in %)**
	1970	1990	2010	1970	1990	2010	1990	2000	2010	
Bolivien	9/167	228/408	2759/2119	4,5/88,0	24,6/44,1	43,9/33,7	10,2	6,6	14,0	1,9
Brasilien	16/277	679/4259	20467/35912	0,6/10,1	2,2/13,6	10,1/17,8	1,4	1,4	2,5	0,4
Chile	0/1100	44/4572	281/46120	0,0/88,1	0,5/54,6	0,4/64,9	11,7	6,8	19,2	2,2
Kolumbien	73/5	2496/11	24052/655	10,1/0,7	36,9/0,2	60,4/1,6	7,0	5,9	8,2	0,8
Ecuador	1/1	1409/4	9668/109	0,5/0,6	51,9/0,2	55,3/0,6	7,6	13,1	15,0	0,5
Guyana	0/73	k. A	0/230,5	0/53,4	k. A	0,0/26,3	11,8	15,5	13,9	k. A
Jamaica	k. A.	17/113	303/161	k. A	1,5/9,8	22,7/12,0	7,8	3,7	1,1	k. A
Mexiko	45/218	15301/2319	41889/8929	3,2/15,5	37,6/5,7	14,0/3,0	10,5	6,3	8,3	0,4
Peru	8/507	324/1520	4350/18549	0,7/48,4	10,0/47,1	12,2/52,2	5,5	5,2	10,6	1,1
Venezuela	2884/184	14014/1257	61457/1364	91,0/5,8	80,1/7,2	93,4/2,1	21,9	18,0	26,3*	1,1

M8: Bedeutung der Industrierohstoffe (Energetisch – ER; Mineralisch – MR) in Lateinamerika (*2007, **2010)

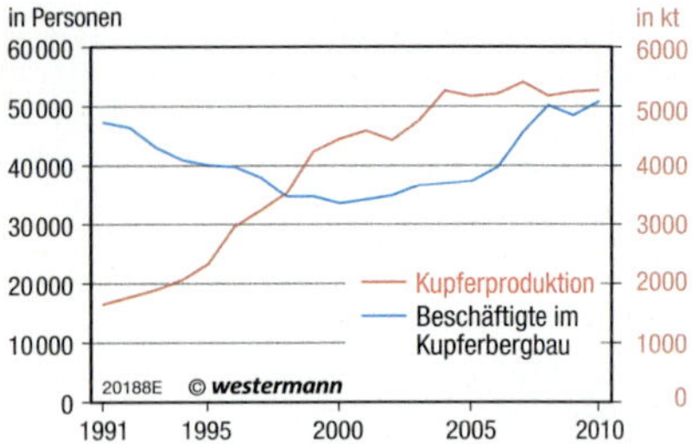

M1: Kupferbergbau in Chile: Produktion und Beschäftigung

M2: Quellentext zum brasilianischen Bergbaukonzern Vale
Jacobs, T., Rose, S., Sedlmaier, H.: Brasilien – Neuer Schwung. Focus Money 1.12.2010

M3: Eisenerztagebau in Minas Gerais, Brasilien

Chicago Boys
Ein Gruppe chilenischer, in der neoliberalen Chicagoer Schule des US-amerikanischen Nobelpreisträgers Milton Friedman ausgebildete Wirtschaftswissenschaftler setzten in der Regierung Pinochet in den späten 1970er-Jahren liberale Reformen durch (z. B. Privatisierung der Kupferbergwerke).

„Es ist nicht übertrieben zu behaupten, dass der zumindest kurzfristige wirtschaftliche Erfolg dieser Maßnahmen zur Etablierung des unmenschlichen Regimes des Militätdiktators Pinochet maßgeblich beigetragen hat.
Fred Scholz, *deutscher Geograph (2010)*

In Brasilien aber auch in den anderen Bergbaunationen Lateinamerikas ist die Struktur des Bergbausektors dreigeteilt. Neben den großen, oft ausländischen/multinationalen Bergbaukonzernen gibt es Hunderte von kleinen Firmen und Kooperativen sowie informellen / illegalen Kleinbergbau (vgl. 4.6.1). Die kapitalintensive Exploration (Erkundung) und Ausbeutung von Lagerstätten im Zuge des Bergbaubooms der 2000er-Jahre wurde vorwiegend von den großen Konzernen in Angriff genommen. In Brasilien ist allein der ehemalige Staatskonzern Vale mittlerweile für mehr als ein Drittel der Rohstoffproduktion verantwortlich. Die Beschäftigungswirkung der hoch mechanisierten Bergbauprojekte bleibt klein und viele der während der Erschließungsphase in die Regionen zugewanderten Menschen finden während des laufenden Betriebs keine Arbeit in den Minen.

»

Die Firma Vale heißt mit vollem Namen Companhia Vale do Rio Doce. Und so spannend der Name, so vielfältig das Unternehmen. Der brasilianische Rohstoffriese agiert in Feldern wie Eisenerz, Nickel, Mangan, Titan, Gold, Silber, Kohle, Kupfer, Bauxit, Pottasche und andere Mineralien. Neben Rio Tinto und BHP Billiton ist Vale eines des größten Bergbauunternehmen der Welt. Der Fokus des Konzerns liegt auf dem Bereich Eisenerz. Im Amazonas-Urwald, in der Serra dos Carajás, befindet sich mit 17 Milliarden Tonnen die größte Eisenerzlagerstätte der Welt. (...) Vale ist mit einem Marktanteil von 35 Prozent der größte Eisenerzexporteur der Welt.(...) Neben dem Rohstoffgeschäft hat Vale weitere Bereiche erschlossen und ausgebaut. Mittlerweile ist das Unternehmen auch einer der größten Transport- und Logistikkonzerne Brasiliens. Vale besitzt Bahngesellschaften, eine Reederei, Schiffe, Seeverladeterminals und Häfen.

«

Ressourcennationalismus, Liberalisierung und Primarisierung

Beginnend mit dem Interesse der spanischen und portugiesischen Kolonialherren an Gold und Silber spielte der Abbau mineralischer Rohstoffe immer eine entscheidende Rolle in der lateinamerikanischen Geschichte. Der Rohstoffreichtum des Kontinents war auch nach der Unabhängigkeit die Grundlage der wirtschaftlichen Entwicklung. Wie sinnvoll, nachhaltig oder eben auch riskant eine ressourcenbasierte Wachstumsstrategie ist, war seitdem immer wieder die Frage. Während bis in die erste Hälfte des 20. Jahrhunderts der Export mineralischer sowie agrarischer Rohstoffe die Volkswirtschaften Lateinamerikas einseitig bestimmte, bemühten sich die Staaten spätestens seit dem Zweiten Weltkrieg eine binnenmarktorientierte, importsubstituierende Modernisierungspolitik umzusetzen (vgl. 3.3). Staaten wie Brasilien versuchten eine eigene, Rohstoffe verarbeitende Grundstoffindustrie aufzubauen und Rohstofferlöse vorrangig in nationale Industrialisierungsprojekte fließen zu lassen. Dies führte zur Verstaatlichung wichtiger Rohstoffsektoren („Ressourcennationalismus“).

Das änderte sich in vielen Staaten im Zuge der Liberalisierung in den 1980er- und 1990er-Jahren („**Chicago-Boys**“), als man wieder verstärkt versuchte, auf die globalen Rohstoffmärkte zurückzukehren. Dabei waren viele Staaten allerdings auf die Hilfe transnationaler Bergbaukonzerne angewiesen, die die notwendigen finanziellen Mittel für Exploration und Abbau der Bodenschätze besaßen. Um diesen einen Anreiz für Investitionen zu geben, wurden nationale Schranken der Rohstoffförderung abgebaut, Bergbaugesetze liberalisiert und umfangreiche Investitionsanreize und Steuervergünstigungen eingeführt. Diese neoliberale Ausrichtung hatte indes ökologische und auch soziale Folgen.

»

In den meisten Ländern gerät der klein- und mittelbetriebliche Bergbau (....) durch die Konkurrenz der mit hohem Kapitaleinsatz, modernen Maschinen und wenig Arbeitskräften wirtschaftenden Großunternehmen in eine Existenzkrise. Arbeitslosigkeit und soziale Krisen sind die Begleiteffekte in vielen Bergbauregionen. Eine politische Folge dieser neoliberalen „Zurichtung" des südamerikanischen Rohstoffsektors auf die Globalisierung ist in einigen Ländern die Rückkehr zu einem „neuen Ressourcennationalismus". Beispiele hierfür sind der politische Kurs in Bolivien unter Präsident Evo Morales, der 2006 die Nationalisierung von Erdöl und Erdgas verkündete, sowie vor allem in Venezuela unter Hugo Chávez, der auf der Basis des Erdölreichtums sein nationalistisches Projekt einer „bolivarianischen Revolution" betreibt. Seit Anfang des 21. Jhs. wird die Erdölförderung in Venezuela nun wieder vom Staatskonzern PdVSA kontrolliert.

«

M4: Quellentext zu den Folgen der neoliberalen Bergbaupoltik
Coy, M., Töpfer, T.: Handel mit mineralischen Rohstoffen. Geographische Rundschau 11/2009

Im Zuge von Globalisierung und steigender Rohstoffpreise kam es in vielen lateinamerikanischen Ländern zu einer Verstärkung des exportorientierten Rohstoffabbaus. Mit dieser (Re-)**Primarisierung** sind Chancen und Risiken verbunden (M7). Inwieweit wie in vielen afrikanischen Staaten Rohstoffreichtum auch in Lateinamerika einen Ressourcenfluch mit sich bringt, werden die nächsten Jahre zeigen.

Primarisierung
Dominanz des Rohstoffsektors in der Gesamtwirtschafts- und Exportleistung eines Landes

»

[Zwei US-amerikanische Ökonomen] *konnten mit einer Regressionsanalyse für 97 Entwicklungsländer empirisch nachweisen, dass Rohstoffreichtum das wirtschaftliche Wachstum nicht fördert, sondern behindert. (...) Viele rohstoffexportierende Entwicklungsländer gehen sehr nachlässig mit ihrem natürlichen Reichtum um. Erlöse aus dem Export von Bodenschätzen wecken Begehrlichkeiten und verzerren die Anreizstrukturen bei Investitionen und Staatsausgaben zugunsten von Militär, Prestigeprojekten und Sozialtransfers und zulasten von nachhaltigen Investitionen in Infrastruktur, Bildung, Forschung und Entwicklung. Viele rohstoffexportierende Länder leiden unter Korruption und einer Gefangennahme der Politik durch die Partikularinteressen organisierter Minderheiten, die Einfluss auf die Politik nehmen, um gesellschaftliche Erträge aus Rohstoffeinnahmen in ihre Taschen umzulenken (rent seeking). Dieses Phänomen wird auch als „Fluch der Ressourcen" bezeichnet.*

«

M5: Quellentext zum Ressourcenfluch
Kiese, K.: Mineralische Rohstoffe in Südostasien. Geographische Rundschau 11/2009

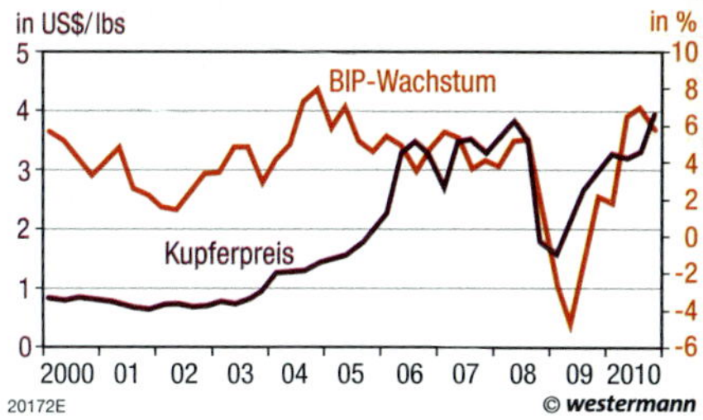

M6: Kupferpreis und Wirtschaftswachstum in Chile

Chancen	Risiken
Exporterlöse • für den Aufbau von Industrie und Infrastruktur, • für Investitionen in Sach- und Humankapital, • zur Verbesserung von Rechtsordnung und sozialer Sicherung, • zur Erschließung erneuerbarer Ressourcen, • zur Tilgung von Auslandsschulden.	• Verminderung des Naturkapitals durch Abbau nicht erneuerbarer Ressourcen, • hohe Umweltbelastungen, • gewaltsame Konflikte um Ressourcenzugang, • Abhängigkeit von zyklischen Preisschwankungen auf dem Weltmarkt und langfristigem Preisverfall, • Abhängigkeit von multinationalen Konzernen, • ausbleibende Diversifizierung der Wirtschaftsstruktur.

M7: Chancen und Risiken einer ressourcenbasierten Wachstumsstrategie

1 **Beschreiben Sie die wirtschaftliche Bedeutung des Bergbausektors am Beispiel Brasilien und Chile.**
2 **Erläutern Sie die Chancen und Risiken einer ressourcenbasierten Wachstumsstrategie (M5, 7).**
3 **Nehmen Sie Stellung zum Zitat von Edison Lobao (S. 69).**

D1-208 www.diercke.de
D1-214 www.diercke.de

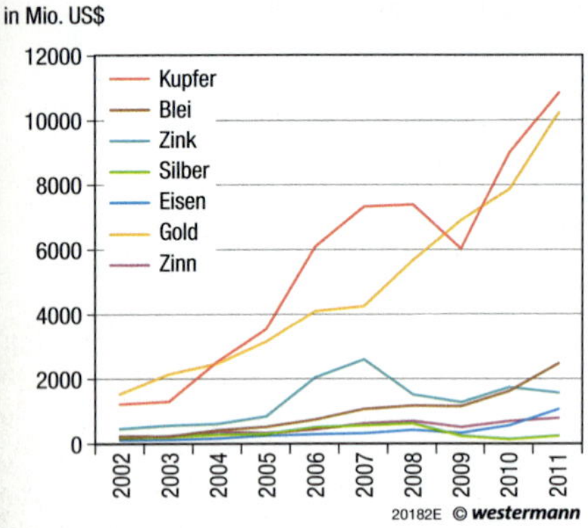

M1: Peru: Export Metalle

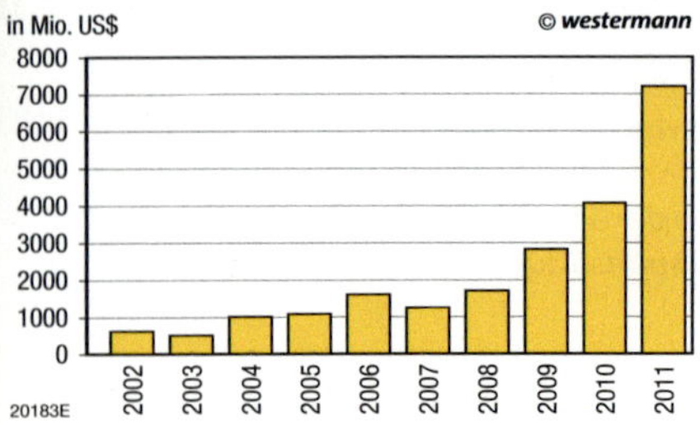

M2: Investitionen in den peruanischen Bergbau

Minero
meist indigener Minenarbeiter. Mineros besaßen einst einen hohen Stellenwert in der Gesellschaft und aus ihren Reihen gingen häufig soziale, politische und gewerkschaftliche Aktivisten hervor.

M3: Quellentext zu Umweltbelastungen durch die Goldmine Yanacocha
Friess, S., Schrick, M.A. S: Die Sozial- und Umweltproblematik des Bergbauunternehmens „Yanacocha" in Cajamarca (2009)

Chemische Gewinnungsmethoden
relativ preiswerte Technologie, bei der das abgebaute Gesteinsmaterial gemahlen und das Erz chemisch (mit Cyanid oder Quecksilber) ausgewaschen wird, danach Transport durch Pipelines zum Ort der Veredlung.

4.6.1 Peru: Ökologische und soziale Folgen des Bergbaus

Bergbau hat in Peru eine lange Tradition. Heute dominiert der Abbau der vielen Bodenschätze die peruanische Wirtschaft mehr denn je. Doch organisieren sich mittlerweile immer mehr Proteste gegen die ökologischen und sozialen Folgen des Bergbaus.

Seit über 2000 Jahren werden in Peru Gold, Silber und Kupfer abgebaut. Der „Gold-Gürtel" im Norden Perus hatte schon zurKolonialzeit eine große Bedeutung. Heute findet sich dort in der Nähe von Cajamarca mit der Yanacocha-Mine die größte Goldmine Amerikas. Neben Edelmetallen und Kupfer werden aber auch Zink, Blei und Eisenerz im großen Stil vor allem von ausländischen Unternehmen aus der Erde geholt. Im peruanischen Amazonasgebiet werden Erdgas und Rohöl gefördert. Daneben spielen seltenere Metalle eine immer größere Rolle, etwa Tellur oder Molybdän, das zur Härtung von Stahl, zur Herstellung hochfester Werkstoffe sowie in der Flugzeugindustrie und Raketentechnik verwendet wird und als Nebenprodukt im Kupferbergbau anfällt.

Seit Anfang der 1990er-Jahre haben verschiedene peruanische Regierungen mit einer neoliberalen Wirtschaftspolitik verstärkt auf eine Exportorientierung und den Ausbau der Rohstoffgewinnung gesetzt. Die Investitionen in den Bergbau stiegen kontinuierlich (M 2) und inzwischen ist ein Viertel der gesamten Landesfläche an Minenunternehmen in Konzession vergeben worden. Der Bergbau hat mittlerweile einen Anteil am Export von 64 Prozent und trägt zu etwa 20 Prozent zu den Steuereinnahmen des Landes bei (Anteil an BIP 10,6 %).

Allerdings finden lediglich etwa 0,5 Prozent der Erwerbsbevölkerung in den Minen Arbeit. Wo früher noch Tausende von **Mineros** arbeiteten, sind heute nur wenige Hundert im Tagebau beschäftigt. Während früher die Arbeiter in festen Siedlungen nahe der Mine lebten, werden sie heute im Schichtdienst zu den Bergwerken per Flugzeug oder Bus transportiert. Zudem stehen die Großprojekte in der Kritik. Der Abbau – insbesondere im Tagebau und mit **chemischen Gewinnungsmethoden** – verursacht Umweltschäden in Form von Wasser-, Boden- und Luftverschmutzung und schränkt die landwirtschaftlich nutzbaren Flächen ein.

»

Der Goldbergbau im offenen Tagebau ist eine sehr wasserintensive Angelegenheit. Durch die Operationen von Yanacocha sind bereits mehrere Lagunen verschwunden, natürliche Wasserquellgebiete werden zerstört und der Lauf der Bäche verändert. In einer Region, in der viele Bauern ihre Felder künstlich bewässern müssen, um ernten zu können, ist die knappe Ressource Wasser ein wertvolles und gleichzeitig konfliktträchtiges Gut. Mit dem Goldbergbau wurde in Cajamarca eine ohnehin knappe Ressource noch knapper. Fünf von der lokalen Bevölkerung genutzte Bewässerungskanäle haben inzwischen keine natürlichen Quellen mehr und werden stattdessen vom Bergbauunternehmen mit aufbereitetem Wasser bespeist. Der Grundwasserspiegel sinkt beständig. Das Umschaufeln von täglich 600 000 Tonnen Erde und Fels verstärkt das Problem der Bodenerosion sowie das Hochspülen von Ablagerungen. Nach einer Umweltstudie (...) kam es bei Yanacocha zu Störfällen, bei denen Zyanid aus den Zyankali-Lauge-Becken entwichen ist. Mehrmals schon kam es in minennahen Flüssen zu massiven Forellensterben. In den Fischen wurden Quecksilberwerte nachgewiesen, die die zulässigen Höchstwerte deutlich überschreiten.

«

»

Die in den Zentralanden gelegene Stadt La Oroya gehört laut dem New Yorker Blacksmith Institute zu den zehn schmutzigsten Städten der Welt. Die 70 000 Einwohner der Stadt leben in einer toten, schwermetallverseuchten Umgebung. Die Berge, die sie umgeben, sind vom sauren Regen kahl und grau. Die Stadt wird von einem großen, schwarzen Schornstein überragt. Seit drei Jahren kommt hier allerdings kein Rauch mehr raus. Da die US-amerikanische Firma Doe Run die peruanischen Umweltauflagen nicht erfüllte, wurde die Anlage vorübergehend geschlossen. Seitdem gehen die Bleiwerte im Blut der Bewohner langsam zurück. Eine Studie des örtlichen Gesundheitszentrums aus dem Jahr 2011, die 803 Kinder und Schwangere untersuchte, ergab dennoch Grund zur Sorge. Gemäß dieser Studie weisen 53 Prozent der Kinder zehn Milligramm Blei pro Deziliter Blut auf. Ein Wert, der laut Weltgesundheitsorganisation als besorgniserregend gilt. (…)Trotz der unkalkulierbaren gesundheitlichen Risiken gehen gegenwärtig in La Oroya rund 3 000 Arbeiter auf die Straße, um für die Wiedereröffnung der Metallhütte zu demonstrieren. Ein Drittel der Bevölkerung der Stadt ist unmittelbar von der Arbeit in der Metallhütte abhängig.

«

M4: Quellentext zur Stadt La Oroya
Bernhardt; A. G.: Die Bleikinder von La Oroya. Junge Welt 11.4.2012

M5: Bleihütte in La Oroya

Aber nicht nur aus Umweltgründen ist der Bergbau in Peru zu einem Konfliktthema geworden. Der Widerspruch zwischen produktiver Rohstoffausbeutung durch transnationale Konzerne mit enormer Wertschöpfung und einer verarmenden meist indigenen Bevölkerung im Umfeld der Minen hat zu massiven sozialen Auseinandersetzungen geführt. Neue Projekte oder der Ausbau der bestehenden Bergwerke werden von Protesten der Bevölkerung begleitet, die bislang kaum in

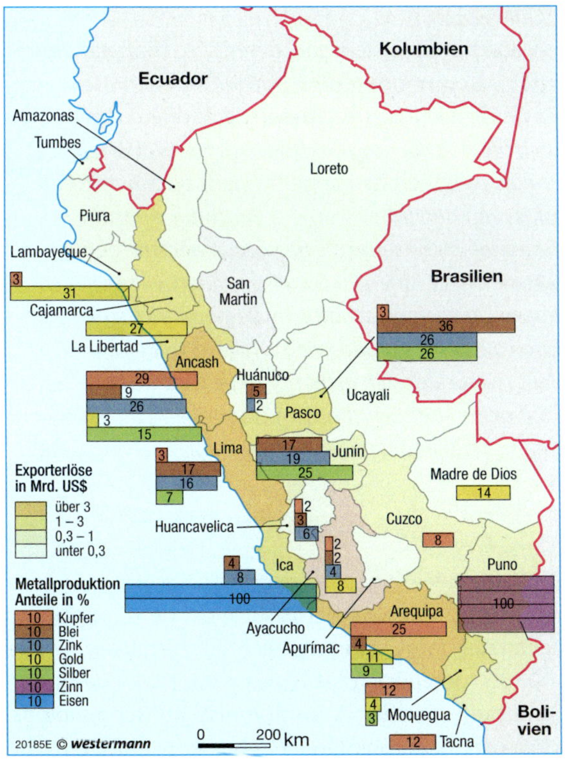

M6: Bergbau in den Departamentos (Regionen)

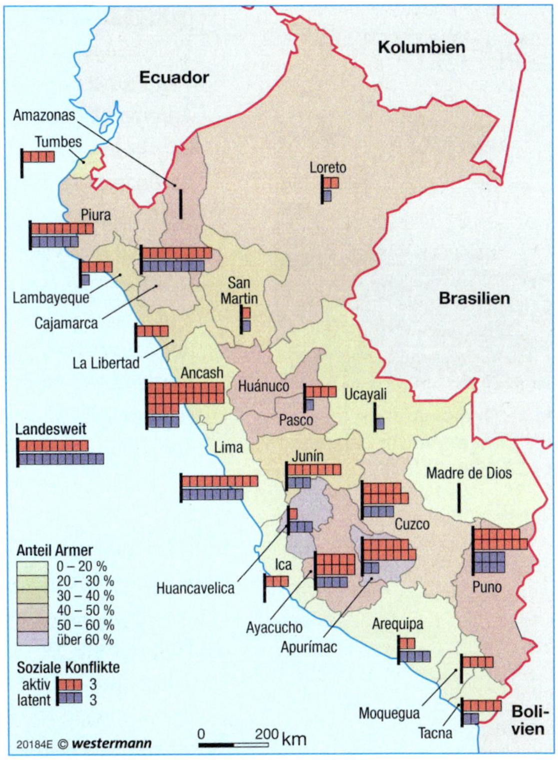

M7: Armut (2010) und soziale Konflikte (Juni 2012)

die Planung der Projekte einbezogen wurden. Etliche Volksentscheide konnten allerdings Vorhaben stoppen, vor allem, weil Staat und Unternehmen eine Ausweitung der Proteste und internationale Kritik fürchteten. Im Juli 2012 eskalierte die Auseinandersetzung um die geplante Goldmine Conga. Im Zuge dessen musste Präsident Ollanta Humala seine komplette Regierung austauschen.

M1: Quellentext zu den Conga-Protesten
Drei Menschen sterben bei Protesten gegen US-Bergbauprojekt. Meldung von Spiegel online 4.7.2012

» *Peru hat nach blutigen Protesten gegen das größte Bergbauprojekt im Land den Notstand in drei Provinzen ausgerufen. Zuvor waren drei Menschen bei den Ausschreitungen erschossen worden. (…) Sie starben beim Versuch von rund 2000 Demonstranten, das Regierungsgebäude der nordperuanischen Provinz Celendín einzunehmen (…). In Conga, rund 800 Kilometer nördlich von Lima, will die US-Firma Newmont für rund fünf Milliarden Dollar das größte Goldbergwerk in der Geschichte des an Bodenschätzen reichen Landes bauen. Bauern in der Region fürchten, dass durch die Mine die Bewässerung der Felder in der Umgebung gefährdet wird, da das Gold unter vier Teichen gelagert ist. Die Demonstranten haben mit ihren seit November anhaltenden Protesten den Bau der Mine praktisch zum Stillstand gebracht.* «

M2: Quellentext zur peruanischen Organisation CONACAMI
Zebechi,R.: Bergbau in Lateinamerika. www.bpb.de. 6.6.2008

» *Die noch junge Bewegung gegen die Bergbauindustrie und den Tageabbau wächst auf dem ganzen Kontinent stetig. (…) Inzwischen haben sich auf dem ganzen Kontinent über hundert „Asambleas" gebildet. Dabei handelt es sich um spontan einberufene Versammlungen der von den Bergbauprojekten betroffenen Gemeinden. (...) Die größte soziale Bewegung gegen den Bergbau ist jedoch der Nationale Verband der vom Bergbau betroffenen Dorfgemeinden in Peru (CONACAMI).*
CONACAMI ist ein erst 1999 gegründeter Verband, der als Reaktion auf den 1993 einsetzenden „Bergbau-Boom" unter dem autoritären Regime von Alberto Fujimori ins Leben gerufen wurde. Der Ausbau des großindustriellen Bergbaus wurde 1995 durch die Novellierung des Bodengesetzes noch weiter gefördert. Bei einem Konflikt zwischen Landeigentümern und Investoren räumt die neue Gesetzesfassung den Interessen des Bergbaus Priorität ein. Vielfach setzen die internationalen Konzerne die Bewohner der Dorfgemeinschaften so lange unter Druck, bis sie ihnen ihr Land verkaufen. Heute liegen laut Statistiken 3 126 indigene Dorfgemeinschaften in Regionen, in denen die Belastung der Umwelt durch die Bergbauindustrie (…) die Bevölkerung existentiell bedroht. (…) CONACAMI bringt sich nicht nur aktiv für die Interessen seiner Mitglieder im Kampf gegen den Bergbau ein, sondern tritt auch mit dem Anspruch an, ein gemeinsames andines Denken und Fühlen zu vertreten. «

M3: Demonstration gegen die Conga-Mine in Cajamarca 29.5.2012

Kleinbergbau

Neben dem Bergbau oft multinationaler Konzerne im großen Stil gibt es in ganz Lateinamerika auch etwa drei bis vier Mio. Kleinbergbautreibende, die aufgrund der hohen Rohstoffpreise der letzten Jahre vor allem nach Gold schürfen. In Peru wird ihre Zahl auf mehr als 100 000 geschätzt, die etwa 30 Prozent der gesamten Goldproduktion fördern. Sie arbeiten nicht nur unter meist menschenunwürdigen Bedingungen, sondern oft auch ohne legale Schürfkonzessionen. Die Arbeit in den Stollen und Tunneln ist sehr gefährlich (Steinschlag, Unfälle mit

M4: Goldschürfer in Chocó, Kolumbien

M5: Mine einer kleinen peruanischen Aktiengesellschaft

Dynamit und alten Maschinen) und die Weiterverarbeitung / Anreicherung mit Quecksilber oder Zyanid ist extrem gesundheits- und umweltschädigend. Auch Kinderarbeit ist weit verbreitet. Als Illegale sind die Kleinschürfer dem Betrug/ Erpressung der Händler und der Korruption der Behörden und Polizei ausgesetzt. Ein Großteil ihrer kleinen Einkommen muss für die überteuerte Lebenshaltung in den Bergbauregionen aufgewendet werden. Eine Möglichkeit ihre Situation zu verbessern, besteht für Kleinschürfer darin, sich in Genossenschaften (Bolivien) oder Aktiengesellschaften (Peru, Kolumbien, M 5) zu organisieren, um zum Beispiel an Kredite für notwendige Investitionen und Exportlizenzen zu kommen. Seit einigen Jahren ist auch eine **Fair-Trade-Zertifizierung** möglich.

Fair-Trade-Zertifizierung
Die Alliance for Responsible Mining (ARM) will mit Hilfe der Zertifizierung kleiner Bergbaugenossenschaten die sozialen und ökologischen Standards sowie die Arbeitsbedingungen verbessern. Bei Einhaltung dieser Standards erhalten Schürfer den internationalen Goldpreis plus eine Prämie (vgl. 4.5.3).

»

Kleinbergbautreibende sind häufig Invasoren, die erfahren haben, dass es irgendwo Vorkommen von Gold oder anderen Edelmetallen gibt, und sich dorthin aufmachen in der Hoffnung auf Wohlstand. (...) Sehr viele der Kleinbergleute kommen aus der Landwirtschaft, die aber nicht ertragreich genug ist, um das Überleben zu sichern. [Häufig geraten sie dabei] *in Konflikt mit den lokalen Bauern und Bäuerinnen. Ein Beispiel ist die peruanische Provinz Piura, eine Wüstenregion, wo es eine ertragreiche Bewässerungslandwirtschaft gibt. Unter anderem bauen dort kleine Produzenten Mangos und Zitrusfrüchte für den Export an. Dort wollte ein kanadisches Bergbauunternehmen Gold fördern. Dagegen gab es massiven Widerstand aus der Bevölkerung, die eine Verseuchung der Bäche und Flüsse und damit ihrer Felder durch Quecksilber und Zyanid befürchteten. Deswegen wurde das Projekt einer Goldmine erst einmal auf Eis gelegt. Da sich aber herumgesprochen hat, dass dort Goldvorkommen liegen, gab es eine Invasion von Kleinbergleuten, die nun da graben und unkontrolliert mit Quecksilber und Zyanid Gold auswaschen. Das führt natürlich zur direkten Konfrontation mit den Früchteproduzenten. Kleinbergbautreibende sind häufig gleichzeitig Opfer und Täter, Opfer ungerechter Strukturen und elender Lebensbedingungen, denen sie entkommen wollen, und Täter, weil sie durch ihre Schürferei, die Lebensbedingungen anderer Unterprivilegierter gefährden oder zerstören.*

«

M6: Quellentext zum Kleinbergbau in Peru
Eisenbürger, G.: Gleichzeitig Täter und Opfer. Interview mit Ronald Köpke über Kleinbergbau in Lateinamerika. ILA 9/2009

M7: Frauen durchkämmen einen stillgelegten Tagebau in Peru

1 **Analysieren Sie den Bergbau, die Armut und sozialen Konflikte in den Departamentos (M 6, 7, S. 75)**
2 **Fassen Sie die Gefahren des Bergbaus in einem Schaubild zusammen.**
3 **Erörtern Sie die These, das Kleinbergbautreibende zugleich Täter und Opfer sind (M 6).**

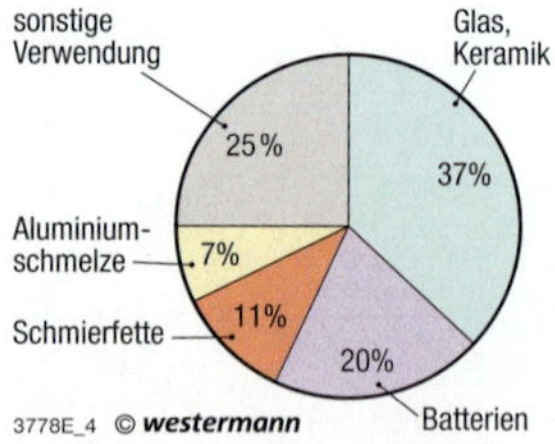

M1: Industrielle Verwendung von Lithium (2009)

Ressourcen
in der Natur vorkommende Menge eines Rohstoffs

Reserven
Anteil der Ressourcen, der a) ein Minimum der physikalischen und chemischen Anforderungen heutiger Abbau- und Produktionsmethoden erfüllt und b) unter heutigen technischen und ökonomischen Bedingungen tatsächlich abbaubar ist

4.6.2 Bolivien: Lithium – Traum vom weißen Gold

Unter bestimmten Voraussetzungen steckt im Abbau von Lithium ein gewaltiges wirtschaftliches Potenzial. Bolivien mit seinen weltweit größten Lithium-Reserven versteht dieses Potenzial als Chance.

Lithium, das leichteste Metall der Welt, ist einer der Schlüsselrohstoffe der nächsten Jahrzehnte. Neben einer Reihe anderer Anwendungen (M 1) wird es in Lithium-Ionen-Akkus verwendet, die wegen ihrer guten Speicherfähigkeit bereits heute in Laptops oder Handys zum Einsatz kommen. Zu einem wahren Lithiumboom würde es allerdings kommen, wenn das Nischenprodukt Elektroauto, das mit großen Lithium-Batterien arbeitet (2 kg Li pro Auto-Batterie), sich weltweit durchsetzt. US-amerikanischen Wirtschaftsexperten gehen davon aus, dass sich der Markt für Lithiumbatterien bis 2020 auf 25 Mrd. US$ verdreifachen könnte.

Schon im letzten Jahrzehnt hat sich die Lithiumproduktion von 14 000 t (2000) auf etwa 34 000 t jährlich (2011) erhöht. Sie soll weiter gesteigert werden. 70 Prozent der weltweiten Lithiumreserven liegen im Lithium-Dreieck (M 3) der drei Salzseen Salar del Hombre Muerto (Argentinien), Salar de Atacama (Chile) und der Salar de Uyuni (Bolivien). Während aber vor allem Chile (aktuell größter Lithiumproduzent, ca. 30 % der Weltproduktion) und im geringeren Umfang auch Argentinien bereits produzieren, steht Bolivien mit seinen weltweit größten Ressourcen erst am Anfang einer industriellen Lithiumproduktion (M 7).

M2: Quellentext zu Boliviens Lithiumproduktionsplänen
Bäuerle, L.: Bo[Li]vien: Der Traum von einer besseren Zukunft (2011)

»

Mit einer Ausfuhr von Rohstoffen alleine will sich die Regierung Morales nicht zufrieden geben. Neben der industriellen Produktion von Lithiumcarbonat und Kaliumchlorid (Dünger) ist auch die Errichtung eines Technologieparks am Salar de Uyuni geplant. Dort sollen ab 2017 Batterien für verschiedenste Anwendungsbereiche produziert werden. [Boliviens Präsident] *Morales erwähnte in Gesprächen mit japanischen Regierungs- und Unternehmensvertretern sogar seinen Traum eines „Lithium-Toyotas, made in Bolivia". Vor diesem Hintergrund startete die Regierung im Jahr 2008 ein Drei-Phasen-Programm zur Erschließung des Salzsees. Alle [beteiligten] Organe betonen stets, dass es sich um ein zu 100 % staatliches Projekt handelt, das in erster Linie der sozio-ökonomischen Entwicklung der Region, des Departamento Potosí und des gesamten Landes dienen soll.*

«

Es ist das erste Mal, dass uns unser Reichtum bewusst wird. 500 Jahre lang war Oberperu berühmt für seine Schätze. Aber nichts davon wurde in die Entwicklung unseres Landes investiert. Wir sind Bettler auf dem goldenen Thron.

José Antonio Pimentel Castillo, *bolivianscher Bergbauminister (2010)*

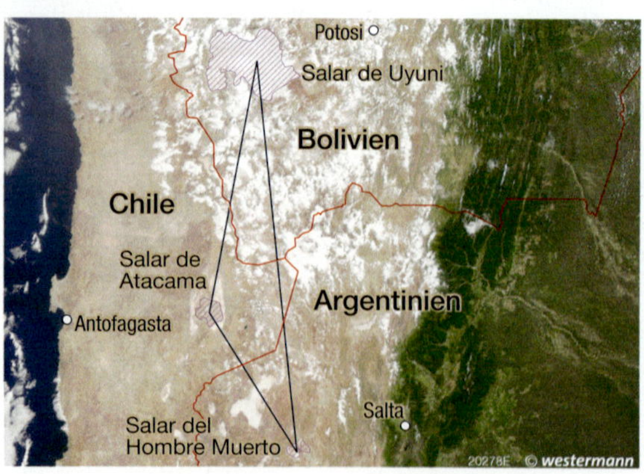

M3: Das Lithium-Dreieck

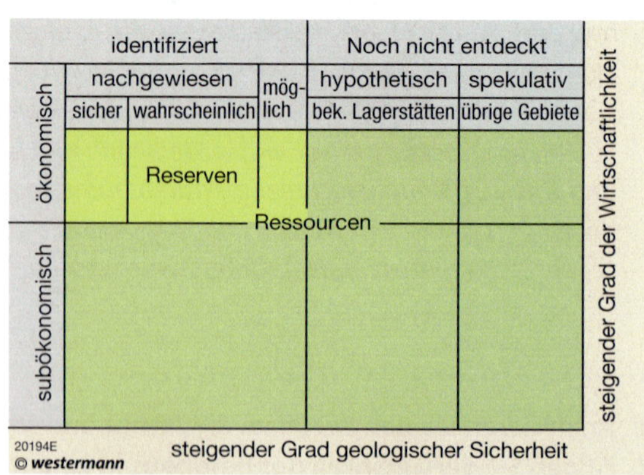

M4: Abgrenzung von Reserven und Ressourcen

M5: Salar de Uyuni

M6: „Freiberger Eindampfkegel"

Doch 2012 ist das ehrgeizige Drei-Phasen-Projekt (1. Pilotphase; 2. Großindustrielle Produktion von 30 000 t Li/Jahr; 3. Batterieproduktion) ins Stocken geraten. Bislang produziert nur eine Pilotanlage im geringen Umfang Lithium. Viele Skeptiker glauben nicht, dass Bolivien ohne ausländische Beteiligung in der Lage ist, Lithium im Großmaßstab zu fördern oder gar eine eigene Batterieproduktion auf die Beine zu stellen, da Kapital und Know-how fehlen. Zudem setzt man auf die herkömmliche Haltebeckentechnik, in der in großen Becken über einen monatelangen thermischen und chemischen Prozess aus der Salzlösung das für die Weiterverarbeitung benötigte Lithiumcarbonat angereichert wird. Im Vergleich zum Atacama-Salzsee, in dem das Verfahren erfolgreich eingesetzt wird, ist die Salar de Uyuni aber in einer weitaus regenreicheren Region und eine längere Regenzeit kann die Eindampfung ruinieren. Dabei hätte mit der auch ökologisch unbedenklicheren Kegeltechnik (M 8) eine Alternative bereitgestanden, die auch für die lokalen Salzbauern (Kochsalz) eine neue Einkommensgrundlage hätte bilden können.

Nachbar Chile geht im Übrigen einen anderen Weg: Mitte 2012 entschied die Regierung, um die Lithiumgewinnung im Salar de Atacama auszuweiten, dass auch private Firmen Abbaulizenzen erwerben können.

	Produktion (2011)	Reserven	Ressourcen
Chile	12,6	7 500	7 500
Australien	11,3	970	1 800
China	5,2	3 500	5 400
Argentinien	3,2	850	2 600
USA	1,5*	38	4 000
Portugal	0,8	10	k. A.
Bolivien	–	3 600**	9 000
Afghanistan	–	–	5 000*
Welt total	34	17 000	40 000

M7: Lithium: Weltproduktion, -reserven, -ressourcen (in kt)
** Schätzung, **unter Annahme, dass 40 % der Ressourcen des Salar de Uyuni abbaubar sind*

»

Um dem derzeitigen „Lithium-Fieber" der Industrie zu begegnen, entwickeln Freiberger Chemiker neue Verfahren, wie sie das seltene Leichtmetall in Bolivien aus Salzseen gewinnen können. (...) Dabei kommen die an der TU Bergakademie entwickelten „Freiberger Eindampfkegel" zum Einsatz. Bei dieser Technologie wird das Salzwasser des Sees bis zur Spitze eines drei Meter hohen Kegels gepumpt. Dort läuft es anschließend an Planen herunter. Sonne und Wind entziehen dabei der Lauge das Wasser, während sich die aufkonzentrierte, lithiumhaltige Lösung unten sammelt. Gegenüber der herkömmlichen Gewinnungsmethode mit Hilfe riesiger Eindampfungsbecken ist die neue Freiberger Technologie nicht nur erheblich effektiver, sondern liefert in der gleichen Zeit die fünffache Menge an Konzentrat. Sie nimmt auch wenig Platz in Anspruch und ist räumlich flexibel einsetzbar. Ein weiterer Vorteil: Das Material, das in dieser Technologie zum Einsatz kommt, ist am Standort in Bolivien verfügbar und muss nicht importiert werden.

«

M8: Quellentext zu einem alternativen Lithiumgewinnungsverfahren
Mitteilung der TU Bergakademie Freiberg 14.1.2010

„Ich glaube, für die Region wird es Verbesserungen geben, denn man sieht viele Bauarbeiten. Aber für meine Familie sehe ich keine Verbesserung. Denn es werden große nationale Unternehmen kommen, aber wir sind keine ausgebildeten Facharbeiter und sie werden uns keine Arbeit geben."
Panfilo Marquez, *Salzbauer*

1 **Erklären Sie den Unterschied von Reserven und Ressourcen am Beispiel der Lithiumvorkommen.**
2 **Beurteilen den Versuch Boliviens, den „Fluch der Ressourcen" zu begegnen (siehe S. 73).**

4.6.3 Venezuela: Fluch und Segen des Erdöls

Venezuela, dessen Wirtschaftsstruktur sehr stark von der Erdölförderung geprägt ist, hat seit der Machtübernahme einer sozialistischen Regierung den Anspruch, mit den Erdöleinnahmen der verstaatlichten Industrien soziale Programme zu finanzieren und mehr Verteilungsgerechtigkeit herzustellen.

»

Der Erdölreichtum Venezuelas hat seit Beginn der Förderung in den 1920er-Jahren bis etwa zum Ende der 1970er-Jahre des 20. Jahrhunderts das Entstehen einer breiteren Mittelschicht begünstigt, die venezolanische Wirtschaft wuchs in dieser Zeit im Durchschnitt um 5,9 Prozent. Es gelang aber nicht, die venezolanische Wirtschaft zu diversifizieren, während der Anteil der Angestellten im öffentlichen Sektor durch die Sozialprogramme der 1970er- und 1980er-Jahre enorm zunahm. Es entstand eine von den Öleinnahmen abhängige „Rentenökonomie". Die Entwicklung des ländlichen Raums wurde vernachlässigt, der einstmalige Exporteur von Agrarprodukten (Leder, Kaffee und Kakao) importiert heute den größten Teil der Lebensmittel. In den Städten entstanden durch die Landflucht große Armenviertel. In der Phase der niedrigen Ölpreise in den 1980er- und 1990er-Jahren stieg der Anteil der Armen an der Gesamtbevölkerung auf über 60 Prozent an.

Vor diesem Hintergrund wurde Hugo Chávez im Dezember 1998 zum Präsidenten gewählt. Präsident Chávez kündigte an, mit dem so genannten „Sozialismus des XXI. Jahrhunderts" die Wirtschaftsordnung Venezuelas nachhaltig verändern und die bislang benachteiligten Bevölkerungsschichten am Reichtum Venezuelas beteiligen zu wollen. Verstaatlichungen erfolgten zunächst in den Bereichen Großgrundbesitz und strategische Industrien (u.a. Erdöl, Eisen und Stahl, Häfen). Mittlerweile sind auch Supermarktketten, der Bereich Nahrungsmittelversorgung und Baufirmen betroffen.

«

M1: Quellentext zur Wirtschaftsentwicklung Venezuelas
Auswärtiges Amt: Venezuela: Wirtschaftsordnung (Februar 2012)

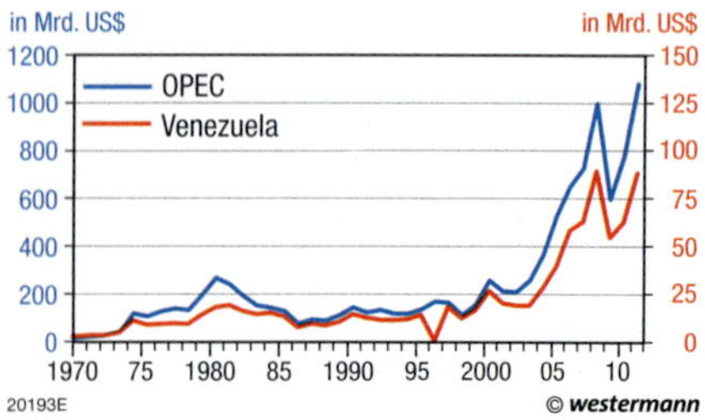

M2: Entwicklung der Einnahmen aus Erdölexporten: Venezuela, OPEC-Staaten

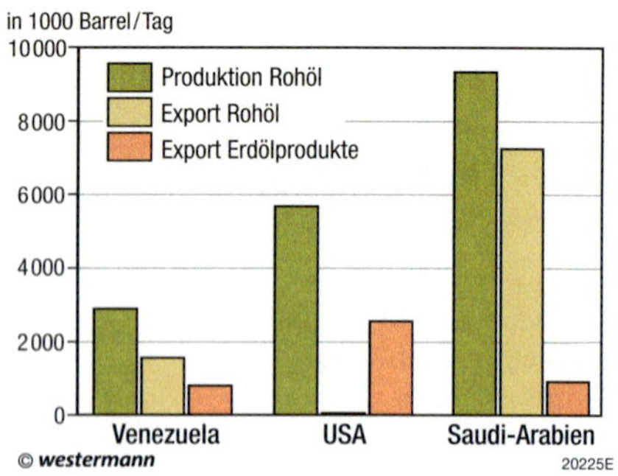

M3: Produktion und Export von Rohöl und Erdölprodukten

Venezuela, eines der Gründungsmitglieder der OPEC (Organisation erdölexportierender Länder) war 2011 sechstgrößter Erdölproduzent der Welt. Seine einseitige Abhängigkeit vom Erdöl hat sich mit dem Amtsantritt des populären Sozialisten Hugo Chávez 1998 sogar noch verstärkt. Heute tragen die Einnahmen der verstaatlichten Ölgesellschaft PDVSA und der übrigen Erdölindustrie zu 96 Prozent der Exporteinnahmen bei, machen mehr als die Hälfte der Staatseinnahmen aus und sind für ein Drittel des Bruttoinlandsprodukts des Landes verantwortlich.

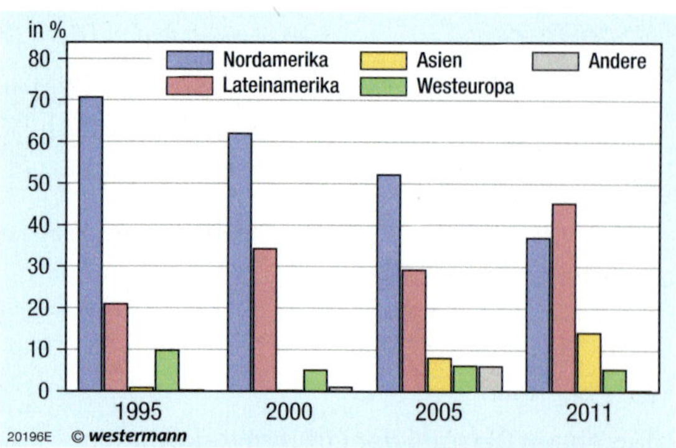

M4: Venezuela: Zielregionen der Erdölexporte

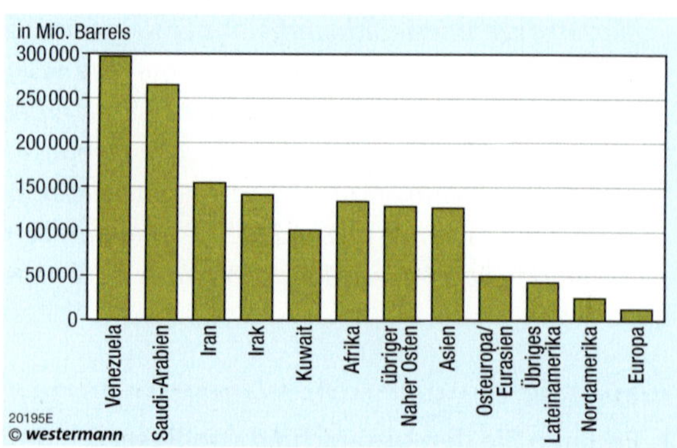

M5: Globale Erdölreserven

Ressourcenpolitik von Venezuela unter Hugo Chávez

- *Stärkung der Rolle des Staates (Verstaatlichung der Industrien)*
- *Förderung der Diversifizierung der Wirtschaft (z. B. der Landwirtschaft)*
- *Interne Umverteilung der Erdöleinnahmen durch soziale Programme (z. B. Alphabetisierung, Gesundheitsfürsorge, Arbeitsförderung, Wohnungsbau)*
- *Stärkung der Rechte der von Ressourcenabbau Betroffenen (v. a. Indigene)*
- *Diversifizierung der Abnehmerländer (Abbau der Abhängigkeit von den USA, Zusammenarbeit mit China und Russland)*
- *Förderung der regionalen Energieintegration (Zusammenarbeit in der ALBA mit Nachbarstaaten, Kooperation der nationalen Fördergesellschaften)*

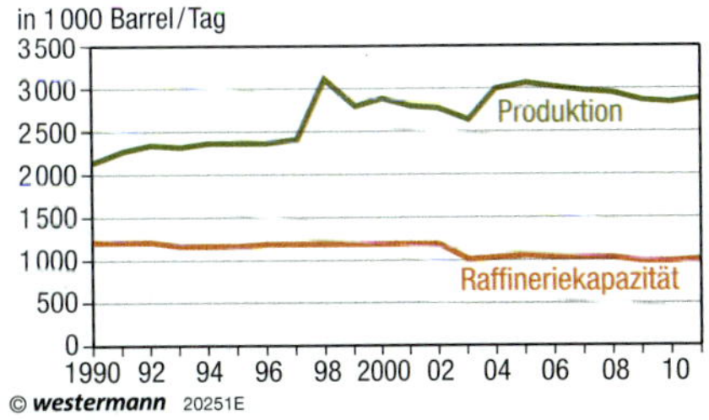

M6: **Erdölproduktion und Raffineriekapazität**

Seitdem die riesigen Mengen **Schwerstöle** im Orinocobecken zu den weltweiten, abbauwürdigen Erdölreserven hinzugerechnet werden, hat Venezuela Saudi-Arabien als Land mit den größten Erdölreserven abgelöst (20 % der globalen Erdölreserven, M 5). Zwar sind die staatlichen Erdöleinnahmen im letzten Jahrzehnt gestiegen, doch dies ist vor allem auf die steigenden Weltmarktpreise und die Erhöhung der Abgabenlast für die Unternehmen zurückzuführen. Die Fördermenge ist in den letzten Jahren eher zurückgegangen (M 3). Der Ausbau der Förderung (insbesondere der Schwerstöle) und die Sanierung der Schwerindustrie ist von Venezuela aber allein kaum zu bewältigen. Durch die Verstaatlichungswelle wurden jedoch viele US-amerikanische und europäische Firmen mit dem notwendigen Kapital und Know-how verschreckt. Allerdings steht die Regierung unter dem politischen Druck, ihre sozialen Versprechen einzulösen. Negative Auswirkungen auf die Ökonomie (hohe Inflation, sinkende Produktivität, ineffiziente Landwirtschaft) muss sie daher in Kauf nehmen.

Schwerstöl
nicht-konventionelles / fließfähiges Erdöl wie Ölsande und -schiefer; nur unter Zuhilfenahme aufwändiger Technik förderbar (Bohrung, Verflüssigung mit heißem Wasser). Aufgrund steigender Ölpreise und technischem Fortschritt wird die Förderung rentabel.

»

Die Ressourcenförderung ermöglicht zwar einen Ausbau der Infrastruktur und die Schaffung von Arbeitsplätzen in den marginalisierten Abbaugebieten; dem stehen jedoch häufig Umweltschädigungen und die Verletzung von Menschenrechten gegenüber. (...) Selbst in Venezuela, wo die indigenen Vertretungen des Landes der neuen Regierung Chávez zunächst sehr positiv gegenüberstanden, ist eine zunehmende Enttäuschung mit Blick auf die (Neu-)Verteilung von Landrechten und das in der Praxis unzureichend realisierte Recht auf vorherige Konsultationen eingetreten.

«

M7: **Quellentext zu den Folgen der Ressourcenpolitik**
Mähler, A., Neußer, G., Schilling-Vacaflor, A.: Schwarzes Gold und grüne Ambitionen: Ressourcenpoltik in den Andenländern. GIGA Focus 5/2011

	Jahr	Venez.	Peru
Armut (nationale Armutsgrenze)	1999	49,4 %	54,7 %
	2010	27,8 %	31,3 %
Gini-Koeffizient	1999	0,489	0,545
	2008	0,412	0,476

M8: **Armut und Vermögensungleichheit**

	ADI (in Mio. US$)	
	1998	2010
Venezuela	4985	1209
Peru	1644	8455
Chile	4628	15 373

M9: **Ausländische Direktinvestitionen**

M10: **Petrochemischer Komplex in Morón**

1 **Beschreiben Sie die wirtschaftliche Struktur von Venezuela (Atlas).**
2 **Beurteilen Sie die Erfolge der neuen Ressourcenpolitik Venezuelas.**
3 **Erörtern Sie das Zitat von Hugo Chavez, Öl sei Fluch und Segen Venezuelas.**

D1-210
www.diercke.de

Primärer Sektor: Bergbau und Landwirtschaft

Agrarwirtschaft in Lateinamerika

Landwirtschaftliche Exportprodukte haben in vielen lateinamerikanischen Ländern weiterhin eine hohe Bedeutung, wenn auch die Beschäftigungswirkung des Agrarsektors eine immer geringere Rolle spielt. Vielerorts ist an die Stelle der kleinbäuerlichen Subsistenzlandwirtschaft und traditioneller Nutzungsformen (Wanderfeldbau) ein moderner Monokulturanbau alter und neuer Cash Crops (Kaffee, Früchte, Soja, Zuckerrohr) getreten.

Nutzungsformen und Besitzstrukturen

Die ungleiche Verteilung des Landbesitzes (bedeutende Anteile der agrarischen Nutzfläche in der Hand weniger Großgrundbesitzer) ist ein koloniales Erbe, das für etliche soziale Konflikte sorgt. In den letzten Jahrzehnten entstand eine soziale Bewegung der Landlosen, die für mehr Verteilungsgerechtigkeit kämpft. Die in mehreren Staaten durchgeführten Agrarreformen sind im Ergebnis für die Landlosen und Kleinbauern meist nicht sehr zufriedenstellend verlaufen. Hinzu kommt als neues Phänomen der Aufkauf großer Landflächen durch Staaten und Unternehmen (Land Grabbing).

Nachhaltigkeitsprobleme bei agrarischer Nutzung

Die Ausweitung der industriellen Landwirtschaft führte nicht nur zu einer Modernisierung und zu Exportgewinnen für einzelne Staaten, sondern auch zu zahlreichen ökonomischen, sozialen und ökologischen Problemen. So ist die Bioethanolproduktion aus Zuckerrohr und der Sojanbau wirtschaftlich für Brasilien und Argentinien ein großer Erfolg, führt aber direkt oder indirekt zu Abholzung von Regenwald und zu der Einschränkung der Arbeits- und Lebensbedingungen der indigenen Bevölkerung. Traditionelle und nachhaltige Anbaumethoden sowie faire Handelsbedingungen sind ein Weg in eine ökologisch und sozial verträgliche Landwirtschaft.

Mineralische und energetische Rohstoffe

Viele rohstoffreiche lateinamerikanische Länder haben in den letzten Jahrzehnten den Abbau mineralischer und energetischer Rohstoffe weiter vorangetrieben. Aufgrund der damit verbundenen sozialen und ökologischen Folgen hat sich inzwischen nicht nur ein massiver Widerstand der Bevölkerung gegen die Bergbauprojekte entwickelt, auch ökonomisch wird der Nutzen einer rein auf Rohstoffen basierenden Wachstumsstrategie mittlerweile stark kritisiert („Fluch der Ressourcen"). In Ländern wie Venezuela, Chile und Peru beruht ein Großteil der Wirtschaftsleistung ausschließlich auf dem Bergbau. Die Weiterverarbeitung der Rohstoffe ist die Alternative, um weniger abhängig vom Weltmarkt zu sein und höhere Gewinne zu erzielen.

Aufgaben

1 **„Die lateinamerikanische Landwirtschaft steht vor der komplexen Aufgabe, zugleich die Ernährungssicherheit und Deviseneinnahmen der Länder sicher zu stellen, die global bedeutenden Ökosysteme zu schonen und soziale Ungerechtigkeiten abzubauen." Erörtern Sie diese Aussage.**

2 **Vergleichen Sie die Forderungen nach Ernährungssicherheit und Ernährungssouveränität (4.3.2).**

3 **Beurteilen Sie am Beispiel Viehfutter aus Sojaschrot und Biosprit aus Zuckerrohr die Verantwortung Deutschlands und Europas für die Entwicklung der Landwirtschaft in Lateinamerika.**

4 **Erörtern Sie die Bedingungen, unter denen eine ressourcenbasierte Wachstumsstrategie zu nachhaltiger wirtschaftlicher Entwicklung führen kann.**

5 **Beurteilen Sie den Auswirkungen sozialer Proteste auf den Ausbau der Rohstoffförderung (4.6.1).**

Internetlinks

FAO Maps
Interaktive Karten zum Thema Landwirtschaft (engl.)
kids.fao.org/agromaps

Nationales Institut für Agrarreformen in Bolivien (span.)
www.inra.gob.bo

MapMine Mapper
Interaktive Karten zum Thema Bergbau (engl.)
mapper.infomine.com

5 Bevölkerung und Gesellschaft

Der Kontrast von Arm und Reich ist in der lateinamerikanischen Gesellschaft allgegenwärtig. Nirgendwo auf der Welt sind Einkommen und Vermögen so ungleich verteilt wie hier, besitzen die Armen so wenig und die Reichen so viel. Schon seit Jahrzehnten machen sich die Armen auf den Weg: in die nächste Stadt, in die prosperierenden Regionen und Megacitys und nicht zuletzt in die USA. Aus einer Einwanderungs- wurde eine Auswanderungsregion. Überdurchschnittlich oft betroffen von Armut und sozialer Ausgrenzung ist noch immer die indigene Bevölkerung, die seit der Kolonialisierung diskriminiert wird. Doch mittlerweile sind Armutsbekämpfung und Gleichberechtigung der Indigenen in vielen Staaten immerhin ganz oben auf der politischen Agenda.

5.1 Bevölkerungsentwicklung und -struktur

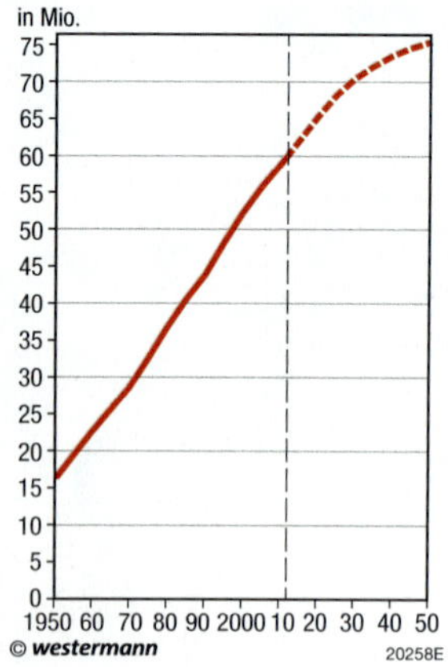

M 1: Lateinamerika: Bevölkerungsentwicklung und -projektion

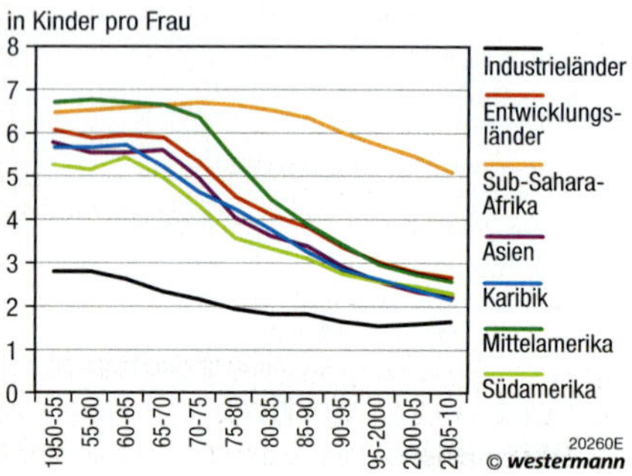

M 2: Fertilitätsrate

Während Lateinamerika im 20. Jahrhundert ein rapides Bevölkerungswachstum erlebte, gehen die Wachstumsraten seit geraumer Zeit zurück.

In Lateinamerika lebten 2012 599 Mio. Menschen (8,4 % der Weltbevölkerung; 1900: 3,8 %). Zwar wird die Bevölkerung noch eine ganze Weile weiter wachsen (M 1), doch die Fertilitätsrate (und auch die Wachstumsrate) ist seit den 1960er-Jahren stark rückläufig, vor allem auch im Vergleich zu anderen Weltregionen (M 2). Dadurch hat sich bereits heute die Altersstruktur der Bevölkerung geändert (M 3). Während Länder wie Uruguay und Argentinien oder auch die urbanen Regionen Brasiliens den demographischen Übergang (beinahe) vollendet haben, liegen die Geburtenraten in einigen Ländern wie Guatemala, Haiti oder Bolivien noch immer hoch (geringe Verbreitung / Akzeptanz von Verhütungsmitteln). Viele Länder haben in den letzten Jahrzehnten jedoch gewaltige Fortschritte im Bereich der Gesundheitsversorgung gemacht (niedrigere Sterberaten, höhere Lebenserwartung).

Die Bevölkerungsentwicklung etwa in Brasilien beruht fast ausschließlich auf dem natürlichen Bevölkerungswachstum. In vielen mittelamerikanischen und karibischen Staaten spielt auch die Auswanderung – vor allem in die USA – eine Rolle.

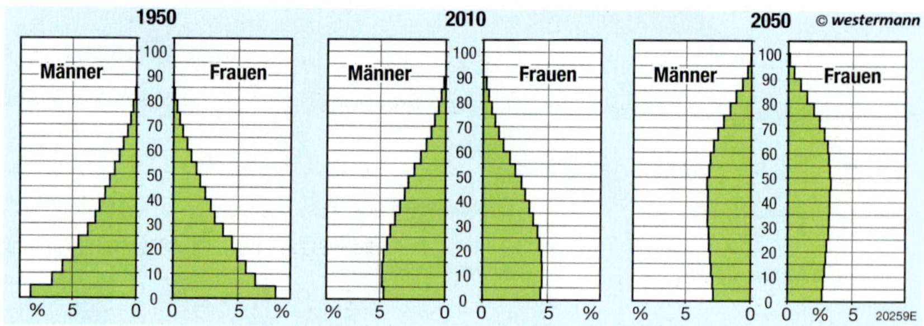

M 3: Altersstruktur in Lateinamerika

	Bevölkerung (in Mio.)		Geburten- / Sterberate (in %)	Natürliche Wachstumsrate (in %)	Nettomigrationsrate (in %)	Gesamtfruchtbarkeitsrate	Säuglingssterblichkeit (in %)	Lebenserwartung bei Geburt (in Jahren)	Bevölkerung nach Alter (in %)	
	2012	2050							<15 J.	>64 J.
Costa Rica	4,5	5,8	1,6 / 0,4	1,1	0	1,8	0,9	79	24	7
Guatemala	15,0	27,4	2,9 / 0,5	2,4	–0,2	3,6	3,0	71	41	4
Mexiko	116,1	143,9	2,0 / 0,5	1,5	–0,3	2,3	1,5	77	29	6
Mittelamerika	160	212	2,1 / 0,5	1,6	–0,3	2,5	1,8	76	31	6
Kuba	11,2	11,3	1,1 / 0,8	0,3	–0,4	1,7	0,5	78	17	13
Dom. Republik	10,1	13,2	2,3 / 0,6	1,6	–0,3	2,6	2,7	73	31	6
Haiti	10,3	14,2	2,7 / 0,9	1,8	–0,5	3,4	6,1	62	36	4
Karibik	42	49	1,8 / 0,8	1,1	–0,4	2,3	3,3	72	27	9
Argentinien	40,8	57,7	1,9 / 0,8	1,1	–0,1	2,4	1,2	76	25	10
Brasilien	194,3	213,4	1,6 / 0,6	1,0	0	1,9	2,0	74	24	7
Kolumbien	47,4	53,2	1,9 / 0,6	1,3	–0,1	2,1	1,6	73	29	6
Peru	30,1	40,1	2,0 / 0,5	1,5	–0,4	2,6	2,0	74	30	6
Uruguay	3,4	3,6	1,4 / 1,0	0,4	–0,2	2,0	1,1	76	23	14
Südamerika	397	479	1,8 / 0,6	1,2	0	2,1	2,0	74	26	7
Lateinamerika	599	740	1,9 / 0,6	1,3	–0,1	2,2	2,0	74	28	7
Welt	7 058	9 624	2,0 / 0,8	1,2	–	2,5	4,1	70	27	8
Industrieländer	1 243	1 338	1,1 / 1,0	0,2	0,2	1,7	0,5	78	16	16
Entwicklungsl.	5 814	8286	2,2 / 0,8	1,4	–0,1	2,6	4,5	68	29	6

M 4: Demographische Kennzahlen ausgewählter Länder und Regionen (2012)

Immigration, Emigration und Binnenwanderungen

Aus einer Zielregion internationaler Migration ist Lateinamerika in den letzten 50 Jahren zu einer Auswanderungsregion geworden. Zudem gibt es in den Ländern große Wanderungsbewegungen.

Getrieben von Hunger und Armut kamen von 1860 bis 1930 15 Mio. europäische Einwanderer nach Lateinamerika und fanden dort vor allem als Landarbeiter und Kleinbauern ein bescheidenes Auskommen. So verdrängten Italiener im Gebiet von São Paulo die Portugiesen als größte Immigrantengruppe und arbeiteten dort in der Kaffee-Industrie. Zielregionen der Europäer waren vorwiegend Argentinien, Brasilien, Chile und Uruguay. Die bereits in vorkolumbischer und kolonial-spanischer Zeit vergleichsweise dicht besiedelten Hochgebirgsländer der Anden gehörten hingegen nicht zu den typischen Einwanderungsländern des 19. Jahrhunderts. Bis in die 1930er-Jahre war die Auswanderung aus Europa vorwiegend sozial und wirtschaftlich begründet. Erst zur Zeit des Nationalsozialismus kam es verstärkt zu politisch und religiös motivierter Emigration. In den 1930er-Jahren setzte in mehreren lateinamerikanischen Staaten (z. B. Brasilien) eine restriktive Einwanderungspolitik ein. Die angestammte Bevölkerung sollte damit vor unliebsamer Konkurrenz geschützt werden. Diese Politik hat dafür gesorgt, dass die Einwanderungsquoten nach einer letzten Welle in der Nachkriegszeit bis in die 1970er-Jahre stark zurückgegangen sind.

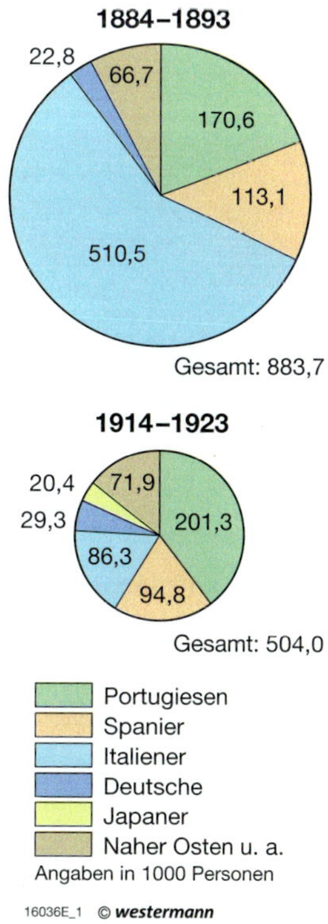

M5: Einwanderungsgruppen in Brasilien

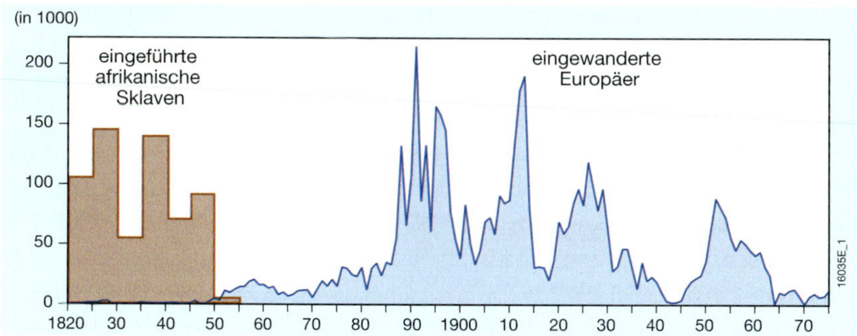

M6: Europäische Einwanderung nach Brasilien

„Die Mexikaner kommen von den Azteken, die Peruaner von den Inkas, die Argentinier von den Schiffen."

Octavio Paz, *mexikanischer Schriftsteller*

»

Ganze Familien und Dörfer brachen auf, um ihr Glück in Übersee zu suchen. Die zahlreichen Einwanderer aus den deutschen Kleinstaaten (z. B. Baden-Württemberg, Sachsen oder dem Rheinland), seit 1871 aus dem Deutschen Reich, ließen sich vor allem in den außertropischen Regionen des Kontinents nieder. Sie siedelten im Süden Brasiliens (1,5 Mio.), in Paraguay (100 000), in Nordost-Argentinien (400 000) sowie in Südchile (20 000). Die Neuankömmlinge gründeten – meist in der Nähe von Flüssen – eine große Zahl deutschsprachiger Kolonien, die es dank guter Bewässerungsmöglichkeiten und durch günstige Verschiffung der hergestellten Produkte zu bescheidenem Wohlstand bringen sollten. Bis in die letzten Jahrzehnte hinein gab es hier noch viele Menschen mit Deutschkenntnissen.

«

M7: Quellentext zu deutschen Einwanderern
Schoop, W.: Lateinamerika Diercke Spezial (2008)

Zwischen 1932 und 1941 kamen etwa 100 000 deutschsprachige Juden nach Lateinamerika.

1 **Beschreiben Sie die Bevölkerungsentwicklung in Lateinamerika anhand der aufgeführten Kennzahlen.**
2 **Erläutern Sie die Konsequenzen, die sich aus der geänderten Altersstruktur ergeben (M 3).**
3 **Charakterisieren Sie die Motive der europäischen Auswanderer, nach Lateinamerika zu gehen.**

D1-210
www.diercke.de

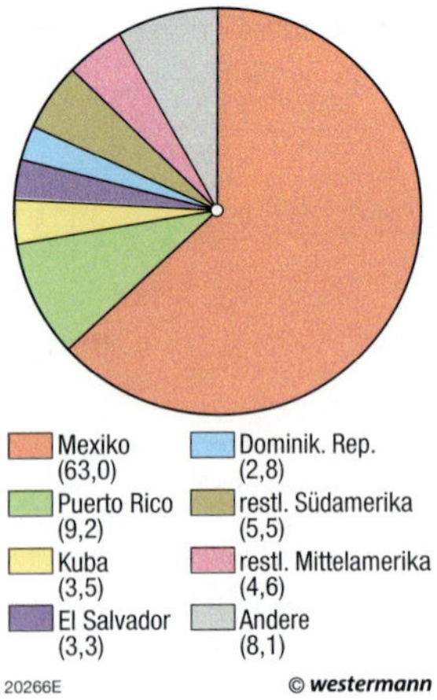

M1: Herkunftsländer der Hispanics und Latinos in den USA (2010)

"Hispanic or Latino" refers to a person of Cuban, Mexican, Puerto Rican, South or Central American, or other Spanish culture or origin regardless of race."

Definition des US-Census

äußere Zwänge	regionale Beispiele
politisch	• Bürgerkrieg in Guatemala, Peru, El Salvador u. a. • Drogenkrieg in Kolumbien
ökologisch	• zunehmende Trockenheit im Nordosten Brasiliens • Übernutzung der Hochgebirgsstufen der Anden
ökonomisch	• Modernisierung der Landwirtschaft in Süd-Brasilien • Arbeitslosigkeit in Zentralmexiko

M2: Gründe für Zwangsmigration

In den letzten Jahrzehnten hat sich die Migrationsrichtung umgekehrt. Heute sind die Karibik und Mittelamerika nach Mikro- und Polynesien die am stärksten von Abwanderung betroffenen Regionen der Welt. Von 2005 bis 2010 verließen jährlich über eine Million Menschen in Lateinamerika ihr Land. Die höchsten Nettomigrationsraten haben einige karibische Staaten, El Salvador und Guyana. In absoluten Zahlen kommen die meisten Immigranten immer noch aus Mexiko (360 000 / Jahr). Wichtigstes Ziel der Auswanderer ist die USA. Dort leben laut der letzten Volkszählung 2010 50,5 Mio. „Hispanics" oder „Latinos" (2000: 35 Mio.), was 16,3 Prozent der Gesamtbevölkerung entspricht. Knapp die Hälfte, vor allem die Mexikaner, lebt in den südwestlichen Bundesstaaten (M 3).

Die Mittelamerikaner versuchen oft, ohne Einreisegenehmigung auf dem Land- oder Seeweg die USA zu erreichen. Solche illegalen Migrationen sind mit einem erheblichen Risiko und mit hohen Kosten verbunden, besonders dann, wenn die Migranten sich Schleuserbanden anvertrauen. Die Zugangsbarrieren für die Einreise in die USA sind im Laufe der Jahre abwechselnd erschwert oder erleichtert worden, je nachdem wie notwendig die Migranten auf dem US-Arbeitsmarkt benötigt wurden. Auch innenpolitische Diskussionen zur Menschenrechtslage, die regelmäßig vor wichtigen Wahlen geführt werden, können die Situation verändern.

Seit Beginn des 21. Jahrhunderts ist auch die EU (vornehmlich Spanien und Italien) für viele Menschen aus Südamerika zum Einreiseziel geworden. Vor allem Bewohner der Andenländer hoffen auf bessere wirtschaftliche Bedingungen in Europa. So lebt in Spanien heute etwa eine halbe Million Ecuadorianer. Im Unterschied zu früher finden vor allem Frauen in Europa Arbeit, oft als Haushaltshilfen und Reinigungskräfte oder in der Kinder- und Altenpflege.

In der schwierigen Anfangszeit können die Zuwanderer häufig auf die Hilfe von Netzwerken von älteren Migranten aus dem Heimatland oder der Herkunftsregion zurückgreifen. Das führt dazu, dass sich einzelne regionale Herkunftsgruppen bevorzugt in ganz bestimmten Räumen niederlassen (z. B. großräumig in den USA: Florida – Kubaner; nordöstliche Bundesstaaten – Puerto Ricaner). Die Einwanderer aus Mittelamerika unterhalten in der Regel enge wirtschaftliche und soziale Kontakte zu ihren Herkunftsgemeinden (transnationale soziale Netze). Immer häufiger kommt es vor, dass Emigranten in ihre Heimat zurückkehren, um danach erneut aufzubrechen. Viele pendeln so im Laufe ihres Lebens mehrfach zwischen Herkunfts- und Zielort hin und her. Diese „Transmigranten" unterscheiden sich deutlich von den klassischen Einwanderern oder Rückwanderern früherer Generationen.

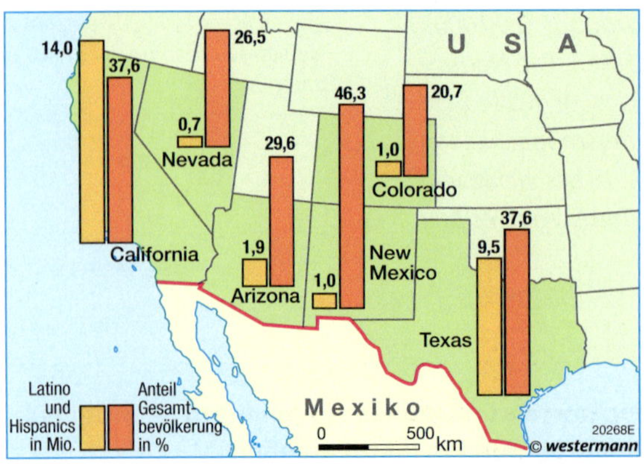

M3: Lateinamerik. Auswanderer in Südwest-USA (2010)

M4: Aufgegriffene Mexikaner an der US-Grenze

Wanderungstyp	Merkmale
Land-Stadt	„Landflucht"; es wirken vom Lande abstoßende, von der Stadt anziehende Kräfte
Land-Land	bei Neulanderschließung; von Subsistenz in die marktorientierte Landwirtschaft
Stadt-Stadt	Etappenwanderungen; auch Jobsuche qualifizierter Arbeitskräfte
Stadt-Land	Rückwanderungen, z. B. Rückkehr aufs Land nach Flucht vor einem Bürgerkrieg
innerhalb Stadt	innerstädtische Wohnwechsel
innerhalb eines ländlichen Raumes	Wanderung innerhalb eines Neusiedlungsgebietes von einer älteren Parzelle zur Rodungsfront

M5: Wichtigste Wanderungsströme innerhalb Lateinamerikas

Der Auswanderung in einen anderen Kulturraum gehen in den meisten Fällen andere Formen regionaler Wanderungen voraus (M 5). Armut, Not, fehlende wirtschaftliche Perspektiven, aber auch Verfolgung, Natur- und Umweltkatastrophen oder Krieg können Schubkräfte sein, dass Menschen ihre Heimat verlassen (Pushfaktoren, M 2, 6). Die Hoffnung auf ein besseres Leben, höhere Verdienstmöglichkeiten und individuelle, politische und religiöse Freiheit sind Gründe, die andere Regionen attraktiv machen (Pullfaktoren). Vor allem die Städte haben nach wie vor eine sehr hohe Anziehungskraft in Lateinamerika (vgl. 6.1).

Schubkräfte (Push-Faktoren)	Zugkräfte (Pull-Faktoren)
Fehlen von Alternativen zur Landwirtschaft, Überbevölkerung	Konzentration von Industrie und Gewerbe
Pachtauflösung, zurückgehende Erträge, winzige Anbauflächen	Verdienstmöglichkeiten im Handel, Kleingewerbe oder informellen Sektor
unzureichende Infrastruktur (Trinkwasser, Elektrizität, medizinische Versorgung), beschränktes Bildungsangebot	Freizeit- und Konsumangebot, attraktivere Unterkünfte
Neugier, Hoffnung, Abenteuerlust, geweckte Erwartungen	soziale Anonymität, soziale Mobilität

M6: Zug- und Schubkräfte bei der Landflucht

»

Früher galten die Auswanderer in die USA oft als eine Art Vaterlandsverräter, die ihre Gesellschaft im Stich lassen, um in den USA persönlichen Erfolg zu suchen. Stapelweise entstanden Bücher und Filme, die oft mit moralischem Zeigefinger Materialismus, Egoismus und kulturellen Werteverlust der Emigranten verdammten. Ökonomisch war das Bild ambivalent: Zum einen wurde die Abwanderung als „Ausbluten" gesehen, als ein Prozess, der dem Land einen Teil seines Reichtums in Form seiner Arbeitskräfte nimmt; zum anderen erkannte man in der Auswanderung aber auch ein Ventil für all jene, die im eigenen Land keine Arbeit fanden. Inzwischen gilt Emigration vielerorts als eine völlig normale Lebensoption junger Leute. Die Beziehungen zu Freunden und Verwandten werden über Tausende von Kilometern gepflegt, und die Geldsendungen der Migranten sind nicht nur für die direkten Empfänger überlebensnotwendig, sondern auch für die Zahlungsbilanzen ganzer Länder.

«

M7: Quellentext zum Bedeutungswandel der Migration für die lateinamerikanischen Länder
Hoffmann, B.: Migration, Flucht Exil: Vom Einwanderer- zum Auswandererkontinent (2011)

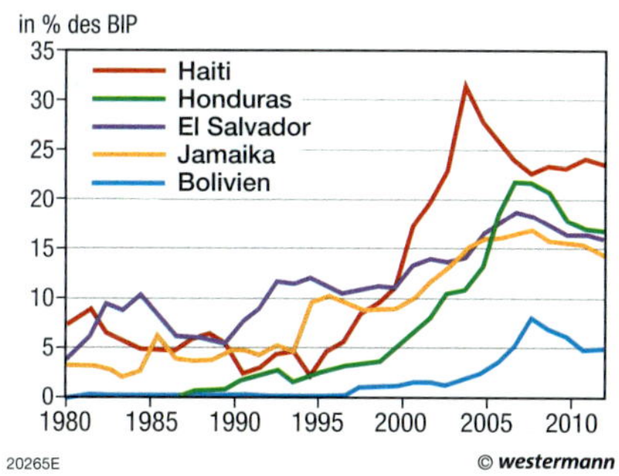

M8: Rücküberweisungen (Remesas)

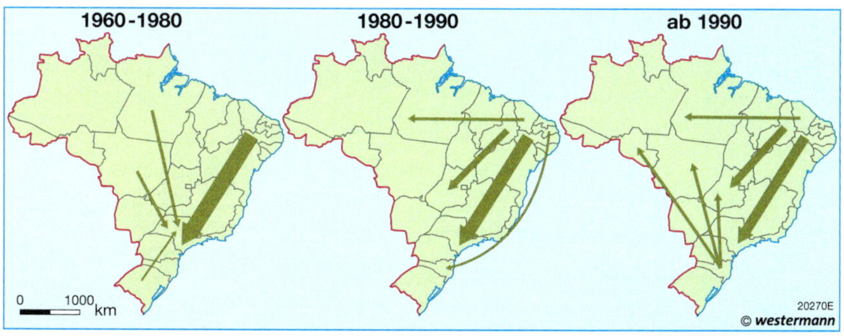

M9: Binnenmigration in Brasilien

1 **Analysieren Sie an selbst gewählten lateinamerikanischen Ländern die Motive für Migration.**
2 **Beurteilen Sie die Funktion von transnationalen sozialen Netzen.**
3 **Analysieren Sie die Binnenmigration in Brasilien (M 9, M 8, S. 91, Atlas).**

D1-218
www.diercke.de

5.3 Armut, Ungleichheit und regionale Disparitäten

Zu den Gemeinsamkeiten nahezu aller lateinamerikanischen Staaten gehört eine ausgeprägte soziale Ungleichheit. Diese wird begleitet von immer noch hoher Armut und regionalen Disparitäten.

M1: Quellentext zur Armut und sozialer Ungleichheit in Brasilien
Hart, K.: Brasilien – Weltmeister bei Sozialkontrasten (2005)

»

„Sklavenarbeit und hochmoderner Flugzeugbau, Regionen wie in der Ersten und in der Dritten Welt, wie in Afrika und Mitteleuropa – Brasilien hat alles gleichzeitig", betont Carlos Lopes, Chef der UNO-Mission in Brasilia. (...) Wer in Rio de Janeiros Hauptbahnhof „Central do Brasil" in den Zug steige, passiere Wohnviertel mit einem Lebensniveau wie in Belgien – und lande kurz darauf an der Slumperipherie, mit gravierenden Zuständen, einem Grad menschlicher Entwicklung so niedrig wie in Swasiland. (...) Extremes Elend sieht Lopes jedoch nicht nur in stark unterentwickelten Zonen des Nordostens, die Sozialindikatoren wie in Haiti oder Uganda aufweisen. In der Stadt Manari beispielsweise, mit 13 500 Bewohnern, können achtzig Prozent der Erwachsenen nicht lesen und schreiben, gehen die Leute keine drei Jahre zur Schule, liegt das mittlere „Einkommen" der meist sehr kinderreichen Familien bei umgerechnet nur zwanzig Euro.

«

M2: Müllsammler in Rio de Janeiro

Kennzahlen wie das Pro-Kopf-Einkommen auf Basis des Bruttoinlandsprodukts (BIP) oder Bruttonationaleinkommens (BNE) können eine Aussage über die Leistungsfähigkeit einer Volkswirtschaft machen (M 3). Über die wirtschaftliche Situation ihrer Einwohner sagten sie hingegen wenig aus. So liegt das tatsächliche Einkommen von bis zu 90 Prozent der lateinamerikanischen Menschen weit unterhalb solcher Werte. Um ihre Armut zu erfassen, gibt es verschiedene Konzepte. So kann das individuelle Einkommen oder der Konsum mit einem definierten Grenzwert verglichen werden (absolute Armut). Nach den Kriterien der Wirtschaftskommission für Lateinamerika und die Karibik (CEPAL, M 8) galten

Als Bezugsgröße bei der Bestimmung von Armut kann aber auch das durchschnittliche Einkommen der Gesamtbevölkerung dienen (relative Armut).

	BNE/Ew. (2011)	HDI (2011)	Arme < 1,25 US$/ Tag	Unterernährte
Lateinamerika	8544 US$	0,731	6,5 %	8,9 %
Ostasien	4235 US$	0,671	14,3 %	10,6 %
Südasien	1299 US$	0,548	36,0 %	20,3 %
Sub-Sahara-Afrika	1254 US$	0,463	47,5 %	22,1 %
Mittlerer Osten	3869 US$	0,641	2,7 %	6,9%

M3: Vergleich von Entwicklungsregionen (2008)

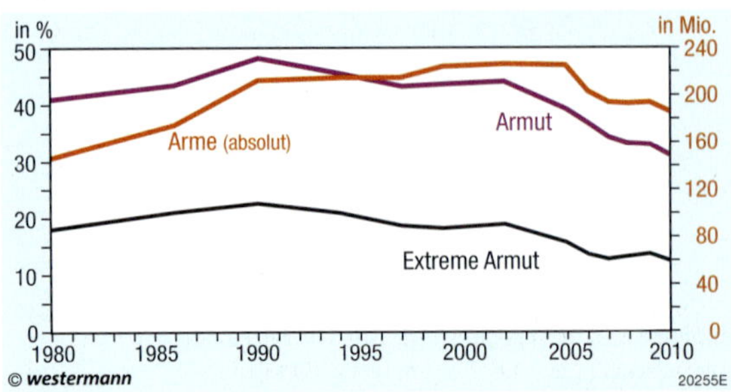

M4: Entwicklung von Armut in Lateinamerika

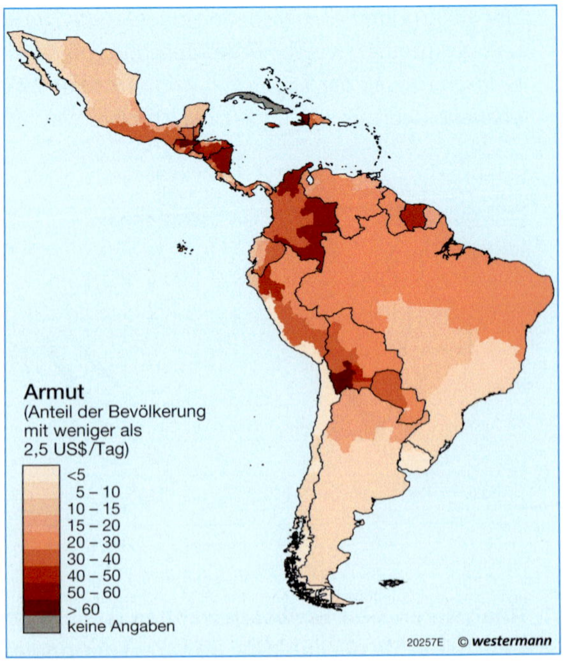

M5: Armut in Lateinamerika

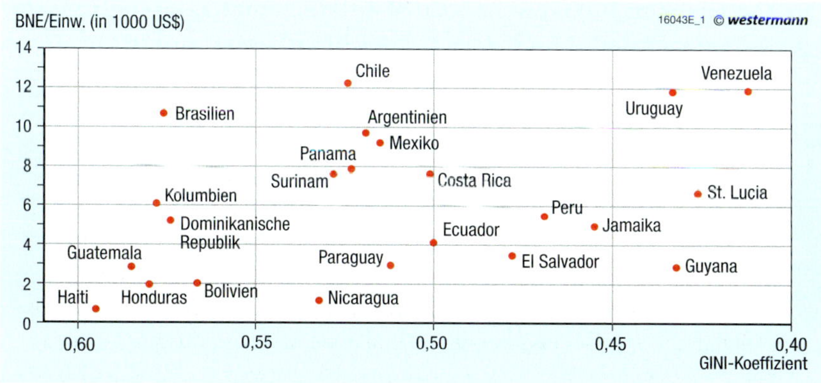

M6: Wohlstand und Ungleichheit der lateinamerikanischen Staaten
Zum Vergleich: Deutschland: Gini-Index: 0,282; BNE/Ew.: 43 980 US$

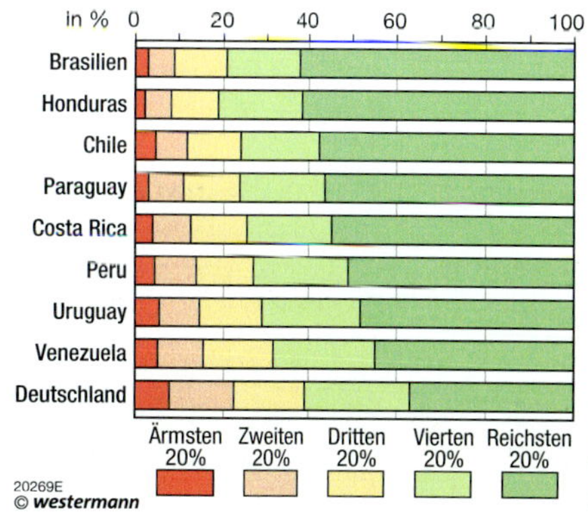

M7: Einkommensverteilung
(Daten aus 2008 – 2010)
Hierbei wird die Bevölkerung eines Landes anhand des Einkommens in fünf jeweils gleich große Gruppen eingeteilt. Die jeweiligen Werte geben an, wie viel eine Gruppe zum Gesamteinkommen beiträgt.

185 Mio. Menschen 2010 als arm, 75 Mio. sogar als extrem arm. Über Jahrzehnte haben sich die strukturellen Ursachen der Armut als konstant erwiesen und die Armutsraten variierten nur leicht mit der jeweiligen Konjunktur. Allerdings ist der Anteil der Armen seit 2000 um zehn Prozent zurückgegangen (M4, M6, S.89)

Auch die soziale Ungleichheit ist in den letzten Jahren rückläufig. Doch noch immer zeichnet sich keine Region der Welt durch so krasse Gegensätze zwischen Arm und Reich aus wie Lateinamerika und ist so viel Einkommen bei den obersten zehn Prozent der Gesellschaft konzentriert. In Rankings von Ungleichheitsmaßzahlen wie dem **Gini-Index** rangieren lateinamerikanische zum Teil weit hinter afrikanischen und asiatischen Ländern. Die Betrachtung der Einkommensstatistik verharmlost sogar noch die Ungleichgewichte, weil hierbei die großen Vermögen der Reichen unberücksichtigt bleiben. Das regressive Steuersystem vieler lateinamerikanischer Länder, in denen vor allem die sowieso schwach ausgeprägte Mittelschicht am stärksten belastet wird, verstärkt die Ungleichheit noch.

Gini-Koeffizient / Index
statistische Messgröße für die Ungleichheit einer Gesellschaft (0 = völlige Gleichverteilung; 1 = Vermögen in der Hand eines einzigen Bewohners)

	Anteil (in %)					Einkommensanteil (in %)	
	Armer[A]	Extrem Armer[B]	Bevölkerung < 1,25 US$/Tag[C]	Bevölkerung < 2 US$/Tag[C]	Bevölkerung in mehrdimensionaler Armut[D]	der reichsten 20 %	der reichsten 10 %
Bolivien	54,0[3]	31,2[3]	15,6[2]	24,9[2]	20,5	59,8[3]	42,8[3]
Brasilien	24,9[1]	7,0[1]	6,1[1]	10,8[1]	2,7	61,8[1]	46,6[1]
Chile	11,5[1]	3,6[1]	1,4[1]	2,7[1]	k. A.	58,0[1]	43,0[1]
Costa Rica	18,5	6,8	8,2	15,8	k. A.	54,4	37,6
Dominik. Republik	41,4	20,9	2,2	9,9	4,6	59,8	43,2
Honduras	67,4	42,8	17,9[1]	29,8[1]	32,5	60,4	43,4
Kolumbien	44,3	14,8	8,2	15,8	5,4	62,0	46,2
Mexiko	36,3	13,3	1,2[2]	5,2[2]	4,0	53,4	37,4
Paraguay	54,8	30,7	7,2	13,2	13,3	57,2	41,8
Peru	31,3	9,8	4,9	12,7	19,9	50,6	34,6
Uruguay	8,4	1,4	0,2	1,2	1,7	48,4	32,3
Venezuela	27,8	10,7	6,6[4]	12,9[4]	k. A.	45,2	28,6
Lateinamerika[E]	31,4	12,3	6,5[2]	12,4[2]	k. A.	k. A.	k. A.

[A]Personen, deren Einkünfte nicht höher sind als die doppelten Kosten des Warenkorbs für Nahrungsgüter (CEPAL-Definition); [B]Personen, deren Einkünfte niedriger sind als die Kosten des Warenkorbs für Nahrungsgüter (CEPAL-Definition); [C] (Weltbank-Definition) [D]Personen, die von mehrdimensionale Armut (Index aus 10 Indikatoren aus Gesundheit, Lebensqualität und Bildung, siehe M 2, S. 88) betroffen sind (UNDP-Definition), [E] ohne Karibik

M8: Armut und Einkommensungleichheit mittels verschiedener Indikatoren (2010, [1]2009, [2]2008, [3]2007, [4]2006)

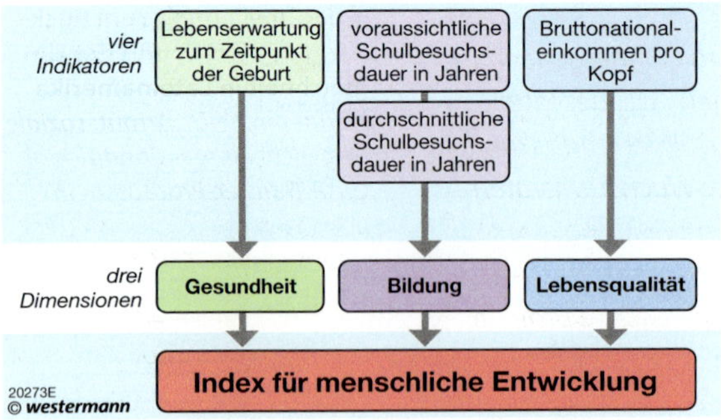

M1: Indikatoren des Human Development Index

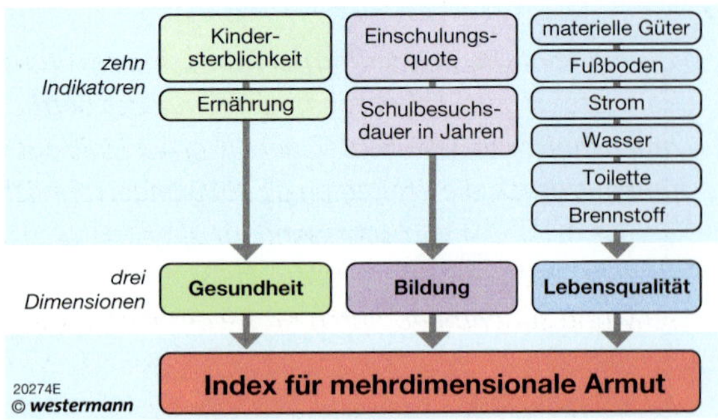

M2: Indikatoren des Multidimensional Poverty Index

M3: Quellentext zum neuen IHDI
Xu, G., Hümmer, V.: Die Folgen der Ungleichheit: Ein neues Maß der menschlichen Entwicklung (2010)

» *Der HDI bildet drei grundlegende Dimensionen von menschlicher Entwicklung ab: ein langes und gesundes Leben, Zugang zu Wissen und einen angemessenen materiellen Lebensstandard. (…) Ein lebenswertes Leben umfasst allerdings weitaus mehr als die bisher im HDI berücksichtigten Faktoren, beispielsweise auch die Teilhabe am politischen Leben, Nachhaltigkeit oder Chancengleichheit. Eine Entwicklung, die zum Beispiel darauf beruht, dass eine Elite durch besseren Zugang zu Macht und Ressourcen andere Gruppen ausbeutet, beeinträchtigt das Wohlergehen weiter Bevölkerungsteile. Wirtschaftliche, soziale und politische Ungleichheiten können sich gegenseitig verstärken und die Ausschöpfung des menschlichen Potenzials und die Entwicklungschancen dauerhaft behindern. So können Menschen zwar in Ländern mit gleichem HDI leben, aber trotzdem nicht die gleichen Chancen auf ein lebenswertes Leben besitzen. Um die Verteilungsdimension von menschlicher Entwicklung fortan zu berücksichtigen, wurde der HDI zu seinem 20. Jubiläum erweitert. Der ergänzte Index (Inequality-adjusted Human Development Index, IHDI) ist ein Maß für menschliche Entwicklung, das Ungleichheit in Bildung, Gesundheit und Einkommen mit einschließt. Wenn in allen drei Dimensionen Gleichheit existiert, sind HDI und IHDI identisch. Der HDI lässt sich daher auch als maximaler IHDI interpretieren. Je größer die Ungleichverteilung, desto niedriger der IHDI im Vergleich zum HDI.*
Die Berücksichtigung von Ungleichheit im neuen IHDI führt beim Ranking einzelner Länder zu drastischen Änderungen. (...). Insgesamt befinden sich unter den zehn Ländern mit den größten Positionsverlusten acht Länder in Zentral- oder Südamerika. Dies sind meist Länder, die aufgrund eines historisch stark konzentrierten Agrarsektors überdurchschnittlich hohe Ungleichheit aufweisen. Ohne Beachtung der Ungleichheit als zusätzlichem Indikator für menschliche Entwicklung würde der Entwicklungsstand dieser Länder weit überschätzt. «

	HDI (Rang)	IHDI (Rang)
Chile	0,805 (44.)	0,652 (54.)
Argentinien	0,797 (45.)	0,641 (58.)
Uruguay	0,783 (48.)	0,654 (55.)
Bahamas	0,771 (53.)	0,658 (56.)
Mexiko	0,770 (57.)	0,589 (72.)
Panama	0,768 (58.)	0,579 (73.)
Costa Rica	0,744 (69.)	0,591 (76.)
Venezuela	0,735 (73.)	0,540 (89.)
Jamaika	0,727 (79.)	0,610 (75.)
Peru	0,725 (80.)	0,557 (85.)
Ecuador	0,720 (83.)	0,535 (93.)
Brasilien	0,718 (84.)	0,519 (97.)
Kolumbien	0,710 (87.)	0,479 (112.)
El Salvador	0,674 (105.)	0,495 (115.)
Paraguay	0,665 (107.)	0,505 (110.)
Bolivien	0,663 (108.)	0,437 (120.)
Honduras	0,625 (121.)	0,427 (124.)
Nicaragua	0,589 (129.)	0,427 (126.)
Guatemala	0,574 (131.)	0,393 (130.)
Haiti	0,454 (158.)	0,271 (167.)
Lateinamerika	0,731	0,540

M4: HDI und IHDI im Vergleich

	Gini -Koeffizient			Anteil Armer (in %)		
	1990	2000	2010	1990	2000	2010
Brasilien	0,627	0,639	0,576	48,0	37,5	24,9
Chile	0,554	0,564	0,524	38,6	20,2	11,5
Costa Rica	0,438	0,473	0,492	26,3	20,3	18,5
Honduras	0,615	0564	0,567	80,8	79,7	67,4
Mexiko	0,536	0,542	0,481	47,7	41,1	36,3
Venezuela	0,471	0,498	0,394	39,8	49,4	27,8

M5: Entwicklung von Armut und Ungleichheit in ausgewählten lateinamerikanischen Ländern

»

Die markante Verminderung der Armutsindizes und die damit einhergehende Verbesserung der Lebensbedingungen eines beträchtlichen Teils der lateinamerikanischen Bevölkerung geht in erster Linie auf die gute Wirtschaftskonjunktur zurück, die der Region ab 2003 ungewöhnlich hohe Wachstumsraten bescherte. (...) Als entscheidend für die positive soziale Entwicklung erwies sich die Tatsache, dass der durch externe Faktoren in Gang gesetzte Aufschwung zunehmend durch Kräfte des Binnenmarkts stabilisiert wurde. In den meisten Ländern kam es zu einem erheblichen Anstieg der Beschäftigung inklusive der Entstehung zahlreicher neuer Arbeitsplätze im formellen Wirtschaftsbereich. Ohne die robuste Verfassung der internen Nachfrage wäre die von den USA ausgehende Finanz- und Wirtschaftskrise 2008/2009 in Lateinamerika wohl kaum so glimpflich verlaufen.
Ein zweiter wichtiger Faktor zur Erklärung des Rückgangs sowohl der Armutsrate als auch der Zahl der Armen im Zeitraum 2002 bis 2011 stellen innovative Sozialprogramme dar, die monetäre Leistungen an bedürftige Haushalte mit bestimmten Auflagen zur Verbesserung der schulischen Leistungen von Kindern und des Gesundheitszustands von Müttern und Kindern verbinden. Diese so genannten conditional cash transfer programs (CCTs) wurden zuerst Mitte der 1990er-Jahre in Brasilien und Mexiko eingeführt und sind heute in nahezu allen Ländern der Region anzutreffen. (...) Überall dort, wo CCTs zum Einsatz kommen, zeigten sich in den begünstigten Familien alsbald deutliche Verbesserungen im Ernährungs- und Gesundheitsstatus sowie beim Schulbesuch.

«

M6: Quellentext zum Rückgang der Armut und der Ungleichheit in Lateinamerika
Hoffmann, K.-D.: Armut, soziale Ungleichheit und Conditional Cash Transfer-Programm in Lateinamerika. KAS Auslands-Informationen 5/2012

In Lateinamerika haben 2012 mehr als 120 Millionen Menschen Geldleistungen im Rahmen von CCTs erhalten.

M7: Servicestelle des Sozialprogramms Bolso Familia in Feira de Santana, Bahia

Geradezu idealtypisch kann man in Lateinamerika auch das Problem starker regionaler Disparitäten beobachten, das als ein wesentliches Merkmal von Entwicklungsländern angesehen wird (Zentrum-Peripherie-Modell). Dabei hat sich die koloniale Raumstruktur mit Küstenstädten als Brückenköpfe und Extraktionszentren und dem Hinterland als mineralisch und agrarisch ausgebeutete Peripherie bis heute erhalten. Das Aufeinanderprallen strukturstarker, dynamischer, städtischer Räume und strukturschwacher, schrumpfender, ländlicher Räume hat eine soziökonomische Ungleichheit und Wanderungsbewegungen zur Folge. Viele lateinamerikanische Staaten versuchen mit Raumerschließungsmaßnahmen peripherer Räume die Disparitäten zu überwinden (vgl. Kap. 2)

	Norden	Nordosten	Südosten	Süden	Zentral-westen
Bevölkerung (in Mio.)	15,9	53,0	80,3	27,4	14,0
Einkommen / Ew. (in Real)	482,8	435,4	819,9	853,0	817,4
Armut (in %)	32,5	39,6	11,8	11,6	11,6
Gini-Index	0,543	0,555	0,517	0,480	0,546
Haushalte mit Computer / Internetzugang (in %)	15,4	16,7	39,6	35,5	31,4
Haushalte mit Auto (in %)	19,3	19,8	47,3	56,6	45,1

M8: Regionale Disparitäten in Brasilien (2011)

M9: Zentrum und Peripherie in Südamerika

1 **Vergleichen Sie die unterschiedlichen Konzepte und Methoden der Armutsmessung.**
2 **Erklären Sie die soziale Ungleichheit mithilfe des Inequality-adjusted Human Development Index.**
3 **Analysieren Sie die regionalen Disparitäten in Brasilien (Atlas, M 8)**

D1-218 www.diercke.de
D1-250 www.diercke.de

Indigene Bevölkerung

Auf die Hochkulturen der vorkolumbischen Zeit folgte der Niedergang der indigenen Völker, die während der Kolonialzeit als Menschen zweiter Klasse galten. Aber auch im 20. Jahrhundert wurde die Urbevölkerung diskriminiert und oftmals ihrer Lebensgrundlage beraubt.

M1: Siedlungsgebiete indiansicher Hochkulturen

Zur Zeit der Eroberung durch die Spanier standen in Lateinamerika mehrere Hochkulturen in Blüte. Prominenteste Beispiele sind die Azteken und Maya in Zentralamerika im heutigen Mexiko und Guatemala sowie die Inka im Andenraum im heutigen Ecuador, Peru und Bolivien. Alle drei Kulturen haben sich in randtropischen Gebirgsräumen entwickelt, wo bereits seit Jahrtausenden intensive Landwirtschaft betrieben wurde. So gilt der Anbau von Mais, der auch als heilige Pflanze verehrte wurde, als wirtschaftliche Grundlage der mittelamerikanischen Hochkulturen. Die Maya, die man auch als die „Griechen Lateinamerikas" bezeichnet hat, verfügten über eine eindrucksvolle Kunst und Architektur und herausragende astronomische und mathematische Kenntnisse. Bei der Landung der Spanier war ihr Reich jedoch bereits auf ein Restgebiet auf der Halbinsel Yucatán zusammengeschrumpft.

Dagegen präsentierte sich das Reich der Inka bei der Ankunft der Eroberer in seiner vollen Ausdehnung. Es bestand zu dieser Zeit erst rund 200 Jahren. Die Inka werden häufig mit den Römern verglichen, weil sie wie diese gerne auf geistige und technische Leistungen ihrer besiegten Nachbarn zurückgriffen. Besonders bekannt ist das strategische Straßensystem, das über gehauene Felstreppen und luftige Hängebrücken führte. Zum östlichen Tiefland hin gab es zahlreiche Befestigungsanlagen. Sie dienten dazu, das Reich gegen die Bewohner des tropischen Tieflands zu verteidigen, und hatten damit eine ähnliche Funktion wie der römische Limes in Germanien.

M2: Quellentext zu indigenen Völkern in Lateinamerika
Feldt, H.: Indigene Völker in Lateinamerika (2005)

»

In Lateinamerika bezieht sich „indigen" auf die Nachkommen der vorkolumbischen Bevölkerung. Da Kolumbus damals meinte, Indien entdeckt zu haben, nannte er die Bewohner „Indios", was ins Deutsche mit Indianer übersetzt wurde. (...) Jedes indigene Volk hat seine eigene Entwicklungsgeschichte und Kultur. Sie lassen sich daher nur schwer zusammenfassend beschreiben. Zu den indigenen Völkern in Lateinamerika gehören die Nachfahren der Hochkulturen der Maya und Azteken in Mexiko und Mittelamerika sowie der Inka im Andenhochland Südamerikas. Dies waren Gesellschaften mit einer ausgeprägten Hierarchie, an dessen Spitze Herrscher standen und die große städtische Zentren geschaffen hatten. Dazu gehören auch die Reitervölker der Araukaner in Chile und Argentinien. Diese Völker waren früher vor allem Jäger und Sammler und haben sich lange gegen die spanische Invasion verteidigen können. In der Amazonas- und Orinokoregion leben viele kleine und kleinste Völker, die meist Bauern, Jäger und Sammler sind. Die Dorfgemeinschaften leben meist isoliert voneinander und im Gegensatz zu den Hochkulturen haben sie keine starken Hierarchien herausgebildet. Die indigenen Völker Lateinamerikas leben in der kalten und unwirtlichen Welt der Anden, in den feuchtheißen Regenwäldern, in der Dornbuschsteppe des Chaco und an den Küsten. Diese verschiedenen Ökosysteme verlangen ganz unterschiedliche Lebens- und Wirtschaftsweisen. Es ist daher schwer, von den indigenen Völkern zu sprechen, da es eine Vielfalt an Kulturen, Wirtschaftsweisen und Formen des Zusammenlebens gibt.

«

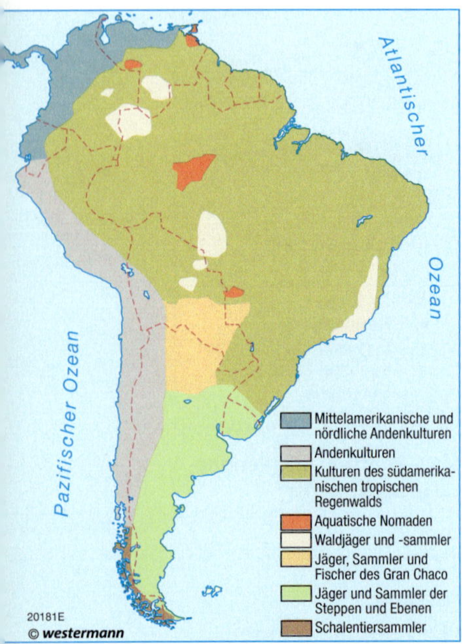

M3: Indigene Völker

Die Zahl der Einwohner Lateinamerikas, die sich heute zu ihrer indigenen Herkunft bekennen, hat in den letzten Jahren deutlich zugenommen. Mittlerweile bezeichnen sich etwa acht bis zwölf Prozent der Bevölkerung (das sind etwa 50 Mio. Menschen) als indigen oder originär. Mit über 40 Völkern und 917 gesprochenen Sprachen ist die Zusammensetzung der Urbevölkerung Lateinamerikas ausgesprochen heterogen (M 4). Während die indigenen Völker des Hochlandes (Zentralamerikas und in den Anden) personenstärkste Gruppe darstellen, existiert im Tiefland eine ausgeprägte Vielfalt der Kulturen. In mehreren Ländern wie Bolivien, Guatemala, Peru und Ecuador liegt die Zahl der Indigenen bei mehr als einem Drittel der Bevölkerung. In Mexiko ist der Anteil zwar niedriger, doch ist hier die absolute Zahl der Indigenen (ca. 12 Mio. Menschen) besonders hoch. Uruguay ist das einzige lateinamerikanische Land, in dem keine indigene Bevölkerung mehr existiert.

Fast verschwindend gering (weniger als 1 %) ist heute auch der Anteil der indigenen Bevölkerung in Amazonien. Gab es vor dem Eindringen der Portugiesen im brasilianischen Amazonasgebiet noch fünf bis sieben Millionen Indigene, so waren es 1991 gerade einmal 200 000. Während der Kolonialzeit dezimierten eingeschleppte Krankheiten und schlimme Arbeitsbedingungen zum Beispiel als Kautschukzapfer die indigene Bevölkerung. Aber auch die Erschließungsmaßnahmen des 20. Jahrhunderts haben die Lebensgrundlagen der Indigenen durch Zuwanderung von Bergleuten sowie massive Entwaldung weiter eingeschränkt. Nicht selten kommt es zu gewalttätigen Auseinandersetzungen mit den Zuwanderern.

Land	Anteil der indigenen Bevölkerung (in %)
Bolivien	38 – 81
Guatemala	42 – 48
Peru	20 – 40
Ecuador	30 – 40
Mexiko	10 – 13
Brasilien	0,4 – 1,0
Lateinamerika	8 – 12

M 4: Anteil der indigenen Bevölkerung in Lateinamerika
(Spannweite der Schätzungen infolge unterschiedlicher Zuordnung ethnischer und kultureller Mischlinge)

»

Die Bezeichnungen Indio und Indigena (Deutsch: Indianer) entstammen der kolonialen Herrschaftsideologie. Sie sind keine präzise Kennzeichnung für bestimmte Kulturen, sondern charakterisieren vielmehr ein politisches und soziales Konstrukt seitens der europäischen Eroberer, mit dem diese die unterworfenen Völker auf dem Subkontinent rechtlich und ideologisch zu einer Gruppe zusammenfassten und in die strenge Gesellschaftshierarchie einordneten, der eine Aufspaltung zwischen den europäischen Kolonialherren bzw. ihren Nachfahren einerseits und den Eroberten andererseits zugrunde lag. Der indigenen Landbevölkerung wurde der niedrigste Status zugewiesen.

«

M 5: Quellentext zu den Begriffen indigene Bevölkerung und Indio
Ströbele-Gregor, J.: Indigene Emanzipationsbewegungen in Lateinamerika. Aus Politik und Zeitgeschichte 51 – 52/2006

»

1. *Indigene Völker sind relativ die „ersten" Bewohner eines Gebietes.*
2. *Sie bewahren freiwillig ihre kulturelle Eigenständigkeit wie Sprache, Gesellschaftsorganisation, Religion, Produktionsweisen und/oder Institutionen. Indigene Völker sind kulturell deutlich von der herrschenden Gesellschaft unterschieden.*
3. *Sie identifizieren sich selber als „indigen" und werden auch von anderen als solche anerkannt.*
4. *Sie haben Unterdrückung, Enteignung oder Ausschluss aus der nationalen Gesellschaft erfahren, wobei die Unterdrückung noch heute fortbestehen kann oder auch nicht.*

«

M 6: Definition indigener Völker
(nach UN-Sonderberichterstatter José Martinez-Cobo; 1986)

1 **Erläutern Sie den Begriff Hochkultur anhand der Inka und Maya.**
2 **Beschreiben Sie die demographische Bedeutung der indigenen Bevölkerung (M 4, M 3, S. 94).**

D1-210
www.diercke.de

5.4.1 Indigene Bewegungen

Die indigenen Völker werden heute verstärkt als politische Akteure wahrgenommen. Seit den 1980er-Jahren haben sie eigene Organisationen aufgebaut und kämpfen für die Anerkennung ihrer Kultur und Rechte.

Fast 500 Jahre lang wurden die Indigenen in den lateinamerikanischen Ländern auf allen gesellschaftlichen und rechtlichen Ebenen benachteiligt. Sie wurden wirtschaftlich ausgebeutet, sozial ausgegrenzt oder zur Anpassung gezwungen. Erst seit Mitte der 1980er-Jahre wird ihre eigenständige Identität in einzelnen Verfassungen anerkannt. Die Rede ist von einem „multiethnischen" und „plurikulturellen" Staat. Doch ist die seit jeher praktizierte Unterdrückung durch die dominierende europäisch-stämmige Gesellschaft noch längst nicht überwunden.

Noch immer ist Armut in der indigenen Bevölkerung sehr verbreitet und der Zugang zu Bildung und Gesundheit erschwert (M 7). Auf dem Land sind die Indigenen von der (gesetzlich verbotenen) Schuldknechtschaft besonders betroffen (Schätzungen: 1,3 Mio. Menschen). Abseits der traditionellen Subsistenzlandwirtschaft eine Arbeit zu finden, ist sehr schwierig (oft nur im informellen Sektor) und meist nur in den Städten möglich. In regulären Arbeitsverhältnissen verdienen indigene Beschäftigte bis zu 50 Prozent weniger als ihre nicht-indigenen Kollegen.

Allerdings haben die indigenen Völker in den letzten 20 Jahren etliche Rechte und politische Beteiligungsmöglichkeiten erkämpft (M 6). Die ersten Zusammenschlüsse auf ethnischer Basis sind in den 1970er-Jahren, vor allem in den Tieflandgebieten, entstanden. Mit Unterstützung von Nicht-Regierungsorganisationen schlossen sich die Angehörigen einzelner indigener Völker zusammen und bildeten Netzwerke auf regionaler und nationaler Ebene. In den Hochlandgebieten lief der Organisationsprozess in einer anderen Form ab. Hier gab es bereits seit Längerem die gewerkschaftlich geprägte Bewegung der Kleinbauern (Campesinos). Auch inhaltlich wurde an bekannte Forderungen angeknüpft: Vermarktungsmöglichkeiten für die landwirtschaftlichen Produkte, Zugang zu Krediten, zweisprachige Bildung, mehr Beteiligung an politischen Entscheidungsprozessen. Wesentlicher Streitpunkt der indigenen Bewegung mit den Staaten und den nationalen/internationalen Unternehmen ist aber die Nutzung erneuerbarer (Holz, nachwachsende Energierohstoffe) und mineralischer Rohstoffe (z. B. Erdöl, Erdgas, Kupfer, Gold, vgl. 4.6.3).

M 1: Wahlplakate für Boliviens indigenen Präsidenten Evo Morales

Im Jahre 1997 entstand in Bolivien eine linksgerichtete Sammelbewegung, die sich aus der indigenen Gewerkschaftsbewegung der Bergleute (Mineros) und der Kokabauern (Cocaleros), volksnahen Parteien und anderen indigenen Organisationen speiste. 2005 ging die „Movimiento al Socialismo" (MAS) mit über 50 Prozent der Stimmen als Sieger aus den Parlamentswahlen hervor und stellte mit Evo Morales, einem ehemaligen Kokabauern, den ersten indigenen Präsidenten in der 180-jährigen Geschichte der Republik Bolivien.

Selbsteinschätzung der Abstammung in Bolivien (Census 2001)
Mestize (weiß-indigene Abstammung): 78 %
Indigener: 18 %
Weiße: 7 %
Cholo (überwiegend indigene Abstammung): 2 %
Afro-Bolivianer: 1 %
Andere: 1 %
Keine Angabe: 3 %

60 % der Bolivianer spricht eine indigene Sprache, 12 % spricht kein Spanisch, 48 % ist zweisprachig.

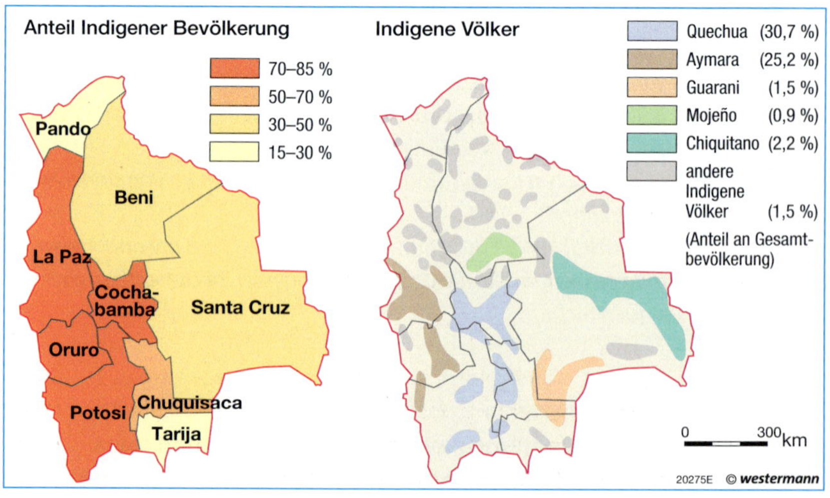

M 2: Demographische Bedeutung indigener Völker in Bolivien

M3: Aymara-Frau, Quechua-Mann

M4: Protestmarsch „für Territorium und Würde" (2011)

»

Indigene Bewegungen in Südamerika sind seit den 1990er-Jahren ein nicht zu übergehender politischer Faktor geworden. In Mexiko, Guatemala und den Andenstaaten Ecuador, Bolivien und Kolumbien beschränken sich ihre Organisationen und Projekte nicht nur auf die Interessenvertretung eines sich als Indigene definierenden Teils der Bevölkerung. Ihr Aktionsradius hat sich zunehmend ausgeweitet. Sie treten als Sprachrohr der Unzufriedenen und Benachteiligten auf und sind in der Lage, ein breites soziales Protestpotenzial über die eigenen Reihen hinaus zu mobilisieren. Dabei bauen sie immer wirkmächtiger ihre Rolle als Bündnispartner jener gesellschaftlichen Kräfte aus, die für grundlegende Reformen oder alternative Gesellschaftsmodelle eintreten. Die indigenen Bewegungen haben in den vergangenen Jahren Verfassungsänderungen und eine Ausweitung ihrer Schutzrechte erreicht. Sie haben inzwischen internationale Präsenz und hohe politische Positionen erlangt und setzen dabei auf Differenz sowie auf eine multiethnische Zusammensetzung der Gesellschaft.

«

M5: Quellentext zu indigenen Bewegungen in Bolivien
Ströbele-Gregor, J.: Emanzipationsbewegungen indigener Völker in Lateinamerika (2011)

„Es ist falsch, wenn wir vom ‚Problem der indigenen Völker in unseren Staaten' sprechen, denn nicht die indigenen Völker sind das Problem, sondern das Problem sind die Mängel einer unvollständigen Demokratie."
Indigener Politiker der CONAIE (Confederación de Nacionalidades Indígenas del Ecuador)

Recht auf ethnische Identität	Schutz von Sprache, Kultur, Religion, heiliger Stätten
Recht auf eigene Organisationen	Traditionsgemäße Organisation und Verwaltung
Recht auf das Land, auf dem und von dem sie leben	Anerkennung indigener Territorien
Recht auf eigene Rechtsverfahren	Anerkennung überlieferter (mündlich überlieferter) Rechtsprechung, Normen und Sanktionen
Recht auf politische Beteiligung	Indigene Vertretung im Parlament
Recht auf Konsultation	Zustimmung bei Bergbau- und Infrastrukturprojekten

M6: Angestrebte Grundrechte der indigenen Völker

		Indigene Bevölkerung	Nicht-indigene Bevölkerung
Armut	Mexiko	90 %	47 %
	Ecuador	87 %	52 %
	Bolivien	74 %	53 %
Schulzeit	Mexiko	4,6 Jahre	7,9 Jahre
	Ecuador	4,3 Jahre	6,9 Jahre
	Bolivien	5,9 Jahre	9,6 Jahre
Kranken-versicherte	Mexiko	17 %	43 %
	Ecuador	12 %	12 %
	Bolivien	12 %	19 %

M7: Vergleich indigener und nicht-indigener Bevölkerung

1 **Fassen Sie die zentralen Anliegen der indigenen Bewegungen zusammen.**
2 **Analysieren Sie die Verteilung der indigenen Bevölkerung in Bolivien (M3, 4.3.1).**
3 **In einigen Bevölkerungserhebungen in Lateinamerika hat sich in den letzten Jahren die Zahl der Indigenen erhöht. Erläutern Sie diesen Befund.**

5 Zusammenfassung

Bevölkerung und Gesellschaft

Bevölkerungswachstum und Migration

Das zurzeit noch rasante Bevölkerungswachstum in Lateinamerika schwächt sich aufgrund abnehmender Fertilitätsraten langsam ab. Hinzu kommt ein steter Bevölkerungsverlust durch Migration. Während im 19. und frühen 20. Jahrhundert Hunderttausende von Europäern nach Lateinamerika auswanderten, hat sich die Richtung der Migration seit 1950 gedreht. In den letzten Jahrzehnten verlassen Millionen Menschen vor allem aus Mittelamerika und der Karibik ihr Land gen USA und auch Europa. Neben politischen und ökologischen Gründen für eine Migration haben sich ökonomische Motive in den Vordergrund geschoben, wobei Migranten heute auf funktionierende transnationale Netze zurückgreifen können. Auch innerhalb der Länder gibt es Wanderungsbewegungen in die prosperierenden Regionen und Städte.

Armut und Ungleichheit

Zwar ist die Armut bedingt durch eine positive wirtschaftliche Entwicklung und Sozialprogramme in den letzten Jahren deutlich zurückgegangen, doch noch immer gelten große Teile der Gesellschaft als arm. Hinzu kommen als Lateinamerika übergreifende Phänomene eine hohe Einkommensungleichheit und große regionale Disparitäten. Dies relativiert auch den hohen Entwicklungsstand, den lateinamerikanische Staaten gegenüber anderen Entwicklungsregionen etwa in Afrika oder Asien aufweisen. Die soziale Ungleichheit, die in letzter Zeit ebenfalls moderat abgenommen hat, ist Ursache zahlreicher ungelöster sozialer Konflikte.

Indigene Bevölkerung

Immer mehr Menschen (etwa 50 Mio.) bekennen sich heute in Lateinamerika dazu, Nachkommen der vorkolumbischen Bevölkerung zu sein. Die demographische Bedeutung der indigenen Völker, die eine hohe ethnische Vielfalt aufweisen, ist in den verschiedenen Regionen Lateinamerikas sehr unterschiedlich. In Bolivien stellen die Indigenen die Bevölkerungsmehrheit, in Uruguay ist ihr Anteil äußerst gering. Seit der Ankunft der Spanier und Portugiesen wurde die indigene Bevölkerung ermordet, diskriminiert und ausgebeutet und noch heute wird sie – etwa in Amazonien – ihrer Lebensgrundlage beraubt und von der europäisch-stämmigen Bevölkerung an den Rand der Gesellschaft gedrängt. In den letzten Jahrzehnten jedoch sind die indigenen Bewegungen, die für die Anerkennung ihrer Rechte und Kultur kämpfen, in etlichen Staaten zu einem ernst zu nehmenden politischen Faktor geworden, die auch über die Frage der indigenen Gleichberechtigung hinaus soziale Proteste anstoßen.

Aufgaben

1. **Die USA ist der drittgrößte lateinamerikanische Staat. Nehmen Sie Stellung zu dieser Aussage.**
2. **Vergleichen Sie soziale Indikatoren Lateinamerikas mit denen anderer Entwicklungsregionen (M 3, S. 88, Atlas).**
3. **Beurteilen Sie die Abnahme der Armut und der sozialen Ungleichheit seit 2003.**
4. **Beurteilen Sie die Begriffe Indio, Indianer und indigene / originäre Bevölkerung (M 4, S. 88).**
5. **„Zusammenschlüsse auf ethnischer Basis spalten die Gesellschaft und behindern die Integration sozial benachteiligter Gruppen." Nehmen Sie Stellung zu dieser These.**
6. **Indigenes Recht kann nationalem Recht widersprechen. Beurteilen Sie mögliche Probleme bei der Anerkennung indigener Rechtsverfahren.**

Internetlinks

Migration
US Census www.census.gov
UNHCR www.unhcr.de

Armut und Ungleichheit
Daten zu Armut und Ungleichheit
- povertydata.worldbank.org/poverty/region/LAC
- sedlac.econo.unlp.edu.ar/eng
- www.wider.unu.edu

Indigene Bevölkerung
Gesellschaft für bedrohte Völker
www.gfbv.de

Kontinent der Städte

6

Städte in Lateinamerika prägen den Kulturraum wie kaum anderswo auf der Welt. Sie bestimmen im hohen Maße das soziale, wirtschaftliche, politische und kulturelle Leben der Länder. In unserer europäischen Wahrnehmung gehören dazu prachtvolle Boulevards genauso wie heruntergekommene Hüttensiedlungen, farbenfrohe Märkte genauso wie verstopfte Straßen, Reichtum und Lebensfreude genauso wie Armut und Kriminalität. Das urbane Miteinander von Arm und Reich und der rege Austausch zwischen den Stadtbewohnern im öffentlichen Raum, der maßgeblich zum Charme der lebhaften Städte beitrug, ist in den modernen lateinamerikanischen Metropolen seit geraumer Zeit in Gefahr. Die Reichen haben den Innenstädten den Rücken gekehrt und igeln sich in abgeschlossenen, autarken Wohnanlagen in der Peripherie ein. Die Armen, die ihre abgeschlossenen Slumviertel ebenfalls kaum verlassen, sind in den Städten oftmals noch gar nicht angekommen.

Verstädterung in Lateinamerika

Lateinamerika zählt zu den am stärksten verstädterten Regionen der Welt. In vielen Ländern hat sich der Verstädterungsprozess aber verlangsamt.

Verstädterungsgrad
Anteil der Stadtbevölkerung an der Gesamtbevölkerung
Lateinamerika: 79,1 %, Ostasien: 55,6 %; Südasien: 32,6 %, Sub-Sahara-Afrika: 36,7 %

Verstädterungsrate
Zuwachs des Anteils der Stadtbevölkerung an der Gesamtbevölkerung pro Jahr
Lateinamerika: 1,56 %, Ostasien: 2,85 %; Südasien: 2,51 %, Sub-Sahara-Afrika: 3,67 %

Stadt	Ew. 2011	Rang	Ew. 1950	Rang
Mexiko-Stadt	20,45	3	2,88	13
São Paulo	19,92	6	2,33	16
Buenos Aires	13,53	12	5,10	6
Rio de Janeiro	11,96	14	2,95	12
Lima	9,13	29	1,07	23

M1: Lateinamerikanische Städte unter den 30 größten Agglomerationen der Welt (in Mio.)

In fast allen lateinamerikanischen Ländern leben über drei Viertel der Menschen in Städten. Der **Verstädterungsgrad** ist hier weitaus höher als etwa in Süd- und Ostasien oder Afrika, die sich momentan durch besonders hohe **Verstädterungsraten** auszeichnen. Die Verstädterung begann in Lateinamerika weitaus früher – angetrieben durch Industrialisierung, Bevölkerungswachstum, Zuwanderung und Landflucht. 1900 war der Verstädterungsgrad bei zehn Prozent und stieg bis 1950 auf 41 Prozent. Einige Länder wie Argentinien, Chile und vor allem Uruguay waren Vorreiter der Verstädterung. Zudem wurden aus Kleinstädten Großstädte. Heutige Megastädte wie São Paulo und Lima hatten zu Beginn des 20. Jahrhunderts weniger als 100 000 Einwohner. Das explosionsartige Wachstum der Städte begann dann zur Jahrhundertmitte mit Wachstumsraten bis zu sieben Prozent. Heute gibt es 63 Millionenstädte in Lateinamerika (21 in Brasilien). Mehr als 60 Prozent der städtischen Bevölkerung lebt in Großstädten mit mehr als 0,5 Mio. Einwohnern. Mittlerweile hat die Wachstumsdynamik vieler Städte jedoch stark abgenommen. Megastädte wie São Paulo, Rio de Janeiro und Buenes Aires wachsen nur noch um ein Prozent jährlich. In absoluten Zahlen bedeutet das aber immer noch, dass São Paulo jedes Jahr um 200 000 Menschen größer wird.

Grad und Wachstum der Verstädterung weisen in Lateinamerika aber auch durchaus Unterschiede auf. Hochverstädterte Länder mit inzwischen niedrigen Wachstumsraten wie Brasilien, Mexiko, den Cono Sur-Staaten, Brasilien und viele Karibikstaaten (in Kuba sogar Schrumpfung) stehen Ländern mit vergleichsweise niedrigem Verstädterungsgrad und weiterhin hohen Raten wie Bolivien, Paraguay, Ecuador und vor allem die kleinen mittelamerikanischen Länder gegenüber.

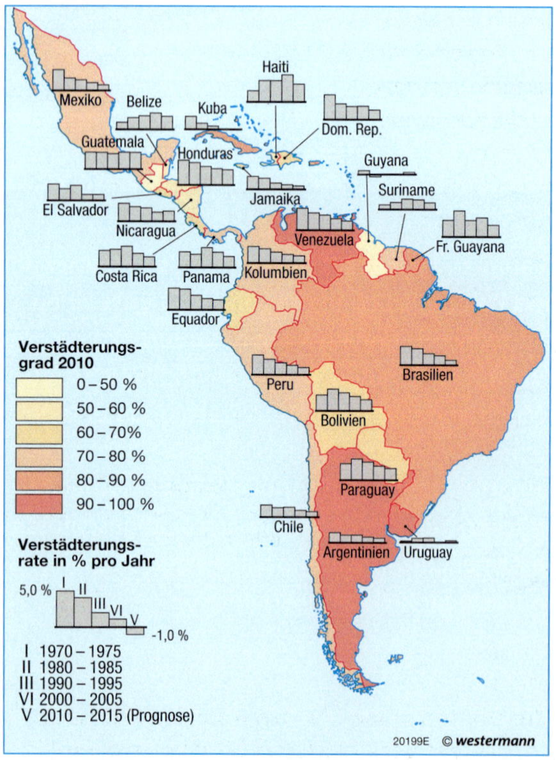

M2: Verstädterung in Lateinamerika

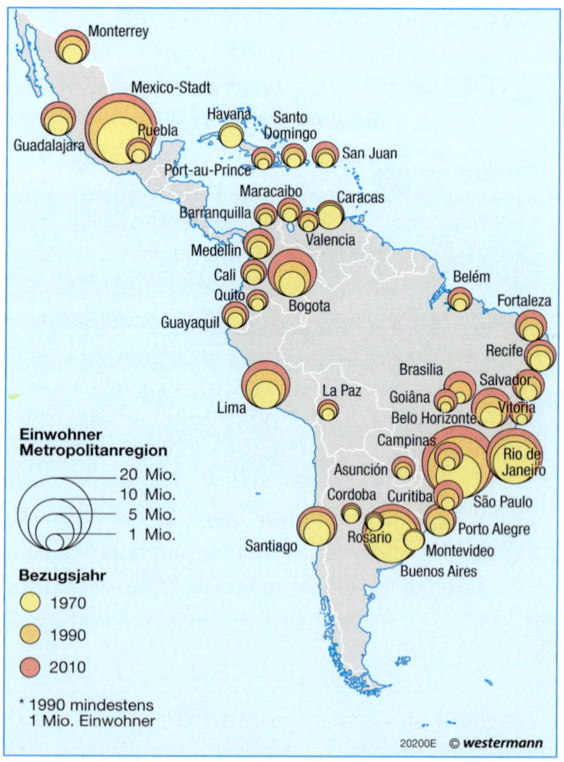

M3: Bevölkerungsentwicklung in Metropolitanregionen

	Verstädterungsgrad 2011	Verstädterungsgrad 1950	Verstädterungsrate (2005–2010)	Städtische Armut (2010)	Gini-Index Stadt (2009)	Zugang zu Leitungswasser	Zugang zu sanitären Anlagen
Guatemala	49,8	25,1	3,36	42,0	0,547	98	89
Mexiko	78,1	42,7	1,66	32,3	0,456	96	90
Mittelamerika	72,4	39,2	1,84	k. A.	k. A.	k. A.	k. A.
Kuba	56,5	11,3	−0,10	k. A.	k. A.	96	94
Haiti	12,2	14,2	4,64	k. A.	k. A.	71	24
Karibik	67,0	36,9	1,46	k. A.	k. A.	98	85
Bolivien	66,8	33,8	2,32	42,4	0,499	96	34
Brasilien	84,6	36,2	1,30	22,1	0,569	99	87
Uruguay	92,5	77,9	0,39	8,6	0,422	100	100
Südamerika	83,1	42,8	1,47	k. A.	k. A.	k. A.	k. A.
Lateinamerika	79,1	41,4	1,56	26,0	k. A.	97	86
Welt	52,1	29,4	2,14	k. A.	k. A.	96	79
Deutschland	73,9	68,1	0,07	k. A.	k. A.	100	100

M4: São Paulo

M5: Verstädterungsgrad und -rate, Armut, Ungleichheit, Zugang zu Wasser und sanitären Einrichtungen

M6: Quellentext zur Entwicklung des Städtesystems in Lateinamerika
Coy, M., Töpfer, T.: Metropolen in Lateinamerika. Praxis Geographie 5/2012

»

Nicht nur hinsichtlich ihrer Verstädterungsgrade und -raten unterscheiden sich die lateinamerikanischen Länder, sondern auch in ihren Städtesystemen. Während einige – vor allem kleinere – Länder eine außerordentliche Konzentration ihrer städtischen Bevölkerung in der jeweils größten Stadt des Landes und damit eine extreme **Primacy** *aufweisen (z. B. über 50 % in Panama, Paraguay, Haiti und Puerto Rico) und Flächenstaaten wie Argentinien, Peru und Nicaragua mit ungefähr einem Drittel der Stadtbevölkerung in der jeweils größten Stadt immer noch durch ein hohes Maß an Konzentration ihres Städtesystems geprägt sind, leben in der größten brasilianischen Stadt, São Paulo, die sich mit Mexiko-Stadt um den Rang der größten lateinamerikanischen urbanen Agglomeration streitet, „nur" knapp 12 Prozent der städtischen Gesamtbevölkerung des Landes (2009). Dies weist – trotz der auch hier herausragenden Bedeutung der größten Stadt – auf ein stärker polyzentrisch strukturiertes Städtesystem hin.*
Sozusagen „im Schatten" des Wachstums der Metropolen und Megastädte Lateinamerikas, (...) hat sich in den meisten lateinamerikanischen Ländern während der letzten Jahre die urbane Wachstumsdynamik stärker in den Bereich der Klein- und Mittelstädte verlagert. Zweifellos spielen in manchen Ländern (z. B. Brasilien) hierbei auch Dekonzentrationsprozesse im weiteren Umfeld der großen Agglomerationen eine wichtige Rolle. Diese Prozesse sind eng verbunden mit den Nachteilen der großen Agglomerationen wie Verkehrsüberlastung, Umweltverschmutzung und der Angst vor Kriminalität. In Gebieten jenseits der Metropolitanregionen wachsen die kleineren Städte unter anderem aufgrund des fortschreitenden Strukturwandels im ländlichen Raum, in dem weitläufig großbetriebliche Exportproduktion dominiert, die den Handlungsspielraum von Kleinbauern immer weiter einschränkt und diese letztendlich angesichts ausstehender Agrarreformen in die umliegenden Städte verdrängt.

«

Primacy
demographische (auch funktionale) Vormachtstellung der größten Stadt eines Landes

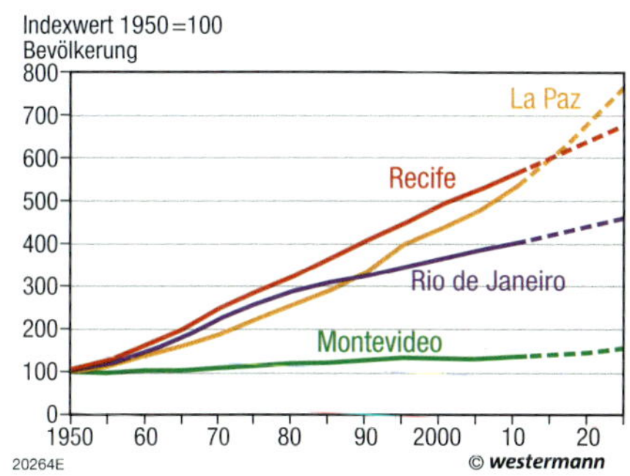

M7: Wachstum in ausgewählten lateinamerikanischen Städten

1 „Länder unterscheiden sich im Reifegrad des Verstädterungsprozesses." Erklären Sie diese Aussage.
2 Analysieren Sie den Reifegrad des Verstädterungsprozess in verschiedenen lateinamerikanischen Ländern (M5).

D1-210 www.diercke.de

6.2 Lateinamerikanische Stadt im Wandel

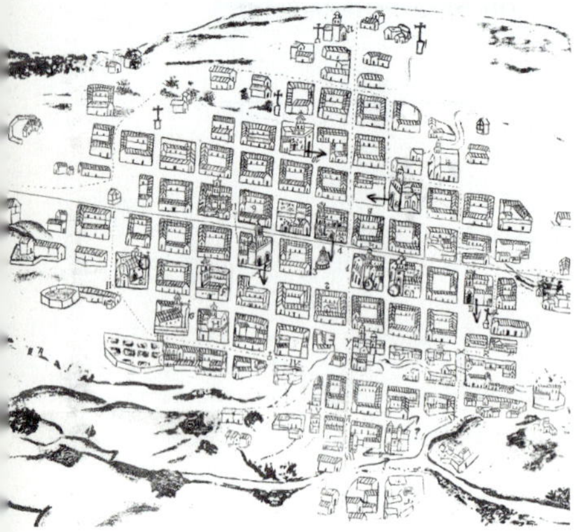

M1: Stadtplan von La Plata Sucre

Die portugiesischen Stadtgründungen unterscheiden sich von den spanischen zum Teil erheblich. Sie sind eher als Handelsstädte an der Küste angelegt und haben eine weniger strenge Struktur.

Städte in Lateinamerika haben gemeinsame Strukturmerkmale, die sich im Laufe der Zeit gewandelt haben. Ein charakteristisches Merkmal war von jeher die Trennung in reiche und arme Viertel. Entwicklungen der letzten Jahrzehnte haben diese Trennung noch weiter verschärft.

Die Städte der spanischen Kolonialherren entstanden meist als geplante Gründungen an Orten zerstörter vorkolumbischer Zentren, um (auch symbolisch) den Herrschaftsanspruch gegenüber der indigenen Bevölkerung zu demonstrieren. Sie waren gekennzeichnet durch eine charakteristische sozialräumliche Struktur. Im Zentrum des im Schachbrettmuster angelegten Straßensystems, an der Plaza, lagen die wichtigsten öffentlichen Gebäude – Rathaus, Kirche, Gericht, Schule; hier wohnten die vornehmsten Familien. Auch die Straßen, die sich an das Stadtzentrum anschlossen, waren der Oberschicht vorbehalten. Nach außen folgten ringförmig die Wohnviertel der Mittelschicht, der Händler und Handwerker. Hier befand sich in der Regel auch die Markthalle. Die Lehmhütten der indigenen Bevölkerung standen in den Außenvierteln am Stadtrand. Noch heute findet man diese Strukturen in zahlreichen Klein- und Mittelstädten Lateinamerikas.

In einer ersten Verstädterungsphase, die nach der Unabhängigkeit im frühen 19. Jahrhundert begann, wurden bereits Veränderungen gegenüber dem kolonialzeitlichen Stadtgefüge sichtbar. Einwanderer aus europäischen Ländern brachten Konzepte des Städtebaus aus Europa mit. Es kam zu Erweiterungen

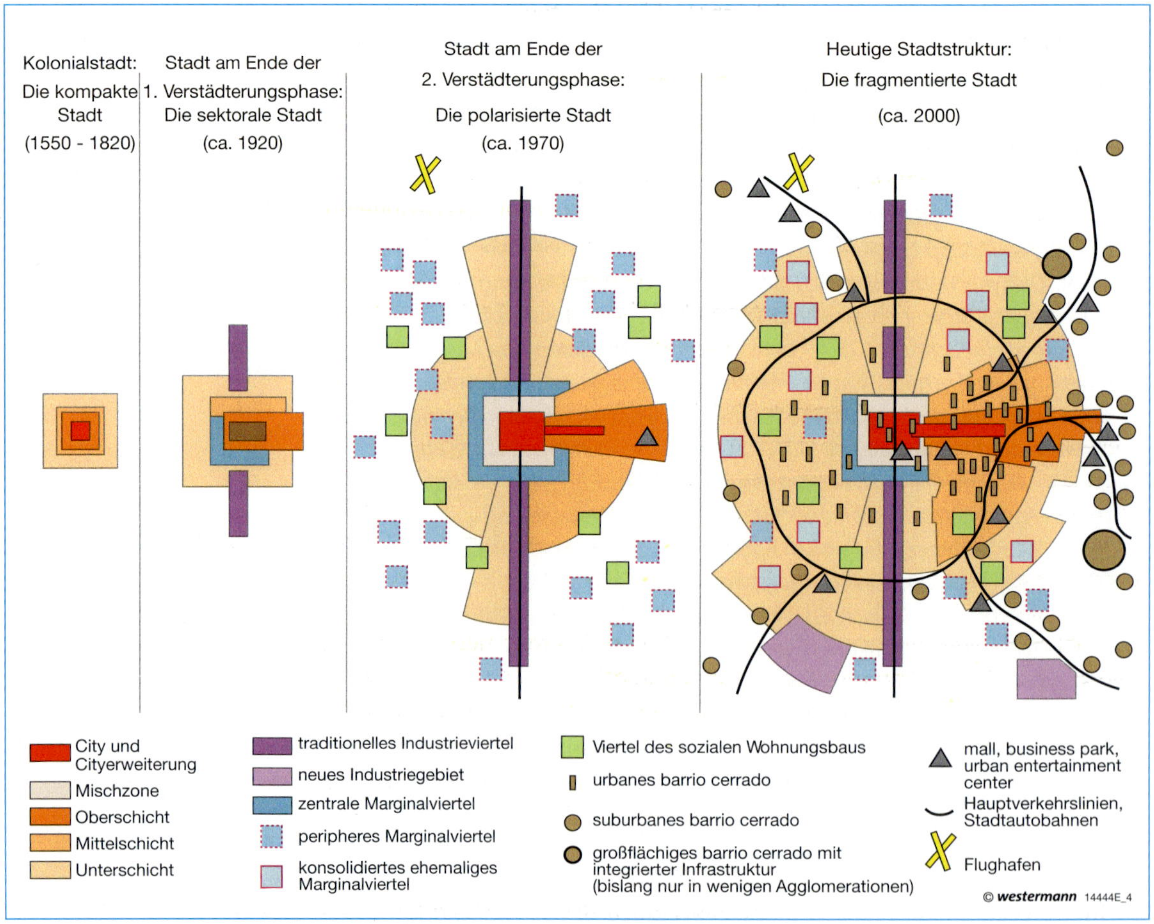

M2: Struktur und Entwicklung der lateinamerikanischen Stadt (insbesondere des spanisch-amerikanischen Raums)

	Die kompakte Stadt	Die sektorale Stadt	Die polarisierte Stadt	Die fragmentierte Stadt
Räumliches Strukturprinzip	Zentrum-Peripherie-Gefälle	Linearität	Polarisierung	Fragmentierung
Symbol	Plaza	Boulevard	Villenviertel – Hüttenviertel	Barrios cerrados, Malls, Business Parks
Städtewachstum	Natürliches Wachstum	(Europäische) Einwanderung	Binnenwanderung	Metropolen: Stagnation, Sekundärstädte: Wachstum
Architektur	Renaissance, Barock	Klassizismus, Historismus	Moderne	Postmoderne
Soziopolitische Entwicklung	Kolonialgesellschaft	Konservatismus → Liberalismus	Populismus, Sozialismus	Redemokratisierung, kapitalistische Orientierung

M3: Merkmale der Verstädterungsphasen

der Oberschichtviertel, die sich in ihrem Verlauf an den neu angelegten Prachtstraßen orientierten. Großhandel, Handwerk und erste Produktionsbetriebe mit den zugehörigen Wohnvierteln der Arbeiter ordneten sich entlang von Eisenbahnlinien an. Ein zunächst lineares, später an Sektoren orientiertes Gliederungsprinzip wird zum Kennzeichen dieser Stadtentwicklungsphase.

Während der zweiten Verstädterungsphase ab den 1930er-Jahren kam es zunächst zu einem verstärkten Wachstum der Sektoren, das sich an bestimmten räumlichen Achsen orientierte – zum einen durch die Ansiedlung von größeren Industriebetrieben entlang der Ausfallstraßen, zum anderen durch die Abwanderung der Ober- und Mittelschicht aus der Altstadt. Die traditionelle koloniale Bebauung wurde zum Teil durch Hochhausbauten ersetzt; der Prozess der Citybildung begann. Zugleich führten die Entstehung neuer Arbeitsplätze in den Städten sowie ein wachsender Bevölkerungsdruck auf dem Land zu einer gewaltigen Landflucht. Unterkunft fanden die Zuwanderer in beengten Massenquartieren in den verlassenen zentrumsnahen Wohnbereichen, oft in Form so genannter Gängeviertel oder in randstädtischen Hüttensiedlungen, die die Städte zellenförmig erweiterten. Diese rasch wachsenden peripheren Marginalviertel sind meist illegal oder semilegal (vgl. 6.4). Die Richtung des bisher von innen nach außen verlaufenden sozialen Gefälles – je weiter außen, desto ärmer – kehrte sich zumindest innerhalb bestimmter Sektoren um. Der Gegensatz von reicher und armer Stadt entsteht. Diese Polarisierung wird in der Folgezeit zum bestimmenden Strukturprinzip.

Seit den 1990er-Jahren durchlaufen Lateinamerikas Städte abermals einen tief greifenden Strukturwandel. Ein innerstädtisches Schnellstraßennetz übernimmt dabei die Rolle der Eisenbahn und der Ausfallstraßen – der Wachstumsachsen früherer Phasen. Die Schnellstraßen machen den randstädtischen Raum für die Ober- und Mittelschicht schnell erreichbar. Neben den Hüttensiedlungen entstehen am Stadtrand auf diese Weise neue zellenförmige Strukturen: riesige Shopping Center mit Freizeiteinrichtungen, Bürostandorte und vor allem neue Wohngebiete. Privatwirtschaftlich als „Gated Communities" organisiert, bilden diese „Barrios Cerrados" oder „Condominios" abgeschottete und sozial homogene „Inseln" in der Stadt. Viele Marginalsiedlungen werden legalisiert und saniert sowie ebenfalls mit Zäunen umgeben. Es entstehen so genannte **fragmentierte** Strukturen; sie werden zum bestimmenden Prinzip der gegenwärtigen Entwicklung in lateinamerikanischen Städten.

M4: Buenos Aires: Avenida Presidente Roque Sáenz Peña

M5: Buenos Aires: Villa Miseria und Hochhaussiedlung

Fragmentierung
Bisher homogene Teilräume innerhalb der Stadt lösen sich in kleinere funktionale und sozialräumliche Einheiten auf, die oft direkt aneinander grenzen, aber hermetisch voneinander abgeschottet sind.

1 **Beschreiben Sie die wichtigen Strukturelemente der verschiedenen Stadtentwicklungsphasen.**
2 **Erläutern Sie die Stadtstruktur von Bogotá (Atlas).**

D1-210
www.diercke.de

6.3 Gated Communities und Barrios Cerrados

Öffentliche Räume und direkte Interaktionen zwischen unterschiedlichen sozialen Schichten, die bisher charakteristisch für Lateinamerika waren, verlieren an Bedeutung und werden durch freiwillige Abschottung ersetzt.

Barrio Cerrado
(Condomínios fechados in Brasilien) Wohnanlage mit mehr als zwei Einheiten, die mit einem Zaun oder einer Mauer eingefriedet und mit weiteren Sicherheitseinrichtungen versehen ist. Oft besitzt sie auch eigene, nur den Bewohnern vorbehaltene Sport-, Freizeit-, Versorgungs- und Bildungseinrichtungen. Im Englischen ist der Begriff Gated Community üblich.

Urbane Barrios Cerrados	• Hochhauskomplexe • Reihenhaussiedlungen • „Blocks“ des sozial. Wohnungsbaus • Nachträglich abgeschottete Nachbarschaften / Straßenzüge
Suburbane Barrios Cerrados	• Exklusive Wohnanlagen und Country Clubs (auch im periurbanen Bereich) • Reihenhaussiedlungen
Cuidades Valladas	• Kleinstadtgroße Wohnkomplexe

M1: Barrio Cerrado-Typen

„Bei genauer Hinsicht entpuppen sich die Ciudades Valladas somit tatsächlich als Antithese zur Stadt, indem sie Individualität vor Bürgersinn, ländliche Idylle vor städtisches Leben und sozialräumliche Exklusion vor Inklusion setzen.“
Axel Borsdorf *(Innsbruck),* **Rodrigo Hidalgo** *(Vicuña, Chile), Stadtgeographen*

Die polare Gliederung in eine „reiche“ und „arme Stadt“, die sich früher in großflächigen Vierteln zeigte, ist in heutigen lateinamerikanischen Städten viel kleinräumlicher geworden. Zum einen sind die „Inseln der Reichen“ – ihre Wohnquartiere, Bürohochhäuser, Einkaufs- und Freizeiteinrichtungen – nur mehr mit einem Auto zu erreichen, zum anderen sind diese Areale hoch umzäunt oder ummauert und mit anderen privat finanzierten Sicherheitsmaßnahmen ausgestattet. Solche Gated Communities oder **Barrios Cerrados** gibt es in den Innenstädten aber vor allem in den Vororten (suburban) und in den anschließenden ländlichen Räumen (periurban). In erster Linie sollen sie dazu dienen, die wirkliche oder auch nur die gefühlte Gewalt auszuschließen. Neben dem Sicherheitsaspekt sind Barrios Cerrados aber auch aus weiteren Gründen für Ober- und Mittelschicht attraktiv: Die Bewohner bleiben unter ihres Gleichen (Exklusion) und leben – zumindest in den suburbanen Anlagen – in einer sauberen, grünen Umgebung fernab innerstädtischer Umweltprobleme. Die Tendenz der Abschottung von Wohnarealen durch Sicherungsmaßnahmen ist aber nicht nur ein Kennzeichen der Wohnviertel höherer sozialer Schichten. Längst werden auch bestehende Quartiere der Mittel- und Unterschicht nachträglich umzäunt und öffentliche Straßen abgesperrt.

Neue Wohngebiete entstehen beinahe ausnahmslos als umzäunte Wohnkomplexe, nicht selten ganz bewusst in der Nähe moderner Geschäftszentren. Bis in die 1990er-Jahre orientierten sich Shopping-Center oder Malls räumlich an den traditionellen Oberschichtsvierteln. Heute sind die privaten und von Wachdiensten gesicherten Einkaufszentren oft in Verbindung mit Angeboten zur Freizeitgestaltung (Urban Entertainment Center) über den gesamten städtischen Raum verbreitet, unabhängig von der sozialen Schicht in der unmittelbaren Umgebung. Ihre gute Erreichbarkeit mit dem privaten Pkw ist der entscheidende Standortfaktor. Die Knotenpunkte der großen Verkehrsachsen sind daher bevorzugte Standorte. Zugleich verliert der Einzelhandel in den Stadtzentren an Bedeutung. Eine vergleichbare Entwicklung ist bei Gewerbeparks und Bürostädten zu beobachten.

In einigen Städten wachsen darüber hinaus städtebauliche Komplexe heran, die nicht selten Einwohnerzahlen von 50 000 Menschen und mehr erreichen. Den ummauerten Städten – „Cuidades Valladas“ – fehlt die soziale Durchmischung.

M2: Suburbanes Barrio Cerrado in Buenos Aires

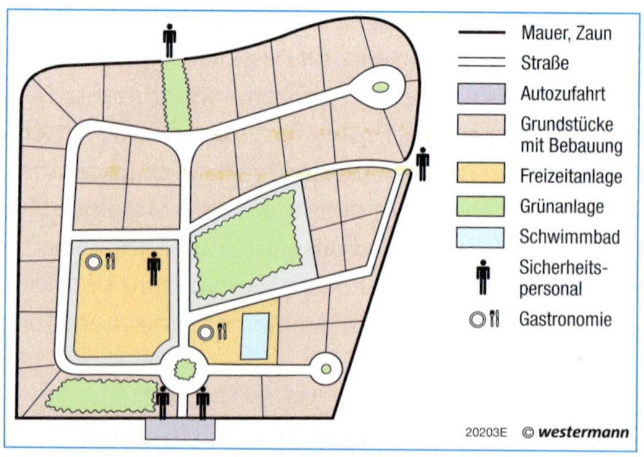

M3: Aufbauschema von einem Barrio Cerrado

M4: **Buenos Aires**

Sie sind eine extreme Form der freiwilligen Abschottung und besitzen als reine Wohnghettos nur eine einzige Funktion; Tätigkeiten des sekundären Sektors sind innerhalb der Mauern nicht erlaubt. „Städtisches Leben" kann sich auf diese Weise nicht entfalten, es wird von den Bewohnern sogar als störend empfunden.

»

Die argentinische Megacity Buenos Aires mit 14 Millionen Einwohnern kann als ein Paradebeispiel für den rapiden Wandel städtischer Strukturen in Lateinamerika durch die Verbreitung von Gated Communities bezeichnet werden. Sowohl in zentralen Lagen (in Form von Hochhaustürmen) als auch in suburbanen Stadtteilen (in Gestalt von Einfamilienhaussiedlungen) sind in den beiden letzten Dekaden über 450 Projekte verwirklicht worden, die Wohnraum für etwa 500 000 Bewohner bieten. Dabei setzten die Immobilienfirmen allmählich auf die Strategie, Großprojekte mit mehreren tausend Wohneinheiten und darin integrierten Einkaufs- und Freizeitzentren zu errichten; (...) Bisheriger Höhepunkt dieser Entwicklung ist das Nordelta, eine vollständig privat entwickelte und zugangsbeschränkte Stadt, in der bis zum Jahr 2020 Wohnraum für etwa 80 000 Menschen geschaffen werden soll. Das Konzept des als „Stadtdorf" (span. Ciudadpueblo) vermarkteten Nordelta beruht auf der Errichtung von zwei Dutzend rund um einen künstlichen See angeordneter, in sich geschlossener und nur nach mehrfachen Sicherheitskontrollen erreichbarer Nachbarschaften. (...) Es wird als ein Zufluchtsort für die von Chaos und der Hektik der argentinischen Hauptstadt gestressten Bewohner vermarktet: Im Nordelta gibt es Kinos, Schulen und Einkaufszentren in direkter Umgebung, ohne aber die schlechte Luft, Enge, den Lärm oder auch die Armut der Großstadt „konsumieren" zu müssen.

«

M5: **Quellentext zu Gated Communities in Buenos Aires**
Janoschka, M.: Die Stadt in der Stadt. Gated communities und neoliberaler Städtebau (2009)

„Ich möchte nicht in der Innenstadt wohnen. Wegen der Sicherheit, wie sie dir da die ganze Zeit reinkommen und dich nur überfallen. Und auch die Kinder können nicht frei auf die Straße gehen, die Gärten sind sehr klein, man kann kein Schwimmbecken im Garten haben."
Bewohnerin von Nordelta

„Es gibt ständige private Sicherheitsdienste mit Motorrädern, kleinen Autos, Fahrzeugen, die alles sehen, ich nenne sie die Gestapo. Das ist wunderbar, wunderbar, muss ich zugeben."
Immobilienmaklerin in Nordelta

1 **Analysieren Sie die Lage der Gated Cummunities in Buenos Aires.**
2 **Erörtern Sie die Fragmentierung und Abschottung.**
3 **Beschreiben Sie das Konzept von Nordelta (www.nordelta.com).**

6.4 Slums und Marginalsiedlungen

M1: Heruntergekommenes Innenstadtviertel in São Paulo

Gängeviertel
(conventillos, tugurios, vecindades) Innerstädtische dichte Bebauung entlang schmaler sackgassenähnlicher Gänge ausgelegt auf hohe Belegung

Slum
zusammenfassender Begriff für innerstädtische und randständige Elendsviertel aus dem englischsprachigen Raum. In Lateinamerika werden für Slums viele Namen verwendet, wobei auch zwischen verschiedenen Typen sprachlich differenziert wird. Sie heißen zum Beispiel in Rio de Janeiro Favelas, in São Paulo Vilas, in Argentinien Villa miseria, in Chile Callampas, in Ecuador Invasiones, in Mexiko Colonias Paradcadistas, in Peru Barriada und in Uruguay Cantegril.

Knapp ein Viertel der städtischen Bevölkerung Lateinamerikas lebt in Slums. Etliche Länder bemühen sich mittlerweile, die dortigen Lebensbedingungen nachhaltig zu verbessern.

Für die stark wachsende und zuwandernde Bevölkerung der lateinamerikanischen Städte gab es von Beginn an zwei elementare Einschränkungen: Die Städte besaßen – anders als europäische Städte des Industrialisierungszeitalters – zu wenig Industrie, um alle Ankömmlinge mit Arbeitsplätzen im formellen Bereich auszustatten. Viele Menschen waren so gezwungen informelle Tätigkeiten anzunehmen, um das Überleben zu sichern (vgl. 6.5). Zudem war die zu bebauende Fläche limitiert. So kann man heute zwei Typen von Siedlungen für die in die Stadt wandernde Landbevölkerung und die bereits dort wohnenden Menschen der Unterschicht und unteren Mittelschicht unterscheiden:

- innerstädtische, degradierte (von der Oberschicht aufgegebene) Wohnviertel, deren Bebauung im Laufe der Zeit in immer kleinere Wohneinheiten aufgeteilt wurde, sowie extra für diese Zielgruppe seit der zweiten Hälfte des 19. Jahrhunderts gebaute so genannte **Gängeviertel**;
- ausgedehnte Hüttensiedlungen (Marginalsiedlungen) vor allem aus provisorisch gezimmerten Unterkünften in der Peripherie der Städte.

Vermietung der eh schon überbesetzten Wohnungen und Häuser an Neuzuwanderer ist eine häufige Einnahmequelle der Bewohner. Oft sind die Migranten aber gezwungen, an immer gefährlicheren Ort (steile Berghänge, Bahndämme, Überschwemmungsgebiete etc.) zu siedeln. Die in vielen Städten zu verschiedenen Zeiten gebauten, meist genormten Siedlungen des sozialen Wohnungsbaus sind oft nur für finanziell besser gestellte Familien erschwinglich. Etwa ein Viertel der städtischen Bevölkerung in Lateinamerika lebt in **Slums** (M7), in vielen Groß- und Megastädten sind es weitaus mehr.

Während früher vor allen die innerstädtischen Quartiere die Anlaufstelle der Migranten waren, sind dies nun vermehrt die zum Teil riesigen, sich immer weiter in die Fläche ausdehnenden Hüttenviertel, die es am Rande aller Großstädte Lateinamerikas mit jeweils landes- oder städtetypischen Namen gibt (zum Teil auch in Innenstädten auf Grünanlagen, unter Autobahnbrücken oder an steilen Berghängen, M6). Da der Grundbesitz der Einwohner nicht legal, ungeklärt oder umstritten ist, werden sie auch informelle oder irreguläre Siedlungen genannt. Während illegale Siedlungen durch Besetzung öffentlicher und privater Grundstücke entstehen, sind bei so genannten **semilegalen Siedlungen** die Besitzverhältnisse schwieriger zu deuten.

M2: Offener Abwasserkanal in einem Slum in Brasilia

M3: Marginalsiedlung in Lima

In vielen „Hüttenvierteln" hat sich die bauliche und infrastrukturelle Situation in den letzten Jahrzehnten durchaus verbessert. Aus Hütten sind Häuser aus festen Baumaterialien geworden, Straßen wurden befestigt, Strom- und Wasserleitungen gelegt sowie Schulen, Geschäfte und vielfältige Dienstleistungen eingerichtet. Zum großen Teil erfolgte die Aufwertung in Eigeninitiative und Nachbarschaftshilfe. Allerdings sind die Trinkwasserversorgung und die sanitär-hygienischen Verhältnisse problematisch geblieben. Gerade die illegalen Siedlungen haben keinen Anspruch auf städtische Versorgungsdienstleistungen. Zudem sind in vielen Slums Gewalt und Kriminalität an der Tagesordnung, haben sich Banden und Drogenmafia etabliert, die die Viertel als Operationsbasis und Schutzschild benutzen und wiederholen sich infolge dessen auch Übergriffe durch Polizei und Militär. Diese Gewalt wird vor allem durch fehlende Zukunftsperspektiven (fehlende Bildungs- und Arbeitsmöglichkeiten, niedrige Einkommen aus informeller Arbeit) besonders der jungen Bewohner, die räumliche Enge, die mafiösen Strukturen und die häufig schwache oder gänzlich fehlende Staatsmacht ausgelöst. Opfer dieser Gewalt sind aber weniger Menschen der Ober- und Mittelschicht als vielmehr die Bewohner der Slums selbst.

Semilegale Siedlung
Der ursprünglicher Besitzer hat Parzellen verkauft, ohne die Eigentumsrechte im Grundbuch einzutragen. Die Hüttenbesitzer fühlen sich als rechtmäßige Besitzer, ohne ihren Rechtsanspruch nachweisen zu können.

	Slumhaushalte
Wasserversorgung	88,3 %
Abwasserentsorgung	67,3 %
Abfallentsorgung	95,4 %
• Müllsammlung	79,8 %
• Müllcontainer	20,2 %
Stromversorgung	99,7 %
• offiziell	72,5 %

M4: Infrastruktur in brasilianischen Slumhaushalten

»

Der Begriff „Slum" umfasst ein breites Spektrum von provisorischen, informellen und überalterten Behausungen. Neben der unklaren Definition und fließenden Grenzen zwischen den zahlreichen prekären Siedlungs- und Wohnformen besteht das Problem einer statistischen Erfassung auch darin, dass in vielen Städten die informellen Stadtgebiete als illegal gelten und dazu keine offiziellen und genauen Daten vorliegen. Der UN-Habitat Bericht „The Challenge of Slums" (2003) enthält ein ganzes Kapitel zur Definition von Slums und zur Methodik, diese statistisch zu erfassen. Dabei stützt man sich auf Merkmale wie: schlechte Lokalisierung (im öffentlichen Raum, an steilen Hängen, große Entfernung zu den Jobs, etc.); fehlender Schutz vor den klimatischen Bedingungen, natürlichen und anderen Risiken; temporäre Bauweise und gravierende konstruktive Mängel; geringe Wohnfläche und Überbelegung der Räume; fehlende Infrastruktur, insbesondere Wasser und sanitäre Einrichtungen; fehlender rechtlicher Schutz und ungesicherter Aufenthalt; zu hohe Kosten der Unterkunft. Je nachdem, welche und wie viele dieser Slum-Kriterien erfüllt sind, kann man ein differenziertes und vergleichbares Bild der informellen Siedlungen und anderer prekärer Stadtgebiete erstellen.

«

M5: Quellentext zur Definitionsproblematik von Slums
Ribbeck, E.: Slums. Bundeszentrale für politische Bildung: Dossier - Megastädte (2008)

M6: Illegale Siedlung unter einer Autobahnbrücke in São Paulo

	1990		1995		2000		2005		2010	
		in %		in %		in %		in %		in %
Lateinamerika	104,7	33,7	110,8	31,5	114,9	29,2	110,1	25,5	110,2	23,5
Argentinien	8,6	30,5	9,8	31,7	11,0	32,9	9,3	26,2	7,7	20,8
Bolivien	2,3	62,2	2,6	58,2	2,8	54,3	2,9	50,4	3,1	47,3
Brasilien	40,5	36,7	42,8	34,1	44,6	31,5	45,4	28,0	44,9	26,9
Haiti	1,9	93,4	2,4	93,4	2,9	93,4	2,9	70,1	3,6	70,1
Ostasien	154,2	43,7	174,4	40,6	191,6	37,4	204,3	33,0	197,5	28,2
Sub-Sahara-Afrika	102,6	70,0	122,6	67,6	143,3	65,0	168,0	63,0	198,2	61,7

M7: Slumbevölkerung (in Mio.) und Anteil an der städtischen Gesamtbevölkerung

1 Vergleichen Sie die verschiedenen Slumtypen in Lateinamerika.
2 Entwickeln Sie eine eigene Definition des Begriffs Slum.

6.4 Slums und Marginalsiedlungen

Umsiedlung und Abriss	• Abriss der Slumsiedlungen wegen höherwertiger Nachnutzung, aber auch wegen hohem Risiko (Hanglagen, Überschwemmungsgebiete etc.) • Umsiedlung auf freie Flächen in Randlagen (Alternativwohnungen oft zu teuer)
Sanierung	• Legalisierung der Besitzverhältnisse (durch städtische Subventionen) • Aufwertung bestehender Wohnräume • Verbesserung der Infrastruktur (Wasser- und Sanitäreinrichtungen, Asphaltierung und Straßenanbindung, Kanalisation) • Vergabe von Mikrokrediten zur Renovierung der Häuser • Registrierung der Bewohner (Abgaben, Nebenkosten und Steuern) • evtl. Partizipation der Bewohner
Site-and Service-Programme	• Bereitstellung von Parzellen in Einheitsgröße, die an Wasserversorgung und Kanalisation angeschlossen sind (Kauf oder Miete) • Bau der Häuser in Eigeninitiative (Beratung durch städtische Experten)
Sozialer Wohnungsbau	• Bau standardisierter Miethäuserblocks auf geräumten Arealen oder billigem Bauland in der Peripherie

M1: Städtebauliche Strategien der Stadtverwaltungen zur Verbesserung der Wohnsituation in Slums

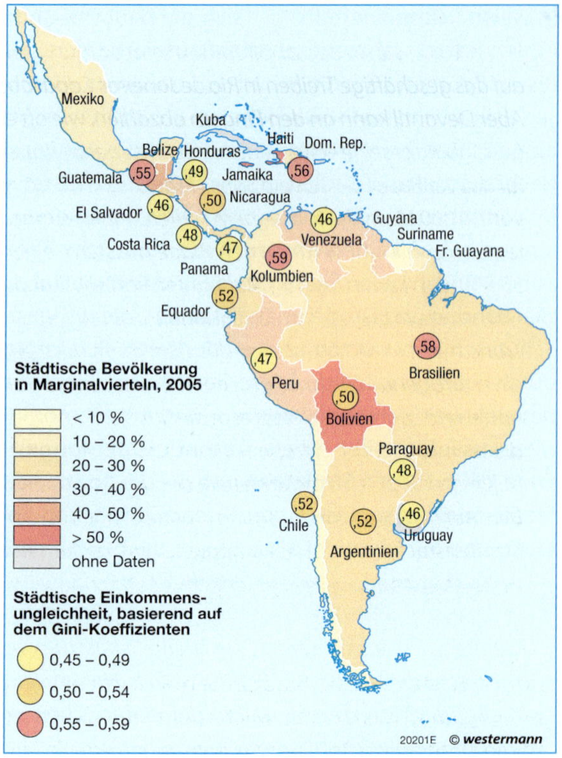

M2: Städtische Disparitäten und Bevölkerung in Slums

Der Umgang der Stadtverwaltungen mit ihren „Problemvierteln" hat sich mehrmals gewandelt. Bis in die 1980er-Jahre wurde häufig versucht, die Siedler mit Polizeigewalt zu vertreiben. Viele der innerstädtischen Quartiere hat man trotz Widerstand der Bewohner saniert oder abgerissen. Mittlerweile verfolgen die Behörden vielerorts aber eine kooperativere Politik. Brasilien und Argentinien haben – dank wirtschaftlichen Aufschwungs – umfangreiche Programme initiiert, um die Situation in den Slums zu nachhaltig zu verbessern. Dazu gehören neben dem Ausbau der städtischen Infrastruktur auch in prekären Lagen Sanierungen und Legalisierungen der Slums, so genannte Site- und Service-Programme sowie soziale Wohnungsbauprojekte (M 1). So hat etwa Rio de Janeiro etwa fünf Mrd. US$ in die Aufwertung der Elendsviertel gesteckt (vgl. 2.5).

M3: Soziales Wohnungsbauprojekt (vor alter Favela) in São Bernardo do Campo in Brasilien

M4: Razzia der Militärpolizei gegen Drogenmafia in einer Favela in Rio de Janeiro

» *Devanil (...) sah in den zwölf Jahren seines bisherigen Lebens aus großer Höhe auf das geschäftige Treiben in Rio de Janeiros Copacabana-Viertel hinunter. (...) Aber Devantil kann an den Fingern abzählen, wie oft er dort schon gewesen ist. (...) Sobald er seine ersten eigenen Schritte getan hatte, lernte er auch die Regeln für das Verlassen der Favela Santa Marta, einer dicht gedrängten Ansammlung von 10 000 Menschen auf einem steilen Hügel. Zunächst musste er die 788 Stufen und zahllosen gefährlichen Pfade meistern, einen Höhenunterschied von 55 Stockwerken, er kam an Müllhaufen vorbei (...) und Hunderten improvisierter Häuser, die in den steilen Felsenhang hineingebaut waren. Dann traf er auf die Traficantes, junge Mitglieder des Comando Vermelho (Roten Kommandos), einer Drogenarmee, die das Leben in der Favela vollständig unter Kontrolle hatte, und sagte ihnen, dass er in die Stadt gehen wolle. Diese instruierten dann die Teenager, die am Straßeneingang zur Favela mit ans Bein gepressten Neun-Millimeter-Pistolen Wache hielten, das Kind durchzulassen und nicht zu erschießen. Auf dem Weg zum Ausgang musste er noch an der „crack line" vorbei, einem Straßenstück, an dem Kokainpakete von Tischen herunter en gros an Dealer verkauft wurden, 15-Jährige Jungen mit Sturmgewehren bewachten das Treiben.* «

M5: Quellentext zu der Situation in der Favela Santa Marta in Rio de Janeiro vor der Sanierung
Sanders, D.: Arrival Cities (2011)

M6: Favela Santa Marta

Ende 2008 startete die Stadt in Santa Marta ein ehrgeiziges Aufwertungsprogramm. Zunächst stürmten Militärpolizisten die Favela und verhafteten/erschossen die Drogenbande. Dann wurde die Infrastruktur verbessert, eine dauerhafte Polizeipräsenz und eine Arbeitsvermittlung aufgebaut, Straßenamen und Hausnummer vergeben und die Bewohner offiziell registriert. Letzteres ermöglichte den Bewohner erst die Arbeit im formellen Sektor und den Bezug von Sozialleistungen. Es bedeutete aber auch, dass sie nun Strom, Wasser und Steuern bezahlen müssen.

Infrastrukturmaßnahmen in Santa Marta

- *Seilbahn in obere Teile der Favela*
- *Fußballplatz mit Flutlichtanlage (siehe Titelbild)*
- *Kindertagesstätte*
- *Straßenbeleuchtung*
- *Wifi-Netzwerk*
- *Müllsammelsystem*
- *Technikerschule mit Berufsausbildungsprogramm*
- *Neubau von Backsteinhäusern mit Kanalisation*

» *Unser Hauptanliegen hier ist, Vertrauen zu staatlichen Institutionen aufzubauen. Die Menschen hatten immer nur in der Schattenwirtschaft gearbeitet, auf der Straße verkauft, was immer sie beschaffen konnten, und ihren Müll einfach aus dem Fenster geworfen. Wir mussten erst auf den Plan treten und ihnen Wege aufzeigen, wie sie zu real existierenden, von den Behörden registrierten Bürgern werden und ihr Leben organisieren konnten. (...) Ohne solche Voraussetzungen sind Polizeirazzien für den Staat die einzige Methode, in der Favela überhaupt in Erscheinung treten zu können. Inzwischen dreht sich alles um Bildungsmöglichkeiten, Kleinunternehmen, Arbeitsplätze. Die Menschen fühlen sich jetzt als Teil dieser Stadt.*

Vera Lucia Nascimento, *leitende Sozialarbeiterin des Favela-Projekts*

» *Angesichts der im wahrsten Sinne des Wortes ‚Großen Mauer' aus High-Tech-Grenzsicherungsanlagen, die eine Massenmigration in die reichen Länder blockieren soll, verbleiben nur die Slums als Unterbringungsmöglichkeit für die überschüssige Menschheit dieses Jahrhunderts.*

Mike Davis, *US-amerikanischer Autor von „Planet of Slums" (2006)*

» *Die Übergangsorte – die Ankunftsstädte – sind die Orte, an denen sich der nächste große Wirtschafts- und Kulturboom oder die nächste große Explosion der Gewalt ereignen wird.*

Doug Sanders, *kanadisch-britischer Autor von „Arrival Cities" (2011)*

1 **Vergleichen Sie die verschiedenen Strategien zur Verbesserung der Situation in den Slums (M 1).**
2 **Beurteilen Sie die Slumsanierung in der Favela Santa Marta.**

D1-210
www.diercke.de

Informelle städtische Wirtschaft

Kleinproduzenten und fliegende Händler prägen das Straßenbild zahlreicher lateinamerikanischer Städte. Vielerorts sind mehr als die Hälfte der Erwerbspersonen informell beschäftigt.

Informeller Sektor
Teil einer Volkswirtschaft, der statistisch und steuerlich nicht erfasst wird und in dem keine formellen Beschäftigungsverhältnisse vorliegen

Schätzungen gehen davon aus, dass in Brasilien die Hälfte der Erwerbspersonen einer informellen Tätigkeit nachgehen und damit 30 bis 50 Prozent des Bruttonationaleinkommens erwirtschaften.

Für die Mehrzahl der Zuwanderer in den Städten Lateinamerikas besteht kaum die Chance, eine Beschäftigung im geregelten (formellen) Arbeitsmarkt zu finden. Viele gehen deshalb nicht registrierten Tätigkeiten nach. Sie suchen Verdienstmöglichkeiten als Gelegenheitsarbeiter, ambulante Händler, Handwerker oder Müllsammler. Frauen bauen sich als Betreiberinnen von Garküchen und Imbissständen eine bescheidene Existenz auf. Auch Lastenträger, Parkwächter, Schuhputzer oder Schneiderinnen zählen zu diesem Sektor des Arbeitsmarktes, der nicht in das moderne Wirtschaftssystem integriert ist (**Informeller Sektor**).
Die wichtigsten Merkmale einer informellen Tätigkeit sind:

- Arbeitsverträge werden nur mündlich geschlossen.
- Arbeitsschutzgesetze existieren nicht.
- Es überwiegen kleine Organisationseinheiten.
- Meist werden Familienangehörige beschäftigt.
- Eine statistische Erfassung der Betriebe ist nicht möglich.
- Es gibt keine Renten-, Arbeitslosen- oder Krankenversicherung.
- Die Arbeit erfolgt selbständig und auf eigenes Risiko.
- Die informellen Unternehmer sind Privatpersonen.

Der informelle und der formelle Sektor sind in mehrfacher Hinsicht miteinander verknüpft. Viele nicht registrierte Handwerker und Händler müssen ihre Rohstoffe, Werkzeuge und Handelswaren im formellen Sektor beziehen. Häufig vergibt die formelle Wirtschaft Unteraufträge im informellen Sektor, was die Produktion aufgrund niedriger Löhne und wegfallender Steuern und Sozialabgaben extrem verbilligt. So entstehen gegenseitige Abhängigkeitsverhältnisse, bei denen die Macht allerdings sehr ungleich verteilt ist: Der informelle Auftragnehmer hat eine äußerst schwache Position gegenüber seinem formellen Auftraggeber. Zudem wird die gesellschaftliche und wirtschaftliche Rolle des informellen Beschäftigten zumeist negativ bewertet (keine Steuern, kein Beitrag zum Nationaleinkommen, hohe Ansprüche). Dabei wird vergessen, dass diese Beschäftigungsform den Betroffenen zumindest eine bescheidene Grundversorgung sichert.

wirtschaftliche Aktivitäten	• Handel • Produktion • Selbstversorgung
Bauen und Siedeln	• gemeinschaftliche Landnahme • Wohnungsbau ohne Genehmigung • Infrastruktur in Selbsthilfe
sozio-politische Organisation	• Stadtviertel - Organisationen • Zusammenschlüsse von Selbsthilfe-Organisationen • politische Demonstrationen
gemeinschaftliche Dienste	• Kinderhorte • Volksküchen • Müllbeseitigung • Wachdienste
Kommunikation	• Lokale Musik • Stadtviertel-Zeitungen • Straßentheater • Stadtviertel-Radio

M1: Bereiche des informellen Sektors

M2: Mobile Autowerkstadt in Santa Cruz, Bolivien

M3: Garküche in Santa Cruz

1 **Erläutern Sie die Vor- und Nachteile des informellen Sektors für die informell Beschäftigten, die formell Beschäftigten und den Staat.**

Nachhaltige Stadtentwicklung 6.6

Soziale, wirtschaftliche und ökologische Probleme stellen die lateinamerikanischen Städte vor große Herausforderungen. Experten sehen nur in einer nachhaltigen Stadtentwicklung mögliche Lösungen.

Jahrzehntelanges extremes Bevölkerungswachstum, fehlende finanzielle Mittel, Versäumnisse der Stadtpolitik/fehlende Stadtplanung und nicht zuletzt die Folgen der Globalisierung lassen die lateinamerikanischen Großstädte heute vor einem ganzen Problembündel stehen (M 6). Nicht nur fehlende Wohnungen und Infrastruktur, soziale Ausgrenzung großer Bevölkerungsgruppen (Polarisierung, Fragmentierung, Exklusion, vgl. 6.), Kriminalität, Armut, Arbeitslosigkeit und andere städtebauliche, soziale und wirtschaftliche Schieflagen machen den Städten zu schaffen. Hinzu kommen in vielen Städten massive Umweltprobleme (M 5). Sie versinken im Müll, kämpfen mit Abwasser, Luftverschmutzung und den Folgen der fortschreitenden Flächenversiegelung. Seit in den 1990er-Jahren auf internationalen Konferenzen die Forderung nach einer nachhaltigen Stadtentwicklung aufkam, greifen auch lateinamerikanische Städte dieses Konzept auf (M 4).

- Beseitigung der Armut
- Saubere Luft, sauberes Wasser und akzeptable sanitäre Einrichtungen
- Akzeptable Wohnungen
- Gute Verkehrsverbindungen zwischen Wohnung, Arbeitsstätten, Einkaufsmöglichkeiten, Schulen und anderen Zielen
- Politische Bürgerrechte, Recht auf Information, Rechtsstaatlichkeit
- Persönliche Sicherheit und Schutz des Eigentums

M 4: „Ziele für die Nachhaltigkeit in Städten" in der Berliner Erklärung (2000, Weltkonferenz zur Zukunft der Städte URBAN 21)

Problembereiche / Verursacher	Flächen	Wasser / Abwasser	Luft	Abfälle
Siedlungen	Besetzung von Schutzzonen (durch wilde Siedlungen); Versiegelung (durch Wohnblocks)	verseuchtes Trinkwasser; unzureichende Abwasser-Systeme	Fäkalien-Stäube (führen zu Infektionen)	wilde Müllkippen (nur z. T. Müllsammler und Recycler)
Industrie	Beanspruchung, Verdichtung der Nutzung	ungereinigte Industrieabwässer (zu geringe Kontrolle)	Industriestäube, SO_2	unversorgte Industrieabfälle
Verkehr	Zerstörung von Grünflächen; Versiegelung	Eingriffe in Überschwemmungsgebiete	Abgase (CO_2, NO_x SO_2); Feinstäube, Ozon	wilde Schrottplätze
Physisch-Geographische Situation	Hangrutschungen	Überschwemmungen	Inversions-Wetter (häufig bei Beckenlage)	Plastik-Fetzen überall (Windverbreitung)

M 5: Umweltbelastungen in Megstädten Lateinamerikas

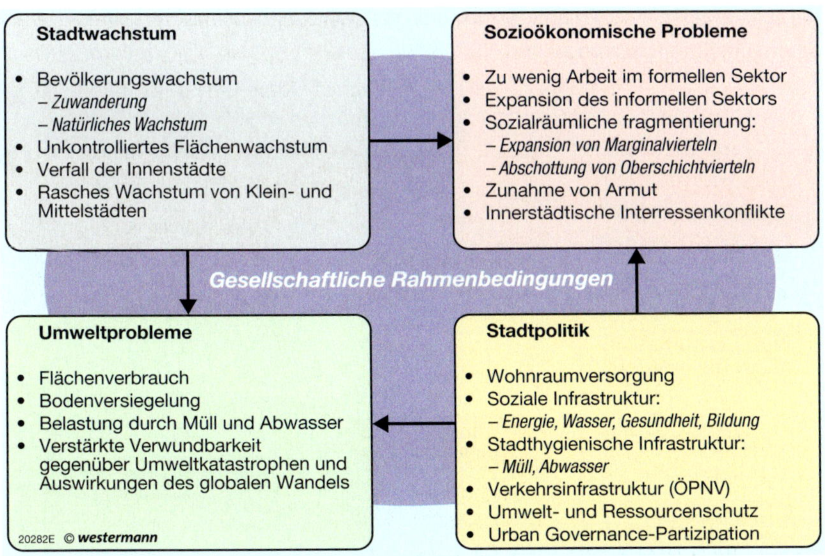

Relativ bekannt sind die sozialen, wirtschaftlichen und ökologischen Komponenten der Nachhaltigkeit. Bei der nachhaltigen städtischen Entwicklung treten zwei weitere Dimensionen hinzu:

- *die physische Nachhaltigkeit: Sie erstreckt sich auf die materielle Infrastruktur und das Baubild der Stadt.*
- *die politische Nachhaltigkeit: Sie umfasst neben den Entscheidungen der staatlichen und kommunalen Träger auch die Einbeziehung der Bürger und ihre soziale Kontrolle.*

M 6: Städtische Probleme in Lateinamerika

2 **Entwickeln Sie konkrete Forderungen an eine nachhaltige Stadtentwicklung in Lateinamerika.**

3 **„Eigentlich schließen sich Stadt und Nachhaltigkeit aus." Erörtern Sie diese These.**

6.6.1 Curitiba – Modellstadt für Nachhaltigkeit

Die Hauptstadt des Bundesstaats Paraná gilt als ökologische und soziale Hauptstadt Brasiliens und als Modellfall nachhaltiger Stadtentwicklung.

Bereits Ende der 1960er-Jahre begann die Regierung der damals lediglich 400 000 Einwohner zählenden Stadt Curitiba mit einer Stadtentwicklungsplanung, die man heute nachhaltig bezeichnen würde. Im Lauf der Zeit wurden verschiedene stadtplanerische, ökologische und soziale Maßnahmen umgesetzt:

- Gründung eines Instituts für städtische Planung (Lenkungsfunktion),
- Expansion und Verdichtung entlang von fünf linearen Entwicklungsachsen,
- Flächennutzungsplanung (Limitierung der städtischen Ausbreitung, Mischung von Wohnen und Arbeiten), Bewahrung des historischen Erbes,
- Neuordnung der Verkehrsstruktur („Stadt der kurzen Wege"), Entwicklung eines innovativen Öffentlichen Personennahverkehrs (M 1) und Radwegenetzes,
- Hochwasserschutz (z.B. Anlage künstlicher Seen als Rückhaltebecken),
- Grünflächenmanagement (ausgedehnte Parkanlagen),
- Abfallmanagement, Umweltbildung zur Abfallvermeidung / Mülltrennung (hohe Recyclingrate), Tauschsystem Wertstoffe gegen Busgutscheine / Nahrungsmittel, Arbeitsbeschaffungsmaßnahmen im Bereich Stadtreinigung,
- Verbesserung der sozialen Infrastruktur (Einrichtung von Schulen mit Bibliotheken, öffentliche Bildungszentren, dezentrale Verwaltungszentren).

Curitiba
Bundeshauptstadt des Bundesstaats Paraná; Einwohner Curitiba: 1,8 Mio.; Metropolregion (Região Metropolitana de Curitiba, RMC): 3,3 Mio.

Die südbrasilianische Metropole hat sich über etablierte Grundsätze der modernen Stadtplanung hinweggesetzt und modellhaft vorgeführt, wie sich mit einfachen, umweltkonformen Maßnahmen die Probleme eines rasch expandierenden Gemeinwesens besser lösen lassen als mit aufwendiger Technik.
Spektrum der Wissenschaft (1998)

»

Auf das dynamische Wachstum in den 1960er-Jahren reagierten die Planer in Curitiba mit einem forcierten Ausbau der Verkehrsinfrastruktur, die auf eine Eindämmung des Straßenverkehrs zielte. Zu diesem Zweck wurde zum einen die Straßenführung verändert, vor allem aber entwickelte die Stadt ein weit verzweigtes Busnetz, in dem verschiedene Bustypen, die jeweils farblich markiert sind, je eigene Verkehrsaufgaben übernehmen. Die entlang der Entwicklungsachsen verkehrenden Expressbuslinien verfügen über eigene Fahrspuren und eine hohe Beförderungskapazität und dienen damit als eine Art „oberirdischer Metro". Dank des engmaschigen Streckennetzes lassen sich alle Punkte der Stadt zu einem Einheitspreis mit diesen öffentlichen Verkehrsmitteln erreichen.

«

M1: Quellentext zur Verkehrsinfrastruktur Curitibas
Zirkl, F.: Curitiba – nachhaltige Stadtentwicklung. Diercke Handbuch (2008)

Das Bussystem stößt mittlerweile in der stetig weiter wachsenden Stadt an seine Kapazitätsgrenzen (Überfüllung, Staus). Aktuell wird über eine moderne Straßenbahn nachgedacht, um die Luftverschmutzung weiter zu reduzieren.

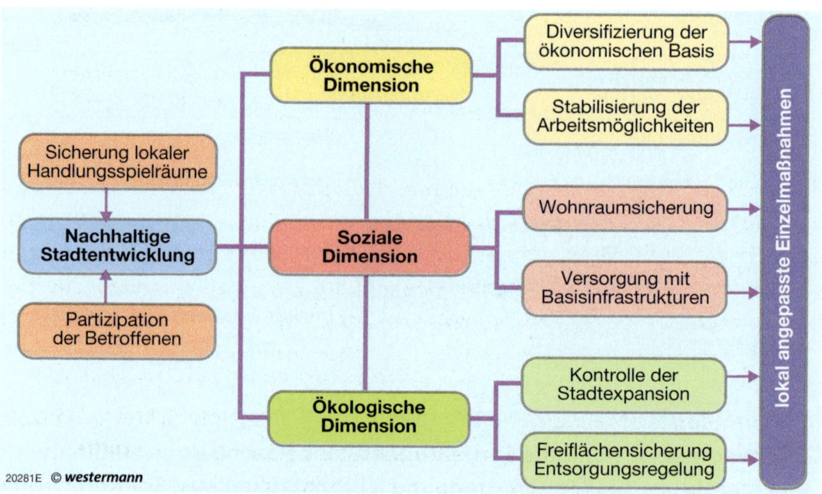

M2: Anforderungen an eine nachhaltige Stadtentwicklung

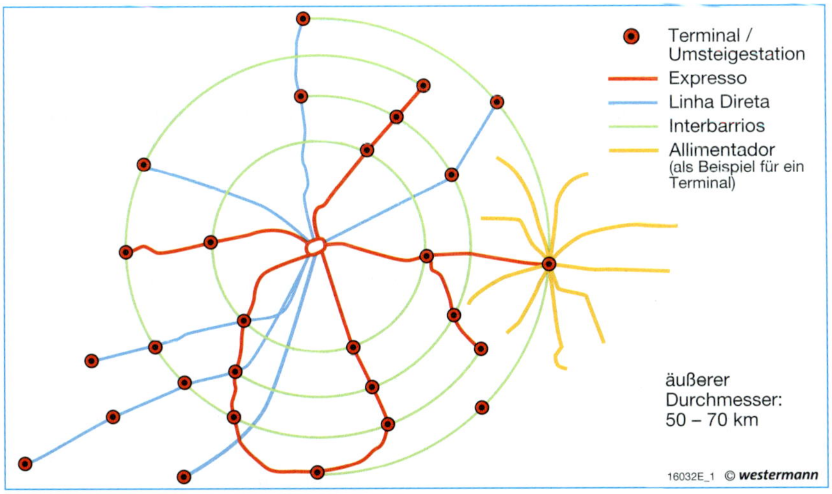

M3: **System des ÖPNV im Stadtgebiet und RMC Curitiba (vereinfacht)**

Daten zum ÖPNV in Curitiba
Anzahl beförderter Passagiere pro Werktag: 2,3 Mio.
Zahlende Passagiere: 1,0 Mio.
Anzahl Busse: 1928
Buslinien: 355
Terminals: 30
Haltestellenröhren: 362

M4: **Haltestellenröhre mit Hochbahnsteig**

Linie	Funktion	Bustyp	Farbe
Expresso	„oberidische Metro" entlang der Entwicklungsachsen	Doppelge-lenk-Hochflur	rot
Linha Direta	Verbindung gr. Umsteigesta-tionen ohne Zwischenhalt	Gelenk-Hochflur	blau
Inter-bairros	radiale Verbindung zwischen den Stadtteilen	Normal / Gelenk	grün
Alimenta-dor	Zubringer zu den Umsteige-stationen in der Peripherie	Normal / Gelenk	orange
Troncal	Verbindung zwischen den Stadtteilen (Innenstadt)	Normal / Gelenk	gelb
Conven-cional	Verbindung in einem Stadtteil	Klein	gelb
Circular Centro	Ringlinie im zentralen Stadtbereich	Klein	weiß

M5: **Bussystem in Curitiba**

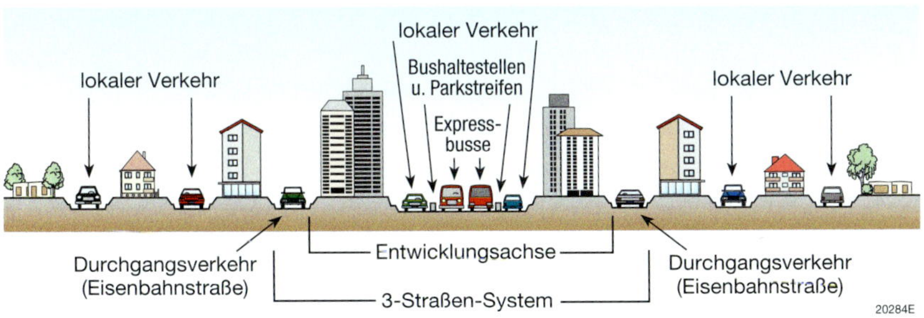

M6: **Drei-Straßen-System auf den Hauptverkehrsachsen in Curitiba**

Der „Soziale Einheitstarif" kommt der wirtschaftlich schwächeren, in der City arbeitenden Stadtrandbevölkerung zugute, da so die längeren Strecken von den kürzeren mit finanziert werden. Ein hoher Prozentsatz der Dauerkarten wird kostenlos an Senioren, Behinderte und Studenten ausgegeben. Darüber hinaus stellen viele Betriebe ihren Mitarbeitern Monatskarten zur Verfügung.

1 **Beurteilen Sie Maßnahmen der nachhaltigen Stadtentwicklung in Curitiba.**
2 **Erklären Sie die Grundidee des Bussystems in Curitiba.**
3 **Erläutern Sie die Herausforderungen einer nachhaltigen Stadtentwicklung in Lateinamerika.**

D1-218
www.diercke.de

Subkontinent der Städte

Verstädterung in Lateinamerika

Vier von fünf Menschen in Lateinamerika leben in Städten. Der hohe Verstädterungsgrad vieler Länder ist das Resultat von städtischen Bevölkerungswachstum und Zuwanderung im Verlauf des 20. Jahrhunderts. Immerhin fünf lateinamerikanische Megastädten gehören zu den 30 größten Agglomerationen der Welt. Abgesehen von einigen bislang noch eher ländlich geprägten mittelamerikanischen und Andenstaaten nehmen die Verstädterungsraten vieler Großstädte mittlerweile allerdings ab.

Lateinamerikanische Stadt im Wandel

Die lateinamerikanischen Städte (besonders im ehemals spanischen Kolonialraum) haben eine annähernd vergleichbare Entwicklung genommen, so dass ein Modell von Entwicklungsphasen seit ihrer Gründung in der Kolonialzeit vorliegt. Aus der kompakten Stadt wurde in mehreren Verstädterungsphasen über die sektorale und polarisierte Stadt die heutige fragmentierte Stadt. Ein wesentliches Strukturelement der verschiedenen Phasen ist die sozialräumliche Trennung armer und reicher Wohnviertel. Hervorstechendstes Merkmal heutiger lateinamerikanischer Städte sind die über das Stadtgebiet verstreut liegenden umzäunten Wohnkomplexe (Barrios cerrados), in denen sich Ober- und Mittelschicht aus den Städten zurückgezogen haben (Exklusion). Diese Entwicklung findet ihren aktuellen Höhepunkt in abgeschotteten, autarken „Kleinstädten" im Stadtgebiet für mehrere Zehntausende Bewohner.

Slums und Marginalsiedlungen

Ein Viertel der städtischen Bevölkerung lebt in innerstädtischen Slums und Marginalsiedlungen in der Peripherie. Auch wenn die bauliche Situation sich in vielen dieser Viertel verbessert hat, gibt es zahlreiche Probleme. Dazu zählen nehmen Kriminalität und rechtlicher Unsicherheit auch weiterhin eine unzureichende Infrastruktur (Kanalisation, Trinkwasser). Nach jahrzehntelangen oft rigorosen Vorgehen der Stadtverwaltungen mit ihrem Problemvierteln setzt sich zunehmend eine kooperativere Politik mit gezielten Programmen durch (Sanierung, Legalisierung).

Nachhaltige Stadtentwicklung

Um den vielfältigen ökologischen, sozialen und wirtschaftlichen Problemen zu begegnen, haben zudem einige Städte begonnen, Ansätze und Maßnahmen einer nachhaltigen Stadtentwicklung umzusetzen. Modellstadt in Sachen Nachhaltigkeit ist das brasilianische Curitiba, das zum Beispiel ein innovatives ÖPNV-System eingeführt hat.

Aufgaben

1 **Vergleichen Sie die Herausforderungen von stark wachsenden Städten wie Bogotá oder San José mit denen von nur moderat wachsenden Städten wie Rio de Janeiro und Buenes Aires.**

2 **Erörtern Sie die Auswirkungen der Gliederung der lateinamerikanischen Städte in verschiedenen Sektoren oder Fragmente für die städtische Bevölkerung.**

3 **„Fragmentierung führt zu einem Verlust des typisch städtischen Lebens." Nehmen Sie Stellung zu dieser These.**

4 **Nehmen Sie Stellung zu den Thesen von Mike Davis und Doug Sanders zur Zukunft der Slums (S. 107).**

5 **„Bei einer nachhaltigen Stadtentwicklung sollten erst soziale und wirtschaftliche Missstände angegangen werden und dann erst Umweltprobleme." Beurteilen Sie diese Aussage.**

6 **Entwickeln Sie Verbesserungsvorschläge für den ÖPNV in Curitiba.**

Internetlinks

UN – World Urbanization Prospects, the 2011 Revision
Daten und Graphiken zu Verstädterung
esa.un.org/unup

Slums
UN Habitat www.unhabitat.org

Rathaus Curitiba
Information zur Stadtplanung
www.curitiba.pr.gov.br/idioma/ingles

Ausgewählte Literatur

Zeitschriften

Praxis Geographie 5/2012
Themenheft Metropolen Lateinamerikas
Praxis Geographie 6/2010
Themenheft Tropischer Regenwald – Vom Urwald zur Plantage
Praxis Geographie 7 – 8/2009
Themenheft Megastädte
Praxis Geographie 10/2008
Themenheft Lateinamerika
Geographische Rundschau 9/2010
Themenheft Brasilien
Geographische Rundschau 11/2009
Themenheft Globaler Rohstoffhandel
Geographische Rundschau 6/2009
Themenheft NAFTA - Freihandel in Nordamerika
Geographische Rundschau 12/2008
Themenheft Politische Ökologie
Geographische Rundschau 1/2007
Themenheft Mittelamerika
BpB: Informationen zur Politischen Bildung Heft 300
BpB: Lateinamerika verstehen lernen
LpB BW: Der Bürger im Staat 4/2010 Südamerika

Bücher

Birle, Peter (Hrsg.): Lateinamerika im Wandel, Baden-Baden: Nomos Verlag 2010
Hirsch-Weber, Wolfgang / Detlef Nolte (Hrsg.): Lateinamerika. Ökonomische, soziale und politische Probleme im Zeitalter der Globalisierung. Institut für Iberoamerika-Kunde, Hamburg 2000
Le Monde diplomatique: Südamerika. Berlin: Taz 2011
Mols, Manfred/Rainer Öhlschläger (Hrsg.): Lateinamerika in der Globalisierung. Frankfurt am Main: Vervuert 2003
Scholz, F. Diercke Spezial Entwicklungsländer. Braunschweig: Westermann 2012
Schoop, W.: Diercke Spezial Lateinamerika. Braunschweig: Westermann 2008
Stüwe, Klaus/Stefan Rinke (Hrsg.): Die politischen Systeme in Nord- und Lateinamerika. Eine Einführung, Wiesbaden: VS Verlag für Sozialwissenschaften 2008
Werz, Nikolaus: Lateinamerika. Eine Einführung. Baden-Baden: Nomos Verlag, 2008

Register

fett = definierender oder erläuternder Text in Marginalspalte

Quellentextverzeichnis

6 Bettina Bremme: Raus aus der Ethno-Nische. Lateinamerika-Nachrichten 11/2004
6 Jochen Temsch. Stau in der Wüste. Süddeutsche Zeitung 19.4.2012
6 Cornelia Fuchs: „Abholzung ist schlimmer als alle Verkehrsmittel" Stern 2.5.2009
7 Soraia Vilela: Brasilianischer Fußball zwischen Gift und Erlösung. Deutsche Welle www.dw.de 30.6.2006
7 Susi Schildknecht: Tango, mehr als die Geschichte Argentiniens. www.tangoargentino.at
7 Hans-Georg Golz: Revolutionen in Lateinamerika. Aus Politik und Zeitgeschichte 41-42/2010
8 Eva Karnovsky: Alltag und Lebensgefühl. In: Bundeszentrale für politische Bildung Hrsg.), Lateinamerika verstehen lernen, Bonn 2011, S. 298
9 M 4 Peter Gärtner: Lateinamerika – eine Begriffsbestimmung. Quetzal 10/2007 www.quetzal-leipzig.de
15 M 1 Wolfgang Schoop: Diercke Spezial: Lateinamerika. Braunschweig: Westermann 2008, S. 24 – 25
17 M 3 Dieter Engelmann, Fred Scholz: Diercke Spezial: Geoökozonen. Braunschweig: Westermann 2009, S. 108
17 M 4 Klaus Müller-Hohenstein, Franz-Dieter Miotke: Die geoökologischen Zonen der Erde. In: Länder, Völker, Kontinente. Band1. Gütersloh: Bertelsmann 1997, S. 179f
21 M 5 Martin Coy, Hervé Théry: Brasilien. Geographische Rundschau 9/2010, S. 7
25 M 5 Martin Coy, Michael Klingler: Pionierfronten im brasilianischen Amazonien zwischen alten Problemen und neuen Dynamiken. In: Innsbrucker Geographische Gesellschaft: Innsbrucker Jahresbericht 2008 – 2010. Innsbruck: Innsbrucker Geographische Gesellschaft, S. 110
26 M 2 Monika Röper: 3D-Schach in Amazonien. Geographische Rundschau 9/2010, S. 21
27 M 6 Abholzung nimmt stark zu. dpa-Meldung 19.5.2011
28 Daniel Lingenhöhl: Der Amazonas wird angezapft. www.spectrum.de 10.8.2012
28 IBAMA www.ibama.gov.br 1.6.2011
29 M 3 Tobias Schmitt: „O Sertão vai virar mar" Geographische Rundschau 9/2010, S. 16
30 Stephan Schultz: Brasilien startet Aufstieg zur Öl-Großmacht. Der Spiegel. 22.6.2010
30 M 1 Mühsamer Abstieg in die Tiefsee. Frankfurter Allgemeine Zeitung 22.10.2011
31 Präsentation der Nachhaltigkeitsstrategie der FIFA Fussball-Weltmeisterschaft 2014. www.fifa.com 19.12.2012
31 Gerhard Dilger: „Spielwiesen für das Großkapital" TAZ 27.12.2011
31 Anna Küch: Rio rüstet sich für Olympia 2016. www.tagesschau.de 13.8.2012
31 Julia Fiedler, Thomas Fatheuer: Rio im Olympiarausch: Chancen und Risiken für den Austragungsort der Spiele 2016. www.boell.de 18.1.2010
35 M 8 Hartmut Sangmeister: Wirtschaft und Weltmarktintegration: Zurück zu altem Glanz. In: Bundeszentrale für politische Bildung Hrsg.), Lateinamerika verstehen lernen, Bonn 2011, S. 71
37 VW-Statement (Originalbeitrag)
38 M 2 Wolfgang Hein, Sebastian Huhn: Entwicklungen im 19. Und 20. Jahrhundert. In: Informationen zur politischen Bildung 3/2008, S. 11
39 M 4 Fred Scholz (Originalbeitrag)
40 Schoop 2008, S. 73
40 Markus Jaeger: Quo vadis, Lateinamerika? www.dbresearch.de 27.8.2012
41 Erich Follath, Jens Glüsing: Die Samba-Preußen. Der Spiegel 5.6.2012, S. 111
41 Barbara Fritz: Orthodoxie und Sozialpolitik – Zur gemischten Bilanz der brasilianischen Wirtschaftspolitik. In Sergio Costa, Gerd Kohlhepp, Horst Nitschack, Hartmut Sangmeister (Hrsg.): Brasilien heute. Frankfurt/Main: Vervuert 2010, S. 346
43 M 5 Marike Stucke: Und täglich weckt der Brüllaffe. Hamburger Abendblatt, 21.1.2012

51 M 5 Engelmann, Scholz: 2009, S. 109
52 M 1 Fridjof Kuhnen: Agrarverfassungen in: Handwörterbuch der Landwirtschaft und Ernährung in den Entwicklungsländern. Stuttgart: Ulmer 1982, S. 69 – 85.
53 Schoop 2008, S. 20
53 M5 Werner Göbels: Ein lateinamerikanisches Lesebuch. Aachen Miseror 1991, S. 217
55 M 5 Börries Neh: Agrarrevolution mit Handbremse. Lateinamerika-Nachrichten 9 – 10/2011
56 M 2 Schoop 2008, S. 67
58 M 3 Gertrud Falk: Industrielle Schnittblumenproduktion in Konflikt mit kleinbäuerlicher Landwirtschaft. FIAN Fact Sheet 5/2012
59 M 6 Katrin Ansel: Brasilien – bald das „Grüne Saudiarabien Lateinamerikas. Quetzal 10/2009
60 M 1 Constanze Bandowski: Landraub im Gran Chaco. Brot für die Welt aktuell 23. 3/2012, S. 2
62 M 3 Wolfgang Kunath: Soja-Boom in Argentinien. Frankfurter Rundschau 9.6.2011
62 M 4 Schoop 2008, S. 96
63 M 8 Constanze Bandowski: Landraub im Gran Chaco. Brot für die Welt aktuell 23. 3/2012, S. 2
64 M 3 Schoop 2008, S. 16
65 M 6 Schoop 2008, S. 29
67 M 7 Waldgärten Hoffnung für ein geschundenes Land. www.misereor.de
69 M 7 Franziska Krisch: Beitrag des Fairen Handels zu ländlicher Entwicklung. 12/2010 Forum Fairer Handel
69 M 8 Fairtrade Deutschland: Statement Fairtrade und Bio Januar 2011 www.fairtrade-deutschland.de
72 M 2 Thorsten Jacobs, Sascha Rose, Hans Sedlmaier: Brasilien – Neuer Schwung. Focus Money 1.12.2010
72 Fred Scholz: Globalisierung Diercke Spezial. Braunschweig: Westermann 2008, S. 50
73 M 4 Martin Coy, Tobias Töpfer: Handel mit mineralischen Rohstoffen. Geographische Rundschau 11/2009, S. 15 – 16
73 M 5 Matthias Kiese: Mineralische Rohstoffe in Südostasien. Geographische Rundschau 11/2009, S. 46
73 M 3 Susanne Friess, Michael A. Schrick: Die Sozial- und Umweltproblematik des Bergbauunternehmens „Yanacocha“ in Cajamarca (2009)
75 M 4 Anne Grit Bernhardt: Die Bleikinder von La Oroya. Junge Welt 11.4.2012
76 M 1 Drei Menschen sterben bei Protesten gegen US-Bergbauprojekt. Spiegel online 4.7.2012
76 M 2 Raul Zebechi: Bergbau in Lateinamerika. www.bpb.de. 6.6.2008
77 M 6 Gert Eisenbürger: Gleichzeitig Täter und Opfer. Interview mit Ronald Köpke über Kleinbergbau in Lateinamerika. ILA 9/2009
78 M 2 Lukas Bäuerle: Bo[Li]vien: Der Traum von einer besseren Zukunft. In: Im Boden der Tasachen. Südwind-Institut 2011
79 M 8 „Freiberger Kegel“ zapfen Lithiumquellen in Bolivien an. Mitteilung der TU Bergakademie Freiberg www.tu-freiberg.de 14.1.2010
80 M 1 Auswärtiges Amt: Venezuela: Wirtschaftsordnung Februar 2012 www.auswaertiges-amt.de
81 M 7 Annegret Mähler, Gabriele Neußer und Almut Schilling-Vacaflor: Schwarzes Gold und grüne Ambitionen: Ressourcenpolitik in den Andenländern. Giga Focus 5/2011, S. 4
85 Schoop 2008, S. 65
87 M 7 Bert Hoffmann: Migration, Flucht, Exil: Vom Einwanderer- zum Auswandererkontinent. In: Bundeszentrale für politische Bildung Hrsg.), Lateinamerika verstehen lernen, Bonn 2011, S. 225
88 M 1 Klaus Hart: Weltmeister bei den Sozialkontrasten. www.ila-bonn.de/brasilientexte 2005
90 M 3 Guo Xu,Veronika Hümmer, V.: Die Folgen der Ungleichheit: Ein neues Maß der menschlichen Entwicklung . DIW-Wochenbericht Berlin 47/2010, S. 22
91 M 6 Karl-Dieter Hoffmann: Armut, soziale Ungleichheit und Conditional Cash Transfer-Programm in Lateinamerika. KAS Auslandsinformationen 5/2012 www.kas.de
92 M 2 Heidi Feldt: Indigene Völker in Lateinamerika. Düsseldorf: Inwent 2005, S. 9
93 M 5 Juliana Ströbele-Gregor: Indigene Emanzipationsbewegungen in Lateinamerika. Aus Politik und Zeitgeschichte 51 – 52/2006
93 M 6 Jose-Martínes Cobo: Discrimination against indigenous people. UN-Dokument Nr. E/CN.4/Sub.2/1986/87
95 M 5 Juliana Ströbele-Gregor: Emanzipationsbewegungen indigener Völker in Lateinamerik. In Landeszentrale für politische Bildung Baden-Württemberg: Der Bürger im Staat: Südamerika 4/2010, S. 391
99 M 6 Martin Coy, Tobias Töpfer: Metropolen in Lateinamerika. Praxis Geographie 5/2012, S. 6
102 Axel Borsdorf, Rodrigo Hidalgo: Städtebauliche Megaprojekte im Umland lateinamerikanischer Metropolen – eine Antithese zur Stadt? Geographische Rundschau 10/2005, S. 39
103 M 3 Michael Janoschka: Die Stadt in der Stadt. Gated Communities und neoliberaler Städtebau. In: Matices Heft 61, 2009, S. 10 – 12
105 M 6 Eckhart Ribbeck: Slums. Bundeszentrale für politische Bildung: Dossier: Megastädte. 24.9.2008 www.bpb.de
107 M 5 Doug Sanders: Arrival City. München: Karl Blessing 2011, S. 117
107 Doug Sanders 2011, S. 124
107 Mike Davis: Planet der Slums. Berlin. Assoziation a 2006
107 Doug Sanders 2011, S. 11
110 Josef Leitman und Jonas Rabinovitch: Stadtplanung in Curitiba. Spektrum der Wissenschaft 5/1996
110 Frank Zirkl: Curitiba: Nachhaltige Stadtentwicklung. Braunschweig: Westermann 2008, S. 398

Abbildungsverzeichnis

6 M 1 Girndt 2012
9 M 2, 3 Westermann
10 M 1 Schoop 2003
11 M 1 Westermann
13 M 6 Schmieder 1968
14 M 1 Mc Phaden 1999
14 M 2 UCAR
14 M 3 Globalweathercycles
14 M 4 Caviedes 2005
15 M 5 Westermann
16 M 1 Harris 2012
16 M 2 Westermann
17 M 6 FAO 2012
21 M 3, 4 Mello, Théry 2005
22 M 1 Coy, Neuburger 2002
22 M 4 Coy 2002
23 M 5 Coy, Neuburger 2002
24 M 1 Coy, Klingler 2008
24 M 2 Centro de Sensoriamento Remoto
25 M 6 www.mongabay.com
25 M 7 Coy, Klingler 2008
26 M 1 INPE 2012

26 M 3 Westermann
26 M 7 INPE 2012
26 M 9 C. de Sensoriamento Remoto
28 M 2 Westermann
29 M 4 nach Schmitt 2010
30 M 3 BP 2012
31 M 5 Westermann
34 M 1, 2 Weltbank 2012
34 M 3 CEPAL 2012
34 M 4 Weltbank 2012
35 M 5, 6 Weltbank 2012
35 M 7 UNCTAD 2012
35 M 9 WTO 2012
36 M 1, 2 CEPAL 2012
36 M 3, 4, 5 WTO
37 M 7 VW
39 M 3 CEPAL
40 M 1 Girndt 2012
41 M 5 CEPAL
42 M 1, 2, 3 Scholz 2007,2011
43 M 4 CEPAL 2012
44 M 2, 3 ONE Cuba 2012
44 M 4 diverse Quellen
44 M 5 WHO, Weltbank, UNDP
46 M 1 FAO
46 M 2 CEPAL
48 M 3 Weltbank
49 M 4 nach Neuburger 2010
49 M 5, 6 Weltbank
49 M 7 FAO
50 M 3 Scholz 2009
50 M 4, 7 Westermann
55 M 3 Urioste, Kay 2005
55 M 4 CEPAL
57 M 3, 4, 5 Land Portal 2012
58 M 1 FAO 2012
59 M 4 GTIS
59 M 5 Ministry of Mines and energy
60 M 2 FAO 2012
60 M 3 Weltbank 2012
61 M 6, 7, 8 FAO 2012
62 M 1, 2 USDA 2012-10-13
63 M 6 ASOCIANA
65 M 5 Westermann
66 M 3 Schoop 2008
68 M 1 FAO
68 M 3 Scholz 2011
68 M 4 ILO
68 M 5 Fair Trade Deutschland
70 M 2 Girndt 2012
70 M 3 USGS 2012
71 M 4 Index Mundi 2012
71 M 5 UNCTAD 2012
71 M 6, 7 UN Comtrade, USGS 2012
71 M 8 Weltbank 2012
72 M 1 CONCHILCO 2011
73 M 6 Central Bank of Chile
74 M 1, 2 Sociedad nacional de Mineria 2012
75 M 6 Sociedad nacional de Mineria 2012
75 M 7 Conflictos Sociales Defensoria Reporte juni 2012, Inei 2011
78 M 1, 4 Westermann
79 M 7 USGS 2012
80 M 2, 3, 4, 5 OPEC 2012
81 M 6 OPEC 2012
81 M 8 CEPAL
81 M 9 UNCTAD
84 M 1 CEPAL2012
84 M 2, 3 UN 2012
84 M 4 Popul. Reference Bureau 2012
85 M 5, 6 IBGE 2000
86 M 1, 3 US Census 2011
87 M 8 UNCTAD 2012
87 M 9 Westermann
88 M 3 UNDP, Weltbank, FAO
88 M 4 CEPAL 2012
88 M 5 SEDLAC
89 M 6 CEPAL, Weltbank 2012
89 M 7 CEPAL 2012
89 M 8 CEPAL, UNDP, Weltbank 2012
90 M 1, 2 Westermann
90 M 4 UNDP 2011
90 M 5 CEPAL 2012
91 M 8 IBGE 2012
91 M 9 Scholz 2009 IBGE 2012
92 M 1 Westermann
92 M 3 Feldt 2005
93 Schoop 2008
94 M 2 INE 2012, www.amazonia.bo
95 M 7 CEPAL 2012
98 M 2 UN 2012
98 M 3, 4 Coy, Töpfer 2012
99 M 5 UN, CEPAL
99 M 7 UN 2012
100 M 2 Borsdorf
101 M 3 Borsdorf 2010
102 M 3 Westermann
103 M 4 Westermann
105 M 5 IBGE 2012
105 M 8 UNHabitat 2012
106 M 2 Coy, Töpfer 2012
109 M 6 Coy 2010
110 M 2 Coy 2010
111 M 3, 7 Westermann

Bildnachweis

AECOM, Los Angeles: 31 M 4;
Alliance for Responsible Mining ARM, Antioquia: 77 M 4 (Ronald de Hommel), 77 M 5 (Nigel Wright), 77 M 6 (Cedric Faimali);
Brot für die Welt, Stuttgart: 63 M 7, 63 M 9, 63 M 10 (Florian Kopp);
Corbis, Düsseldorf: 33.1 (Paulo Fridman), 44 M 1 (Liba Taylor), 72 M 3 (Construction Photography);
Dreamstime Kullilla-Art, Michael & Jo Connolly, Redcliffe: 47.1 (Pjworldtour), 50 M 1 (Jose Tejo), 94 M 1 (Elifranssens);
FAO, Rom: 65 M 7 (Agriculture 21. Spotlight 2002);
fotolia.com, New York: 12 M 3 (Jakob Radlgruber), 17 M 5 (guentermanaus), 28 M 1 (Sascha F), 50 M 2 d (rrruss), 53 M 4 (chris74), 104 M 3 (chris74);
Heinrich, Judith, Freiberg: 79 M 5;
iStockphoto, Calgary: 6.1 (Davor Lovincic), 7.2 (101dalmatians), 7.3 (Christina Almeida), 26 M 4 (ricardorzoury), 41 M 3 (ricardoazoury), 43 M 6 (manuel velasco), 43 M 7 (Roberto A Sanchez), 50 M 2a, 50 M 2 b (Luciana Bueno Santos), 50 M 2 c (Sebastian Alberto Greco), 59 M 7 (ricardoazoury), 61 M 4 (Joe Michl), 70 M 1 (Rob Broek), 97.1 (tunart), 104 M 1 (Holger Mette);
Klingler, Michael, Innsbruck: 5.1, 19.1, 19.2, 24 M 3, 24 M 4, 26 M 5;
MISEREOR e. V., Aachen: 67 M 4, 67 M 5;
NASA Johnson Space Center, Houston/Texas: 6.2, 78 M 3;
Picture-Alliance GmbH, Frankfurt/Main: 5.2 (efe/Marcelo Sayao) 7.1 (epa/efe/Antonio Lacerda), 10 M 2 b (epa/efe Alejandro Ernesto), 15 M 7 (efe/Paolo Aguilar), 47.2 (Bildagentur online), 56 M 1 (AE/ED FERREIRA), 75 M 5 (Flor Ruiz), 76 M 3 (ANdina/Eduardo Lozano/Handout), 86 M 4 (EPA/Larry W. Smith), 88 M 2 (Agencia Estado/Tasso Marcelo), 106 M 4 (Agencia Estado/Marcos de Paula); Schmitt, Tobias, Hamburg: 29 M 5;
Schoop, Wolfgang, Aachen: 52 M 2, 52 M 3, 61 M 5, 64 M, 83.1, 95 M 4, 100 M 1, 108 M 2, 108 M 3, 111 M 4;
Schulte, Michael: 64 M 1 (La Producción Agricola en la Región Kallawaya. La Paz 1998, S. 66);
Schön, Ariane, Freiberg: 79 M 6;
Shutterstock Images LLC, New York: 7.4 (holbox), 12 M 1 (AND Inc), 51 M 6 (Dr Morley Read), 99 M 4 (cifoart);
Steffler, Alex, Houston: 102 M 2;
ullstein bild, Berlin: 10 M 2 a, 22 M 2 (Still Pictures/Mike Kolloffel);
United Nations Environment Programme (UNEP), Nairobi/Kenia: 23 M 6 A, 23 M 6 B, 23 M 6 C, 66 M 2;
Volkswagen AG, Wolfsburg: 37 M 6, 8
wikipedia.org: 12 M 2, 20 M 1, 20 M 2, 30 M 2, 38 M 1, 40 M 3, 45 M 6, 81 M 10, 91 M 7, 95 M 3 a, 95 M 3 b, 101 M 4, 101 M 5, 104 M 2, 105 M 7, 106 M 3, 107 M 6